KB042779

언어 21세기
한국어와 한국어교육

김희숙·박종호·송대헌·윤정아·김보은 지음

청운

| 머리말 |

　이 책은 한국어를 민족어의 관점에서 보다 인간언어의 시각에 초점을 맞춘 일반언어의 성격으로 들여다 본 결과이다. 필자가 50여 년 동안 한국어를 통하여 경험한 언어의 양상, 곧 "어렵다", "복잡하다", "오묘하다", "머리 아프다", "지루하다", "쉽다", "재미있다" 등으로 구현되는 특정한 언어특징의 몇몇 부분을 보일 것이다. 이 논증은 이 책을 공저한 저자 제자들의 연구에서 어렵지 않게 발견될 것이다.

　또한 이 책은 21세기에 와서 국어를 특수성의 시각에서보다 일반성으로 한국어를 분석 하는 발전된 보편성 추세에 맞추어 일조를 한 언어연구의 결과물이다.

　따라서 일반성의 언어를 설명하기 위하여 세계어인 영어를 한국어를 설명하는 도구로 사용한 점을 이 책의 묘미로 찾을 수도 있다.

　먼저, 언어의 기원을 분석하는 데에서 시작한 이 책은 특히, 미국 브라운대학교 리버만(Liberman Philip) 교수께 이-메일 자문을 받기까지 한 (2012년경 겨울로 생각된다. 그 이유는 저장한 이-메일을 PC를 바꾸고 USB를 여러 개 만드는 동안, 중요한 자료여서 어디 꼭꼭 숨어있는 편지를 아직도 찾지 못하였기 때문이다. 아쉽다. 그러나 언젠가 밝힐 수 있는 날이 꼭 있을 것이다.) 연구이다. 곧, 언어의 기원에 가설을 필자의 모델로 재분석한 가설이어서 어떻게 보면, 언어기원 연구의 대가 리버만 교수의 가설에 도전을 한, 새로운 가설을 주장한 연구이어서 인간이 언어를 처음 어떻게 사용 하게 되었는가? 흥미를 주는 설명부터 시작하고 있다. 이때, 특별한 자문언급은 받지 못하였으나, 국제학술지에 제출하여 좀 더 객관성을 확보하라는 답변을 받은 그 후, 여러 유명 저널에 투고 하였으나, 수정지시만 받고, 게재는 하지 못한 사연의 내용 글이어서, 여기서 처음 중요 주제글로 당시를 생각하며 선택하지 않을 수 없었다.

여하튼 언어기원은 리버만교수의 주장이 가장 개연성의 권위를 받고 있으나, 그러나 가설은 가설이다. 따라서 필자의 가설도 언어기원의 과제가 좀더 과학적으로 입증될 때까지 깨지지 않고 살아 있을 것이다.

인간이 말을 사용하는 "호모 사피엔스(Homo Sapiens)"의 "사피엔스"는 최근 Yuval Noah Harari(2014) 교수에 의하면, 자연과 문명에서 언어를 찾아 인간의 본질을 새롭게 조명한다. 여기서 역사서의 긴 역사가 의미하는 바, 언어의 기원뿐만 아니라 언어의 기원에서 발전한 각각의 대륙권 별개언어는 문명과 발달한 언어를 인간발달과 함께 중요하게 다루고 있다.

그 언어 중 하나가 한국어이다.

얼마나 놀라운 일인가?

한국어는 결코 쉬운 언어는 아니다. 그 이유 중 문법 특징의 하나인 존대법이 어려움을 가중시키는 중요한 과제다.

따라서 어떻게 언제부터 다른 대륙의 언어와 달리 존대법을 사용하게 되었는가? 주목하지 않을 수 없다. 가령, 통일신라부터가 아닌가 하는 상정 (이정복, 2012   )이 있으나, 매우 주관성에서 벗어나지 못한 기존설명에 의문을 품고, 여기서는 과학적 입증을 시도하였다. 사회언어학적으로 지배층과 피지배층의 언어사용 경로를 추정하여 존대법의 발달을 논증하였다.

더 나아가 1443년 세종임금님께서 창제 하신 독창적 산물인 한글이 이조 500여 년이나 사용되었는데, 한국어를 문자화하는데, 쉽다는 한글이 대중에게 전파하는데 상당히 느리게, 더디게 발전한 점도 발견하고, 이에 주목하였다.

한자의 틀 안에서 한국말과 한글사용은 별개의 문제로 지적하였다. 새로운 훈민정음을 어휘에 기반을 두고 생성하였으나, 사뭇 텍스트에서는 어떻게 사용될 것인지? 여기에 관한 사용법은 미처 인지하지 않고 한글 쓰기를 시작하였던 것으로 판단된다. 이 놀라운 경이감에서 그 요인을 규명하고 있다.

한자의 문자체계 틀 안에서 한글을 사용해서 나타나는 문제는 전혀 심각하게 생각하지 못하였던 것 같다. 말하자면, 한 사례로 띄어쓰기의 구분에 관한 정의가 없어 한글문장을 읽는 것이 고역이 되는 경우가 많이 발생하였던 점을 말하지 않을 수 없다. 게다가 "종서 → 횡서 ", "왼쪽 → 오른쪽" 문자 쓰기는 한글을 올바로 사용하는데, 만만하지 않은 문제를 내포한 점을 포착하여, 이를 언어학적으로 서양글자 사용법 발달과 대조하며, 이를 풀도록 착안 연구한 점을 간과하지 않았다.

그래서 이 책의 1부에서는 영어로 설명하는 연구가 이후의 일반언어 연구자에게 도움이 되리라는 생각에서 서슴지 않고 영어를 고차언어로 사용하고 있다. 만약, "폰 사피엔스"의 경우, X언어와 Y언어, Z언어의 쓰기 사용의 연관성도 천천히 따지어 볼 필요가 있을 것이다.

다음, 2부에서는 다양한 시각의 방법론을 활용한 호기심 많은 한국어 연구의 결과물을 수록하였다. 언어의 한 요소를 연구한 것부터 포괄적인 언어 연구, 언어 변화에 관한 연구들에 관한 것이다.

3부에서는 한국어를 응용 언어적 관점에서 다룬 것들로 실제 한국어 교육에 적용 가능한 연구들이라 하겠다. 개별 언어 요소 및 어휘, 언어 기능 그리고 상호 매개체를 활용한 언어 교육을 새로운 시각에서 접근해보는 참신한 시도라 하겠다.

이 책에서 다루는 언어 곧, 한국어의 다양한 현상은 우리가 언어를 사용하여 어떻게 의사소통하는지 파악하는 데 많은 도움이 될 것이다.

그렇지만 문법 현상에 관한 설명을 처음 접하는 사람은 책의 내용을 이해하는 데 어려움이 있을 수 있다. 그 이유는 각각 1, 2, 3 부에서 다루는 언어와 문법 현상을 다루는 방식이 다르기 때문이다. 광범위하게 언어로 묶기는 하지만, 언어의 기원과 발달에 따른 한국어의 특수성, 한국어 문법의 다양한 관점, 이를 바탕으로 한국어교육의 다양한 원리 등을 다루는 범주가 각각 다른 전문서책을 집필할 정도로 주제가 크고 복잡하기 때문이다. 어떤 입장에서 이러한 언어현상을 바라보느냐에 따라 동일한 언어현상에 대한 설명이 미묘한 차이를 보이는 경우도 적지 않다. 동일한 언어 현상을 어떻게 이해할 것인지 어렵고 혼란스럽게 느껴지기도 한다.

가령, 비유적으로 최근 자연 생태계에서 기후의 변화가 북극 빙산이 녹는 해빙현상에서 원인을 찾고, 제공하는 것처럼, 언어 생태계도 크게 다르지 않다고 생각한다. 다언어의 접촉으로 또한, 세계어의 등장으로 자연언어계도 동요하고 있다. 이러한 동요현상이 근원으로부터 흔들려 언어변화로 이어지는, 오늘날 발생하는 언어현상을 각각의 관점을 바탕에 의거하여 바라본다면, 오히려 그 언어 현상에 대한 통합적인 이해가 가능해질 것이다.

이 책의 필자를 비롯한 저자들은 이러한 점을 고려하여 설명을 최대한 쉽게 하려고 노력하였다. 이론적인 설명은 이해에 필요한 범위 내에서 최소한으로 줄이고, 가급적 예시를 들어 설명하고자 하였다. 예시 또한 가급적 한국어의 일상언어 표현으로 제시하고자 하였다. 그럼에도 불구하고 한정된 분량에 다양하고 새롭게 변화되는 언어생태계의 내용을 담다 보니, 이 틀에서 벗어나는 몇몇 주제도 생기게 되었다. 그러한 부분은 참고문헌에 제시된 자료를 활용하여 더 깊게 공부할 수 있을 것이다.

언어에 대한 이해는 더 나은 인간의 삶의 질을 향상시키는 본질적 요소이다. 이 책을 통해 우리말의 재미있는 언어 현상을 이해하길 바란다. 말하자면, 한국어는 한국어만의 독특한 말맛이 있다. 다른 언어로 혹 영어가 다른 표현의 말맛이 있듯이 말이다. 그리하여 언어와 한국어에 대한 학문적인 이해뿐만 아니라 일상생활에서도 효과적인 언어표현을 할 수 있기를 바란다.

끝으로, 책의 출판을 도와주신 편집부 여러분과 어려운 환경에서도 흔쾌히 허락하신 도서출판 청운 전병욱 사장님께 진심으로 감사를 드린다.

2016년 12월
교내 붉은 단풍숲 흔적을 찾으며, 저자

차례

제1부
언어학 내 한국어 연구

How would Friedrich Nietzsche answer the question, "How long have human-beings spoken?"

1. A puzzle

It is agreed upon that among all the living things that have existed and exist on the earth, only humans can speak. Lieberman said that animals who talk are human, because what sets us apart from other animals is the "gift" of speech (1998: 5). Therefore, often, we find it hard to resist attributing the reign that human-beings have exerted over other species, or so we believe, to the language we have.

Asking us to avoid attaching specific meaning to this distinctiveness, Pinker (2000) claimed that language is just as unique to human as sound-detecting or navigating capacity is respectively unique to bats or migratory birds, as follows:

> (1) Though language is a magnificent ability unique to *Homo sapiens* among living species, it does not call for sequestering the study of humans from the domain of biology, for a magnificent ability unique to a particular living species is far from unique in the animal kingdom. Some kinds of bats home in on flying insects using Doppler sonar. Some kinds of migratory birds navigate thousands of miles by calibrating the positions of the constellations against the

time of day and year. In nature's talent show we are simply a species of primate with our own act, a knack for communicating information about who did what to whom by modulating the sounds we make when we exhale. (Pinker 2000: 5)

Put simply, a trunk, a body part, with which elephants do many jobs in surprisingly delicate ways [refer to Pinker (2000: 340)], is to an elephant what speech is to a man. Through evolution, we ended up with language and elephants with trunks. This reasoning allows us to look at language as something of scientific origin, not of supernatural.

However, we are uncertain since when we have spoken. Although we are getting acquainted with how tiny particles behave on a sub-atomic level and how the vast universe began, we have not made much progress in finding out when we became what we are.

2. Previous studies

So far, many things remain unclear concerning the origin of language, due to the lack of material evidence. As we can infer from the episode below, from the beginning, the subject has caused headaches to linguistics researchers.

(2) In 1866, a ban on the topic was incorporated into the founding statutes of the Linguistic Society of Paris, perhaps the foremost academic linguistic institution of the time: "The Society does not accept papers on either the origin of language or the invention of a universal language." (Aitchison 2000: 5)

This passive stance among the general linguistic circle, combined with the difficulty of stockpiling verifications, worked to suppress the growth of interest towards the issue. As if following the more than one hundred and forty year-old solemn warning, modern linguistics has kept distance from it. However, this neglect did not succeed in stifling totally the urge of some inquisitive minds to delve into how language developed.

On the evolution of language, generally speaking, there are three theories contending—monogenesis, gestural and self-domesticated ape theory. First, the theory of monogenesis presumes that a long time ago, there was a Proto-Human Language, defined as the most recent common ancestor of all the languages in the world. It attributes to the belief that among the roughly around 6,000 languages spoken, there are striking similarities (Ruhlen 1996), which is probable only when they share an ancestor. We find that this conjecture corresponds with the basic tenet of modern linguistics rather well. We remember that based on the discovery that the same symbol-manipulating machinery, without exception, underlies the world's languages, Chomsky once alleged that from a Martian's-eye-view all humans speak a single language (Pinker 2000: 238). Second, the gestural theory assumes gesture to be the starting point of human language evolution. It is largely centered on that the natural communication of apes may hold clues about language origins, especially because apes frequently gesture with limbs and hands (Pollick and de Waal 2007:8184). It is also supported by a modern finding that human sign language is a distinct, full language, using the same kinds of grammatical machinery found worldwide in spoken language (Pinker 2000: 24). We see Michael Corballis, its ardent proponent, even claim that speech itself is a kind of gestural communication, made up of gestures of the tongue, larynx and lips (Cosmos Magazine, May 1, 2007). Third, the self-domesticated theory views language as a by-product materialized in the process of self-imposed domestication by Homo sapiens. It argues that in some point in their evolution, human ancestors took the road of domesticating themselves and began to assign new functions on some behavioral traits that turned out to be useless or irrelevant, one of which happened to be linguistic capability [refer to Deacon (2010)]. Recently, it got a boost from Okanoya (2006), who contrasted the Bengalese finch in captive having undergone about one thousand generations of breeding for two hundred and fifty years to those still in natural environments. He found that comparing with those in nature, the domesticated Bengalese sing highly unconstrained songs and male birds, as chicks, are highly adept at learning the song of another male in their enclosure (Goodenough 2010). Deacon (2010) infers that while the Bengalese finch having been bred only for aesthetic purpose to humans, its song might become irrelevant to species identification, territorial defense, mate attraction, predator avoidance, etc.. It is still unknown what functions the song acquired anew, but it seems certain that the domesticated Bengalese finch developed certain new capability.

We can say that among the three theories surveyed briefly, the last two are obliged little to present when human-beings got the linguistic capacity, because they deal with adaptive and accumulative evolutionary processes. However, for the idea of monogenesis, the puzzle is critical. Yet, the monogenesis theory appears to have failed to show any improvement beyond the original conjecture which dates the emergence of Proto-Human Language back to the Paleolithic or Old Stone Age.

Nevertheless, the other approaches face an impasse of different kind as well. From the beginning, they are burdened with proving that the evolutionary relatives to humans, like chimpanzees, etc. have hid the potential to develop language somewhere inside of their brains. With that proof, they could disprove the monogenesis idea successfully and make the question at hand meaningless. Recently, however, all the experiments attempted for that purpose turned out to be futile, as we can deduce from following newspaper reports:

(3) Monkeys and apes possess many of the faculties that underlie language. They hear and interpret sequences of sounds much like people do. They have good control over their vocal tract and could produce much the same range of sounds as humans. But they cannot bring it all together…Yet monkeys have been around for 30 million years without saying a single sentence…Chimpanzees can read each other's goals and intentions, and do lots of political strategizing, for which language would be very useful. But the neural systems that compute these complex social interactions have not been married to language. (The New York Times, Jan 12, 2010)

Therefore, not only the monogenesis idea but also the puzzle itself is neither refuted nor resolved yet.

3. Hypothesis, with many helps from Nietzsche

We find that Nietzsche expressed distinctive ideas concerning language in several of his writings. In The Gay Science (1882), he concluded why human-beings had obtained the ability to speak through the following:

(3) Where necessity and need have long compelled men to communicate with their fellows and understand one another rapidly and subtly, a surplus of the power and art of communication is at last

acquired, as if it were a fortune which had gradually accumulated, and now waited for an heir to squander it prodigiously. (The Gay Science, Nietzsche, Part V. Aphorism No. 354)

Though a little bit verbose, his answer seems so obvious in supporting all the three theories. As we know well, necessity is the mother of all invention, to which language must not be an exception. However, prior to this comment, between 1869 and 1870, Nietzsche specifically pointed out three things on the origin of language like (4).

(4) 1) All conscious thought is possible only with the help of language...The deepest philosophical insights are already implicitly contained in language...
2) The development of conscious thinking is harmful to language...The formal element, which has philosophical value, is damaged...
3) Language is much too complex to be the work of a single individual, much too unified to be the work of a mass; it is a complete organism. (Sander, et al, 1989: 209)

The first suggests that only with the birth of language, civilization could flourish. The second tells us that although language made it possible for us to think, we have never been satisfied with becoming its slaves. It hints how language became diversified, even though Nietzsche would understand it as a process of corruption. The third means that language was invented by a small group of conscious individuals. Regarding the puzzle, the first and the third statement interest us.

The Nietzsche's first account appears to prop up all three ideas but seems more supportive for monogenesis theory than the others. As far as we know, civilization is a rather recent phenomenon. In the third one, the compatibility of Nietzsche and the monogenesis scenario becomes clearer, because there is little chance that the process of piecemeal evolution asserted by the gestural and the self-domesticated ape theory and the small number of linguistic pioneers came together.

So, we can presume that Nietzsche would support the idea of monogenesis, but it is still unclear whether he would agree on dating the origin of language from some 150,000 years ago when the so-called Mitochondrial Eve embarked on the journey out of Africa or some 70,000 years ago when the human population shrank drastically to as low as 2,000 in the wake of the super-volcanic eruption at Lake Toba[1], which actually consists of two competing proposals in the modern monogenesis circle. However, reflecting on Nietzsche's essential concepts, we find that he would favor one thought over the other.

Nietzsche is the most renowned among those who made the word "eternal recurrence" popular. In The Gay Science, he said:

> (5) The Greatest Burden. What if a demon crept after thee into thy loneliest loneliness some day or night, and said to thee: "This life, as thou livest it at present, and hast lived it, thou must live it once more, and also innumerable times; and there will be nothing new in it, but every pain and every joy and every thought and every sigh, and all the unspeakably small and great in thy life must come to thee again, and all in the same series and sequence-and similarly this spider and

---

1) Lake Toba is a lake and a super volcano, 100 kilometers long and 30 kilometers wide, and 505 meters at its deepest point. Located in the middle of the northern part of the Indonesian island of Sumatra with a surface elevation of 900 meters, the lake is the largest volcanic lake in the world. ["Lake Toba,"Wikipedia (http://en.wikipedia.org)(accessed on Mar 28, 2010)] On the consequence of Toba Catastrophe, you may also refer to "Toba catastrophe theory," on Science Daily(http://www.sciencedaily.com).

this moonlight among the trees, and similarly this moment, and I myself. The eternal sand-glass of existence will ever be turned once more, and thou with it, thou speck of dust!"- Wouldst thou not throw thyself down and gnash thy teeth, and curse the demon that so spake? Or hast thou once experienced a tremendous moment in which thou wouldst answer him: "Thou art a God, and never did I hear anything so divine!" If that thought acquired power over thee as thou art, it would transform thee, and perhaps crush thee; the question with regard to all and everything: "Dost thou want this once more, and also for innumerable times?" would lie as the heaviest burden upon thy activity! Or, how wouldst thou have to become favorably inclined to thyself and to life, so as to long for nothing more ardently than for this last eternal sanctioning and sealing? ["The Gay Science," (no. 341) (http://nietzsche.holtof.com)]

What we can infer from the rather long paragraph quoted above is that in normal situations, as long as the gradual evolutionary process, which was under eternal recurrence obviously, ruled, the need for language would have never been recognized by the early human-beings, still less its invention. It explains in (3) why our genetic cousins such as chimpanzees, etc. have failed to develop linguistic capability, although they have developed social systems as sophisticated as our ancestors could have before they began to speak. The development of linguistic capability might require the abrupt break to the eternally recurring lives and the concomitant emergence of small band of pathfinders, if we barrow from Nietzsche again, the arrival of overmen or supermen[2].

---

2) Nietzsche said in Thus Spoke Zarathustra in 1883: I teach you the overman. Man is something that shall be overcome[surpassed]. What have you done to overcome [surpass] him? All beings so far have created something beyond themselves; and do you want to be the ebb of this great flood and even go back

These two conditions suggest that the period just after the Toba catastrophe when human-beings were at the brink of extinction, a small number of pioneers may have embarked on creating language whose necessity they had felt previously. Therefore, we can assume the following:

> (6) Nietzsche would answer that human-beings acquired the linguistic capability just after the Toba catastrophe, because only at that time the eternal recurrence that had shackled our ancestors for a long time abruptly disappeared and the small band of surviving members could not but act as overmen or supermen of entire human species.

4. Proof

To ascertain the conjecture that we developed with Nietzsche, we should prove at least three things. One is that evolution may occur rapidly. Another is that human civilization followed the Toba crisis, not preceded it. The other is that human-beings developed the necessary physical capacity to speak after the incident. The first one is more concerned with how we should deal with the idea of evolution. To that extent, it is circumstantial, we can say. Nevertheless, the remaining two are closely related to the Toba catastrophe.

First, the recent progress in the study of evolution sheds light on the possibility that human-beings underwent a drastic change during the

---

to the beasts rather than overcome man? What is the ape to man? A laughingstock or a painful embarrassment. And man shall be just that for the overman: a laughingstock or a painful embarrassment···

short period of time subsequent to the Toba incident. It provides the ground to maintain that language was born in such a flash of the evolutionary timetable.

To assume that humans acquired the capability to speak about 70,000 years ago means that we could not fully support, what is called, the Red Queen Hypothesis[3], claiming that species continually change and adapt to compete with co-evolving species and retain their ecological niche(Physorg, Dec11, 2009). In this framework, language should have evolved to become what it is through the long process of minute modifications. However, though still small in number, we have seen researches begin to suggest with solid scientific evidences that evolution might have taken another path, that is, through several revolutionary leaps. Among the latest studies in this line of thought, two especially attract our attention. They are quite well contrasted--one microscopic, the other macroscopic. We can say that Schwartz, et al(2006)belongs to the former and Venditti, et al(2010)does to the latter.

Schwartz, et al (2006) raised doubts about the long-held presumption in biology that in molecular level, degree of overall similarity reflects degree of relatedness, which was derived from interpreting molecular similarity (or dissimilarity) between taxa in the context of a Darwinian model of continual and gradual change (357). Through the review of the history of molecular systematics and its claims in the context of molecular biology, they have found that there is no basis for the "molecular assumption"[4] (Schwartz, et al 2006: 357). It led to the

---

3) The term is known to have been taken from the Red Queen's race in Lewis Caroll's *Alice in Wonderland.* In *Through the Looking Glass*, the Red Queen said, "It takes all the running you can do, to keep in the same place ["Red queen," Wikipedia(http://en.wikipedia.org)(accessedonMarch21,2010)]."

4) Some of its well-known examples could be presented as follows: Fish blood was most dissimilar, so it was assumed that the fish line diverged long before the

argument that molecular change is brought about only by significant environmental stressors, such as rapid temperature change, severe dietary change, or even physical crowding (Science Daily, Feb 12, 2007). What Venditti, et al (2010) have done and accomplished can be summarized as follows:

(7) The researchers studied 101 groups of plant and animal species and analyzed the lengths of branches of evolutionary trees[5] of thousands of species within these groups. Then, they compared four models to determine which best accounted for the rate of speciation actually found. The Red Queen Hypothesis, of species arising as aresult of an accumulation of small changes, fitted only eight percent of the evolutionary trees. A model in which species arise from single rare events fitted eighty percent of the trees.(Physorg, Dec 11, 2009).

These findings indicate that leaps in evolution might be a rule rather than an exception. They obviously make it unnecessary for us to look for the missing links in evolution, because the sudden acquisition and loss of bodily functions or capacities by living-things could be a result of nature. In this context, the unexpected arrival of the linguistic capability to the human-beings after the Toba catastrophe does not sound that absurd any

---

other species. Human and gorilla blood were the most similar, meaning both species had the least amount of time to diverge. (Science Daily, Feb 12, 2007)

5) A phylogenetic tree or evolutionary tree is a branching diagram or "tree" showing the inferred evolutionary relationships among various biological species or other entities based upon similarities and differences in their physical and/or genetic characteristics. The taxa joined together in the tree are implied to have descended from a common ancestor. In a rooted phylogenetic tree, each node with descendants represents the inferred most recent common ancestor of the descendants, and the edge lengths in some trees may be interpreted as time estimated. ["Evolutionary trees," Wikipedia (http://en.wikipedia.org) (accessedonMar21,2010)].

more.

Second, archaeological studies have shown that "Modern Behavior" of humans, meaning a list of traits that distinguish present day humans and their recent ancestors from both living primates and other extinct hominid lineages ["modern behavior," Wikipedia(http://en.wikipedia.org) (accessedon Mar 21, 2010)], also known as the traits of civilization, dates back only around 50,000 years ago, which the Toba incident obviously precedes. We can infer how completely our ancestors have meta-morphosed themselves during that period from the following remark made by Klein(2000):

> (8) We can say that fully modern behavior appeared only 50,000~40,000 years ago. Prior to that time, geographically far-flung populations progressively anticipated living people in their behavior, but they remained uniformly non-modern in many im-portant, detectable respects, including their relatively un-standardized (informal) artifacts, the remarkable uniformity of their artifacts assemblages through time and space, their failure to pro-duce unequivocal art or ornaments, the simplicity of their burials, their failure to build structures that retain archaeological visibility, and their relatively limited ability to hunt and gather. All people be-fore 11,000 years ago lived primarily by hunting and gathering, but only archaeological residues postdating 40,000 years ago routinely imply the technological ingenuity, social formations and ideological complexity of historic hunter-gatherers. (17)

If human ancestors had not thought differently, or, more specifically, viewed the surroundings differently, the revolutionary change could not have occurred. We assumed that language was responsible for it[6]. In this vein, we can work out the syllogistic reasoning that with the acquisition of language, human-beings began to see the world quite differently from before and could develop modern behaviors. Before all these things happened, there was the Toba catastrophe.

Third, a recent anatomical analysis on the human fossil records also suggests the origin of language to go back around 50,000 years ago, which postdates the Toba incident.

Most linguists believe that after 10,000 years, no trace of a language remain in its descendants (Pinker 2000; 262). It means that the effort to ascertain the existence of the Proto-Human language though linguistic genealogy is critically handicapped from the beginning. In fact, we would never know how our ancestors' speech sounds like. However, from analyzing the structure or remnants of the fossilized skulls and bones of prehistoric human-beings, we can understand how far the organs proven necessary for speech were developed and when we began to speak. Lieberman (2007), who reached the assertion through this approach that human language is about 50,000 years old, could be summed up as follows:

(9) Human speech involves species-specific anatomy deriving from the descent of tongue into the pharynx. The human tongue's shape and position yields the 1:1oral-to-pharyngeal proportions of the supralaryngeal vocal tract. Speech also requires a brain that can "reiterate"—freely reorder a finite set of motor gestures to form a potentially infinite number of words and sentences. The end points of the evolutionary process are clear. The chimpanzee lacks a supralaryngeal vocal tract capable of producing the "quantal" sounds which facilitate both speech production and perception and a brain that can reiterate the phonetic contrasts apparent in its fixed

---

6) On the effect of language, Wittgenstein said as follows: "The limits of my language mean the limits of my world (Wittgenstein 1922)."

vocalizations. The traditional Broca-Wernicke brain language theory[7] is incorrect; neural circuits linking regions of the cortex with the basal ganglia and other subcortical structures regulate motor control, including speech production, as well as cognitive processes including syntax. The dating of the FOXP2 gene, which governs the embryonic development of these subcortical structures, provides an insight on the evolution of speech and language. The starting points for human speech and language were perhaps walking and running. However, fully human speech anatomy first appears in the fossil record in the Upper Paleolithic (about 50,000 years ago) and is absent in both Neanderthals and earlier humans.(Lieberman 2007:39)

5. Conclusions

Borrowing from Nietzsche and referring to the recent progresses in geology, biology and archaeology, we can prove that human-beings acquired language after the Toba catastrophe during a relatively quite short time span. This finding apparently works to support and advance the Monogenesis theory in language origin. Nonetheless, we see that reflecting Nietzsche on the aftermath of the Toba volcanic eruption that brought human species to almost complete extinction does not seem at odds with the other theories. In fact, because of it, these three theories appear to find a way to narrow the gaps among themselves.

As every conjecture does, the gestural and the self-domesticated ape

---

7) It claims that semantic and structural speech production takes place in different area of the brain, that is, Broca's and Wernicke's Area respectively ["Language center," Wikipedia (http://en.wikipedia.org)(accessedonMar21,2010)].

theory have critical drawbacks. In the former, we face the question when and why language took over gesture. What made the human ancestors think about replacing gesture for language? In the latter, we are easily puzzled with how humans could domesticate themselves. To be domesticated, the Bengalese finch had to be captured by the people first. The idea of self-domesticating human-beings is attractive but we cannot easily discard the feeling that it is far-fetched. If they had found the need to be domesticated for themselves, then, they would have been domesticated enough already. However, considering Nietzsche and the Toba crisis together, we find that these obstacles could be overcome. It seems likely that before the catastrophe, human-beings successfully advanced the sophisticated system of gesture that helped them develop the essential physical and anatomical features for language. After the incident, the surviving small band of overmen, witnessing their brethren perishing quickly, might find it necessary to move on towards speech. Also, the Toba crisis might brought to them what the process of domestication would have entailed. The Bengalese finches that were put in captivity apparently underwent a drastic severance from the environment that they had been familiar with. Although placing the finches in a cage might appear not so serious to humans, for the birds, it could be a life and death situation that fell on them from nowhere. The caging was to the Bengalese finch what the Toba catastrophe was to the human-beings. Both were forced to domesticate themselves due to the sudden change of environment and the surviving small members ultimately obtained new abilities.

Human-beings have been governed by the belief that our life has devolved from the ideal state to become more miserable. Almost all religions deal with another life quite opposite to the current one somewhere in their teachings. For example, in Christianity, the agony we are experiencing is attributed to the expulsion of Adam and Eve from the Garden of Eden by their creator God, which is found in Genesis 3 in the Bible. The enlightenment thinking was not far removed from this idea also. Rousseau, a representative thinker, left such a famous remark as "man was born free, and he is everywhere in chains (Rousseau 1968: 49)." Now, armed with the proof that human-beings have spoken since the Toba catastrophe, we are in the position to propose a scientific (?) answer to when Adam and Eve were really expelled from the Garden of Eden and until when man could maintain freedom to his death. According to Nietzsche, but for the invention of the words describing the sufferings they were undergoing, our ancestors could not have agonized at all. It goes without saying that the birth of language should precede those agonies. Therefore, we can surmise that before the Toba crisis, that is, until some 70,000 years ago, Adam and Eve lived in the Garden of Eden happily and man was never in chain as the Bible and Rousseau have wanted us to believe respectively. In short, the ideal state ended around 70,000 years in the past. Then, we see another question follow naturally. As Lieberman (1998), Pinker (2000) and many others have claimed, language sets human-beings apart from other living-things. In that case, could we say that those that existed prior to the Toba catastrophe were also human-beings? The recent origin of anatomically modern humans dates back as far as 200,000 years ago [refer to Para(2007:89)]. The question seems intriguing but apparently beyond the scope of this inquiry.

A speculation on the origin of honorifics in Korean: since when Koreans have spoken them?

1. A puzzle

Many things define what Korean as a language is. Among them, hardly could honorifics be dealt with lightly, as we can see in the following.

> The Korean honorifics system has long been considered one of the most complex and important areas of Korean language acquisition. Regarding complexity, the structure of the Korean language forces speakers into considering their relationship with the interlocutor and sentence referents in every single utterance—an explicit choice that has no equivalent in many of the world's languages. (Brown 2011: 1)

That Korean is still classified to belong to Category IV Language with Modern Standard Arabic, Arabic Iraqi, Chinese, Japanese, Levantine and Pashto by the Defense Language Institute (DLI) of the United States (DLIFLC 2011: 19), about which Sohn (1999, 2006, etc) attributes not a small part to its honorifics, suggests that honorifics are going to characterize Korean in the future also.

However, we are still uncertain about since when Koreans have spoken honorifics throughout society.

2. Previous studies

So far, the origin of the Korean honorifics has not attracted much scholarly attention from the Korean linguistic circles. First, this lack of interest appears to stem largely from that until 1446 when the Great King Sejoing invented Hangul, Koreans did not have phonogram. Before the introduction of Hangul, Koreans borrowed Chinese characters, ideogram, to write what they were saying and consequently failed to leave such delicate aspect changes as honorifics in record fully. Second, even though we know that honorifics have accompanied Korean for quite a long time, it does not mean that they were used widely all the time as in later stages. Some, for example Lee(2012, etc), have succeeded in dating honorifics back the Korean ancient periods, more than 1,000 years ago, based on the old Korean literary or official records written in Chinese characters. However, they obviously fall short of answering when honorifics were adopted popularly.

These two problems could never be resolved. The question how old Korean honorifics are seems to defy easy access. However, it does not imply that all the efforts to guess it scientifically have been exhausted. For the past years, we saw the discipline of sociolinguistics to have elaborated its methodologies interacting with wide range of social sciences to make up more and more what pure linguistic conjectures could not cover. It is true that even the latest sociolinguistics cannot pinpoint since when Koreans have used honorifics. Nevertheless, with it, we could surmise the answer more reasonably than without.

3. Model

Honorifics are standard Korean expressions. However, in the respect of plain Korean, they are linguistic modifications. The fact that the change occurred long time ago in the pre-modern era leads us to reason who might initiate it and how it spread afterward based on class system, that is, the ruling vs. the ruled.

Linguistic change can be said to have taken place when a new linguistic form, used by some sub-group within a speech community, is adopted by other members of that community and accepted as the norm (Coates 1993: 169). Dictionary defines the adjective "honorific" as "belonging to or constituting a class of grammatical forms used in speaking to or about a social superior (Merriam-Webster)." Therefore, regarding honorifics, the ruling class, not the ruled, played a more critical role, that is, the ruling class was the sub-group initiating honorifics, we can say.

However, the question how honorifics became a norm is tricky to answer. The relationship between the ruling and the ruled in the medieval period was a typical representation of the well-known Hegelian rapport of "master" and "slave" which hardly do sound friendly[1]. Because the ruling and the ruled were connected antagonistically, such a class-sensitive linguistic change as honorifics introduced by the former might not be readily accepted by the latter. A simple intuition tells us that the spread could take at least two ways in relative terms, one easier and the other less so or one more difficult and the other less so, which obviously made a great difference on how long it took for the honorifics in Korean to become popular.

---

1) For an accessible version of Hegel, you may refer to Fukuyama (1992).

The idea of hegemony seems helpful for us to speculate on the easier or less difficult way. The word of hegemony originated from the ancient Greek period meaning "leadership or predominant influence exercised by one nation over others (Dictionary.com)." In the 20th century, it was to extend its applicability to describe the relationship between the ruling and the ruled even within a single society to bring about the derivative concept of "cultural hegemony", to which the Italian Marxist theoretician Antonio Gramsci (1891~1937) made great contributions[2]. Encyclopedically, it denotes the domination of a culturally diverse society by the ruling class, who manipulate the culture of the society--the beliefs, explanations, perceptions, values, and mores--so that their ruling-class worldview becomes the worldview that is imposed and accepted as the cultural norm (The Colombia Encyclopedia, 5thed. 1994:1,215). Therefore, although honorifics were invented for the interest of the ruling and reflected on the medieval class relationship, the ruled might ultimately agreed on adopting them, not without some reluctance but not so critical, as depicted in <Fig.1>. And, the effort to answer how old Korean honorifics are turns out simple. We could infer that since the period before or just after the honorific expressions were recorded, Koreans have used honorific sin their speech.

---

2) Gramsci did not leave an exact definition on "hegemony", to say nothing of "cultural hegemony." Regarding the former, we believe that he would not have opposed to the following.

The 'spontaneous' consent given by the great masses of the population to the general direction imposed on social life by the dominant fundamental group; this consent is 'historically' caused by the prestige (and consequent confidence) which the dominant group enjoys because of its position and function in the world of production (Gramsci 1999: 145).

<Fig. 1> The Spread of Honorifics under the Idea of Cultural Hegemony

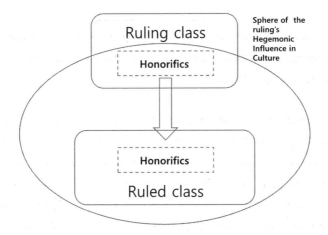

The recent empirical developments on the relationship between the ruling and the ruled sound supportive for us to contemplate on the less easy or more difficult way. Scott (1990) analyzed how the presence of power has been reflected on the language usage in a society. He reasoned that in a society consisting of two classes--one, dominant and the other, subordinate, what is said or recorded in the public sphere should be different from what is said or recorded by each class behind scenes in their respective private spheres, because the dominant and the subordinate class are to have different and often contradictory interests to pursue while pretending to chase a common gain. For this, Scott introduced the idea of mask. That is, in public sphere, each class tries to speak what it thinks to please the other as if wearing masks to conceal their true identities. Therefore, although both classes might use the same language per se, society wide, at any time, all the expressions could be distinguishable into three--two hidden transcripts for the dominant as well as subordinate class separately and a public transcript for the communication between them, as we can see in the following Scott's statements.

> I shall use the term public transcript as a shorthand way of describing the open interaction between subordinates and those who dominate (Scott 1990: 2).

> If subordinate discourse in the presence of the dominant is a public transcript, I shall use the term hidden transcript to characterize discourse that take place "offstage," beyond direct observation by power holders. The hidden transcript is thus derivative in the sense that it consists of those offstage speeches, gestures, and practices that confirm, contradict, or inflect what appears in the public transcript (Scott 1990: 4-5).

Honorifics in Korean are believed to have emerged with the Confucius idea that served for the dominant or ruling class, suggesting that scarcely could honorifics be popular among the subordinate or ruled from the start. The hidden transcript of the ruled did not likely include honorifics but that of the ruling. Nevertheless, they could be adopted as masks by both classes in public scenes. We can say that the old records of honorifics might be the remnants of either the hidden transcript of the ruling or the communications between the ruling and the ruled.

<Fig. 2> Honorifics, as a Hidden Transcript or a Public Transcript

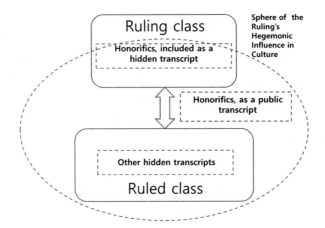

The approach seeing honorifics as a transcript enlightens us not to depend solely on their written records in inquiring how old they are as a standard form of Korean expressions. However, it falls short of answering how honorifics spread to become popular. Here, we need a help from sociolinguistics. It is proven that females have maintained differing attitude towards linguistic variations from males as we find in the following Trudgill's statements.

> In all the cases examined, it has been shown that, allowing for other factors such as social class, ethnic group and age, women on average use forms which more closely approach those of the standard variety or the prestige accent than those used by men, although we cannot predict which from a given men and woman is going to use on a given occasion. In other words, female speakers of English, like their Koasati counterparts, tend to use linguistic forms which are considered to be 'better' than male forms. (Trudgill 2000: 70)

In those cases where there is some kind of high-status variety or national norm, then changes in the direction of this norm appear, on the other hand, to be led more frequently by women (Trudgill 2000: 78).

Gender differentiation in language, then, arises because, as we have already seen, language, as a social phenomenon, is closely related to social attitudes. Men and women are socially different in that society lay down different social roles for them and expects different behavior patterns from them (Trudgill 2000: 79).

Honorifics were transferrable, especially, due to their adoption in public transcripts. There is no evidence that the ruling class tried to prevent their spread. Honorifics were always open for the ruled to adopt and its female members easily attracted to such high-status linguistic variety as honorifics might work as a conduit channeling honorifics to their own class. We can imagine that the females used the borrowed honorifics from the ruling in their conversation so frequently that those honorifics could secure a beachhead to the hidden transcript of the ruled.

\<Fig. 3\> What the Females of the Ruled did in Spreading Honorifics

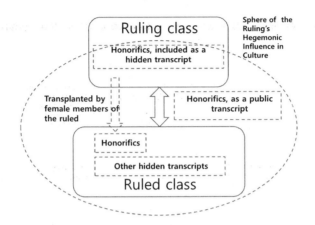

Finally, we could not overlook the importance of a writing system sophisticated enough to leave records on such delicate aspect changes as honorifics. As we can see in the following remarks, without it, the honorifics smuggled from the ruling class by the female members of the ruled could have great difficulty in taking root firmly in the hidden transcript of the latter to become popular literally later.

> Writing anchors a language: the last Roman has disappeared, but students still anguish over Cicero. And spoken languages securely linked to an orthography will survive when their unlettered cognates vanish. (Collin 2005: 12)

In recording such delicate aspect changes as honorifics, phonogram is superior to ideogram. Put otherwise, if Chinese characters had been the only writing system Korea had, honorifics could not have developed to the unmatched degree of sophistication. For honorifics to become widespread it needed a new writing system, a phonogram, and in 1446, Hanguel happened to be invented to meet this request.

<Fig. 4> Honorifics after the Introduction of a Phonogram as Writing System

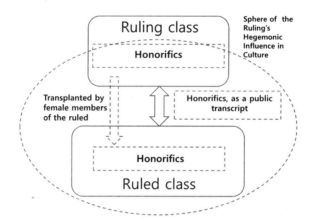

The above reckonings lead us to the hypothesis that honorifics in Korean could become popular no earlier than 1446 when Hanguel was introduced to the Korean society.

4. Proof

We are not going to delve into the old Korean texts written in Hanguel as well as Chinese characters anew. Instead, we will carry out a type of meta study with some latest scholarly works on honorifics, including Lee (2012) and the others.

First, we find that honorifics were born and largely monopolized among the ruling class for their own interest. Before Hangeul was invented, we believe that there were at least three writing systems, that is, *Hyangchal, Idu and Gugyeol,* helped Koreans record their phonetic expressions utilizing Chinese characters. All three date back the Silla Dynasty (BC57~AD935). However, they seem to have distinguished themselves in syntax or function like <Table 1>.

<Table 1> *Hyangchal, Idu and Gugyeol*

Writing system	Characteristics
Hyangchal	*Hyangchal (literally vernacular letters or local letters)* is an archaic writing system of Korea and was used to transcribe the Korean language in hanja(Chinese character). Under the *hyangchal* system, Chinese characters were given a Korean reading based on the syllable associated with the character.
Idu	The *idu* script used hanja, along with special symbols to indicate Korean verb endings and other grammatical markers that were different in Korean from Chinese. Characters were selected for *idu* based on their Korean sound, their adapted Korean sound, or their meaning and some were given a completely new sound and meaning.
Gugyeol	*Gugyeol* is a system for rendering texts written in Classical Chinese into understandable Korean. *Gugyeol* should be distinguished from the *idu* and *hyangchal* systems which preceded it. *Gugyeol* used specialized markings, together with a subset of hanja, to represent Korean morphological markers as an aid for Korean readers to understand the grammar of Chinese texts. Also, the *idu* and *hyangchal* systems appear to have been used primarily to render the Korean language into hanja; on the other hand, *gugyeol* sought to render Chinese texts into Korean with a minimum of distortion.

Source: "Hyangchal," "Idu" and "Gugyeol", Wikipedia (http://en.wikipedia.org).

That all three relied on Chinese characters which required many years of education to master testifies enough that *Hyangchal, Idu* and *Gugyeol* belonged to the ruling class. <Table 2> in the below shows some examples of honorifics written in *Hangchal*. The presumed Korean pronunciations of the texts are in the parentheses just beneath each. We could reason that 賜(A, B and F), 音(E) and 白(B, C, D and F) worked as morphemes to respect the subject.

<Table 2> Honorifics in *Hyangchal*

	Text	Source
A	佛體頓叱喜賜以留也 (불체 곱잣 깃그시이루아)	항순중생가
B	法界滿賜隱佛體 九世盡良禮爲白齊 (법계 マ독 신 불체 구세 다아 예 수져)	예경제불가
C	祈以攴白屋尸置內乎多 (비스블 두누오다)	희천수관음가
D	巴寶白乎隱花良汝隱 (보보 숀 고자 너는)	도솔가
E	國惡太平恨音叱如 (나라 태평ᄒ이 ㅅ다)	안민가
F	慕人有如 白遣賜立 (모인 잇다 숣고시셔)	원앙가

Note: In the parentheses are the pronunciations that we believe the people to have read.
Source: Lee, Jeongbok (2012: 99).

The statements in <Table 3> contain honorific expressions in *Idu*. We find that they all include the Chinese character "白" underlined which believed to have been pronounced as , an old pre-final ending used to revere the addressee or object.

<Table 3>Honorifics in Idu

	Text	Source
A	光賢亦 … 石塔伍層乙 成是白乎 願表爲遣	정도사석탑기
B	凡 王旨乙 奉行爲白乎矣 違者乙良 決杖一百齊	대명률직해
C	進上爲白乎 物色是去等 加一等遣	대명률직해
D	貞甫長老 陪白賜乎 舍利一七口乙	정도사석탑기
E	矣 發願修補爲 本社安邀爲乎 丹本大藏寶良中 右巾三矣 身乙 所生幷 以 屬 令是白去乎 在等以	송광사노비문서

Source: Lee, Jeongbok (2012: 100-101).

We also have some statements in *Gugyeol* with honorific expressions in <Table 4>. We could deduce that, as we can see in A and B, the honorific marker '-시-' was present in the form of ⸴ or 示. InC,DandE, weencounter "白" again.

<Table 4> Honorifics in *Gugyeol*

	Text	Source
A	富顯衆生 佛矢 設⸴ヒ1	화엄경
B	佛1 卽ゝ 時リまゝ1のヒ 知⸴仒	구역인왕경
C	彼 補特迦羅リ 佛リ 出世ゞ白ノ尸入し 價白仒	유가사지론
D	父母し 孝事ゞ±11+1 當ハ 願1入 衆生1 善⎰ [於] 佛し ゞ白ゝ亦 一切し 護ゞる 養ゞるゞヒ丈호 (화엄경 14:20)	화엄경
E	如來ヒ 三業1 德リ 無極ゞ口ハ⸴1 我リ尸 今ハ 月光1 三寶し 禮ゞ白口 卜ケ1⸴	구역인왕경

Source: Lee, Jeongbok (2012: 103).

All the statements quoted above share a feature in common. The majority of the addressees or objects are Buddha, with a few cases of Kings. It leads us to guess that honorifics might be reserved for the ruling class to show the highest respect towards the highest entity in the material as well as spiritual world long time ago, in the beginning.

Second, we find that after the introduction of Hangeul to the Korean society in the mid 15th century, honorifics began to be recorded more accurately and became more diverse and complicated. The seven statements in <Table5> were excerpted from three official government publications on Buddhism for the purpose of making commoners get familiar with Hangeul in the mid15th century, just after its invention. The underlined part(s) of each include the pre-final ending "숩" used for paying respect to addressees or objects in old Hanguel.

<Table 5> Several usages of '숩' in the 15thcentury

	Text	Source
A	당다이 이런 希有한 相울 <u>보숩바</u> 잇ᄂ니 내 이제 무로리라	석보상절
B	부텻 일후믈 <u>듣ᄌᆞᆸ디</u> 몯ᄒᆞᅀᆞ오며	법화경언해
C	부톄 ᄌᆞ로 ᄂᆞ르샤도 <u>從ᄒᆞᅀᆞᆸ디</u> 아니ᄒᆞ더니	석보상절
D	天人이 혜아리디 <u>몯ᄒᆞᅀᆞᆸ올ᄊᆡ</u> 이룰 ᄂᆞ르샨 秘密神力이시니라	법화경언해
E	萬萬 衆生ᄃᆞᆯ히 머리 <u>좃숩고 기ᄊᆞᄫᅡ</u>	월인석보
F	목수미 몯 이실까 너겨 <u>여희ᅀᆞᄫᆞᆯ라</u> <u>오니</u>	월인석보
G	대왕하 내 이제 이 부텻긔 도로 가 <u>공양ᄒᆞᅀᆞᄫᅡ지이다</u>	월인석보

Source: Lee, Jeongbok (2012: 109).

We see in the statements quoted from the same books above and the book published by the government to explain the logic behind the newly invented writing system Hangeul in Hanguel, not Chinese characters like previously, honorifics began to overlap. In <Table 6>, the underlined part(s) of each contain the pre-final ending "습" and honorific morpheme "-시-" or "-이-" together. The complication did not stop in form also. In context, it finally became possible for Koreans to respect the subject, object and addressee at the same time, like C.

<Table 6> Overlapping honorifics in the 15thcentury

	Text	Source
A	우리 父母ㅣ 太子의 드리<u>ᅀᆞᆸ</u>시니	석보상절
B	찻믈 기릃 婇女를 비슨바 오라 ᄒᆞ실쎠 오<u>ᅀᆞᆸ</u>이다	월인석보
C	大愛道ㅣ 善ᄒᆞᆫ ᄠᅳ디 하시며 부톄 처섬 나거시ᄂᆞᆯ 손ᅀᅩ 기르<u>ᅀᆞᆸ</u>시니<u>이</u>다	월인석보
D	予는 내 ᄒᆞ<u>옯</u>시논 ᄠᅳ디시니라	훈민정음 언해본

Source: Lee, Jeongbok (2012: 110-111).

These records tell us that around the time Hanguel was invented in the 15th century, it had been a while for the Korean honorifics to have gotten complicated. However, those written statements fall short of showing that the change occurred Korean-society wide, to say nothing of that honorifics were adopted popularly. The subjects or addressees of the texts cited were usually Buddha or Kings, to whom the ruling rather than the ruled class used to pay more attention, like in those in *Hyangchal, Idu* or *Gugyeol*. Until proven otherwise, science requires us to be conservative on our findings. Therefore, at this stage, it sounds rational for us to presume that in the mid 15th century, honorifics were still confined largely to the ruling-class people and their usage of honorifics under began to leave its vestige in Hanguel.

Third, we find that honorifics were frequently used among females writing in Hanguel, which works as a major conduit to spread honorifics from the ruling to the ruled class to become popular. The Great King Sejong, the inventor of Hangeul, tried but failed to persuade the Chinese character-loving ruling class to adopt it class wide. After his death, no kings succeeded to his enthusiasm towards Hangeul. Hanguel was looked down on as the colloquial script(언문) or the half script(반절). Although there are enough evidence collected that in their private correspondences, the ruling class people, even royal families, including kings, used Hanguel often [Baek (2001), Whang (2002), etc], the usage was limited by gender, that is, the senders or receivers were usually females, which, as a somewhat natural consequence, gave the Hanguel another designation of the female script(암클).

The statement in <Table 7> belongs to a Hanguel letter written in 1586 which was recovered from a tomb of a woman buried in the late 16th century in Andong, Kyeongsangbuk-Do. Obviously, she was related to the ruling class and she wrote longing for her husband deceased young. We see many honorific morpheme "-시-"'s underlined.

<Table 7>A Hanguel letter found written in the late 16ᵗʰcentury

Original old Hangeul writing	Modern Korean transcription
자내 샹해 날드려 닐오디 둘히 머리 셰도 록 사다가 홈쁴 죽쟈 ᄒ시더니 엇디 ᄒ 야 나롤 두고 자내 몬져 가시ᄂᆞ 날ᄒ고 ᄌ식ᄒ며 뉘 긔걸ᄒ야 엇디 ᄒ야 살라 ᄒ야 다 더디고 자내 몬져 가시ᄂᆞᆫ고 자내 날 향ᄒ 모ᄋᆞ믈 엇디 가지며 나ᄂᆞ 자내 향 ᄒ 모ᄋᆞ믈 엇디 가지던고 미양 자내드려 내 닐오디 ᄒ 디 누어셔 이보소 ᄂᆞᆷ도 우리 ᄀ티 서르 에엿쎄 녀겨 ᄉ랑ᄒ리 ᄂᆞᆷ도 우리 ᄀ튼가 ᄒ야 자내드려 니ᄅ더니 엇디 그런 이롤 ᄉ각디 아녀 나롤 ᄇ리고 몬져 가시ᄂᆞᆫ고 자내 여희고 아ᄆ려 내 살 셰 업 ᄉ니 수이 자내 ᄒᆞᆫ디 가고져 ᄒ니 날 드 려 가소 자내 향ᄒ 모ᄋᆞ믈 ᄎ성 니줄 ∨ 줄 리 업ᄉ니 아ᄆ려 셜운 ᄠ디 ᄀ이 업 ᄉ니 이내 안ᄒ 어듸다가 두고 ᄌ식 ᄃ리고 자내롤 그려 살려뇨 ᄒ노이 다 이내 유무 보시고 내 ᄭᅮ메 ᄌ셰 ∨와 니 ᄅ소 내 ᄭᅮ메 이 보신 말 ᄌ셰 듣고져 ᄒ야 이리 셔 년뇌 ᄌ셰 보시고 날드려 니 ᄅ소 자내 내 ᄇᆡᆫ ᄌ식 나거든 보고 사롤 일 ᄒ고 그리 가시ᄃᆡ ᄇᆡᆫ ᄌ식 나거든 누롤 아바 ∨ ᄒ라 ᄒ시ᄂᆞᆫ고 아ᄆ려 ᄒᆞᆫ들 내 안 ᄀ툰가 이런 텬디 ᄌᆞᆫ온ᄒ 이리	당신 늘 나에게 말하기를 둘이 머리가 세도록 살다가 함께 죽자고 하시더니, 그 런데 어찌 하여 나를 두고 당신 먼저 가셨 나요? 나와 자식은 누가 시킨 말을 들으 며, 어떻게 살라고 다 던져버리고 당신 먼저 가셨나요? 당신은 날 향해 마음을 어떻게 가졌으며 나는 당신 향해 마음을 어떻게 가졌던가요? 나는 당신에게 늘 말하기를, 한 데 누워 서, "여보, 남도 우리같이 서로 어여삐 여 겨 사랑할까요? 남도 우리 같을까요?"라 고 당신에게 말하였더니, 어찌 그런 일을 생각지 않고 나를 버리고 먼저 가시나 요? 당신을 여의고는 아무래도 난 살 힘 이 없으니 빨리 당신에게 가려 하니 나를 데려 가세요. 당신을 향한 마음은 이승 에서 잊을 수가 없으며, 아무래도 서러 운 뜻이 끝이 없으니 이내 마음은 어디에 다 두고, 자식 데리고 당신을 그리워하며 어찌 살 수 있을까 생각합니다. 이내 편지 보시고 내 꿈에 자세히 와 말해 주세요. 꿈속에서 이 편지 보신 말 자세 히 듣고 싶어 이렇게 편지를 써서 넣습 니다. 자세히 보시고 내게 일러 주세요. 당신 내가 밴 자식 나거든 보고 살 일 하 고 그리 가시되, 그 밴 자식 나거든 누구 를 아버지라 부르게 하시나요? 아무래 도 내 마음 같을까요?

Source: The Digital Hanguel Museum (http://www.hangeulmuseum.org).

There are almost no Hanguel records showing how the females of the ruled class imitated the usage of honorifics by those of the ruling so far. However, we could infer that it happened rather fast. Chung, et al (2011), based on the Annals of Choseon Dynasty, illustrate that Hanguel spread among the ruling class privately. According to them, under the reign of

King Sejo, a son of the Great King Sejong, in the mid 15th century, a court lady was arrested and executed due to the Hanguel love letter found she sent to a male member of the royal family. It is hard to imagine that she, who was so close to the ruling class at that time, missed the honorificsest eeming highly the addressee.

As everywhere else, in the pre-modern Korea, the material requirements for wiring, for example, papers, writing brushes, etc. were valued dear so that the ruled class could not afford them plentifully, apparently, in relative terms, to have written records left for the future. However, from time to time, they might be placed in the situation asking them to write. In <Table 8>, we see a section of a 19th century Hangeul letter written by a servant reporting to his master about the various matters concerning the land belonging to the latter. The underlined parts are the honorific morphemes or words containing them. If the honorifics of Korean had not taken firm root among the people of the ruled, the servant could not have written the letter redeeming his master to such a degree.

<Table 8> A 19[th]centuryletterbyaservanttohismaster

	Text
Original old Hanguel writing	졋소와 ᄒᆞᆸ다가 알외옵ᄂ이다. 산소는 뫼옵고 무사히 지내옵ᄂ이다. 죵ᄌ 말숨을 알외옵ᄂ이다. 희어기 새순 갓숩다가 죵ᄌ 업다 ᄒᆞᆸ고 아이 쥬온이 논 두 셤채 닷되지기 고들 다 묵게 되여스온이 홀일 업ᄉᆞ와 알외옵ᄂ이다. 셰아대 논을 아홉 마지기 고들 임부쟝댁기셔 엄마ᄒᆞ여 사고자 ᄒᆞᆸᄂ이다. 고답 노 인봉
Modern Korean transcription	주저하옵다가 아뢰옵니다. 산소는 모시고 무사히 지냅니다. 종자말씀을 아뢰옵니다. 희안하게 새순 갖다가 종자 없다고 하고 자식이 논 두 섬채와 다섯마지기 곳을 다 묵게 되었사오니 할 일이 없어 아뢰옵니다. 세아대 논 아홉마지기 곳을 임부장댁에서 꾸어 사고자 하옵니다.

Source: Baek, Duhyeon (2001).

5. Conclusions

In the Gramscian, or implicitly accepted perspective by the mainstream Korean linguistic circles, we could date the general usage of honorifics in Korean from when the first written record was left. However, in our new approach, when Korean honorifics were recorded first could not prove that since then, honorifics have been used popularly in Korea. Instead, it strongly suggests that until the introduction of Hangeul, honorifics did not become widespread.

We could find its modern analogy concerning the question since when English became socially influential in Korea. In 1886, the Royal English School (육영공원, 育英公院), a national college specialized in teaching the ruling-class people English, opened. In 2003, a Korean novelist Geoil Bok caused a great controversy, still reverberating, by publishing a book titled as *Eongeoruel Gongyongeoro Samja* (영어를 공용어로 삼자) encouraging Koreans to consider adopting English as another official language besides Korean in Korea. In the Gramscian stance, the answer could be 1886. However, in our framework, it should be later than 1886 but earlier than 2003. And, we know which one is more reasonable.

It is not too much to say that in the mid 15th century, with the invention of Hanguel, a phonogram, Korean, as a language, underwent a revolution as great as or greater than the Great Vowel Shift English experienced from the early 15th to 17th century. At that time, the era that the spoken Korean corresponds to the written finally dawned. Since then, the delicate linguistic changes that Koreans had not recorded with Chinese characters, an ideogram, previously, have gotten the chance to be transcribed and fixed to become linguistic norms. Once Diamond (1994)called Hanguel an ultra-rational system quoting such other scholarly praises on it as "the world's best alphabet," "the most scientific system of writing," etc. Therefore, if Korean is assessed to have developed the most sophisticated honorific system in the world, we could attribute it to Hanguel not a small part.

The Five-Hundred-Year Delay of the Official Adoption of Hangeul
: Why the Chosun Dynasty might be less blamable than we think

1. Puzzle

The Korean alphabet, Hangeul,[3] [1]) was first announced to the world in the twelfth month of King Sqongs twenty-fifth year, or sometime between December 21, 1443 and January 19, 1444 (Ledyard 1998*85). It is one of the rare writing systems that when and by whom they were invented is known. Its peculiarity does not end there. To say nothing of lay Koreans, many linguists, inside and outside Korea, have praised Hangeul the world's best or most scientific.[4]

The king's 28 letters have been described by scholars as "the world's best alphabet" and "the most scientific system of writing." They are an

---

1) According to the current rule of the Revised Korean Romanizatioru which came into effect on July 7, 2000, "Hangeul" is the orthography for "한글." However, some Westerners still prefer to use "Hangul" following the McCune-Reischauer romanization or its simplified but incorrect version of "Hangul" or "Hangul." In this paper, we followed the guideline of the Revised Korean Romanization, except for such customary expressions as Chosun for "조선" or those deviant ones found in the texts quoted directly, respecting their orignalities.

4) Thomas (2011) counted King Sejong the Great (1397~1450) among the fifty key thinkers on language and linguistics.

ultrarational system devised from scratch to incorporate three unique features. First, hangul vowels can be distinguished at a glance from hangul consonants... Even more remarkable, the shape of each consonant depicts the position in which the lips, mouth, or tongue is held to pronounce that letter... Finally, hangul letters are grouped vertically and horizontally into square blocks corresponding to syllables, separated by spaces greater than those between letters but less than those between words. (Diamond 1994: 109)

The acknowledgment of the excellence of Hangeul does not remain within the scholastic circle. Since 1989, the UNESCO, an international organization specialized in education, science and culture, has awarded the UNESCO King Sejong Literacy Prize to recognize the efforts to promote literacy every year.

Created in 1989 through the generosity of the Government of the Republic of Korea, the UNESCO King Sejong Prize which consists of two awards, compensates the work of governments, governmental agencies, and NGOs who are particularly effective in the fight for literacy. The Prize gives special consideration to the promotion of mother-tongue languages in developing countries. This Prize is named in honour of King Sejong whose outstanding contribution to literacy was the creation of the native Korean alphabet 'Hangul' over 500 years ago. (UNESCO)

However, a real irony is that not until almost the end of the nineteenth century, some four and a half centuries later after its invention, was Hangeul recognized officially by the Chosun Dynasty.[5] The Reform of 1894 (Gabo Gycongjang, 甲午更張) declared finally that all official documents be written in Hangeul, not hanja (Chinese characters).[6] Nevertheless, Hangeul could not establish its ascendancy immediately. The usage of Hangeul was suppressed mostly during the Japanese occupation (Hannas 1997" 60) lasting for thirty—six years from 1910 to 1945. Only after the Korean independence, Hangeul acquired the chance to become one and only writing system in Korea. Put otherwise, it took live hundred years for Korea to grant Hangeul its supremacy. In the preface to I Hunmin chong'um 訓民正音, The Correct Sounds for the Instruction of the People), one of the most important document of the Korean language reform, King Sejong proclaimed the reason he devised Hangeul as follows;

The words of our country's language are different from those of the middle Kingdom and are not confluent with the sounds of characters. Therefore, among the ignorant people, there have been many who, having something they want to put into words, have in the end been unable to express their feelings. I have been distressed because of this, and have newly designed twenty-eight letters, which I wish to have everyone practice at their ease and make convenient for their daily use. (Ledyard 1998' 170)

Then, why does it cost Koreans five hundred years to appreciate the King Sejong's true intention about Hangeul?

---

5) The Chosun Dynasty was the last kingdom in the Korean history, which survived from 1392 to 1910 for 518 years.

6) Kim(2012) nrguu-s tkit Hangeul was a rion-mainstream official writing system which was never used in general administrative documents before this reform.

2. Previous studies

Rather naturally, some have attributed the much-postponed realization of the preeminence of Hangeul to the possible persecution against its users executed by the Chosun Dynasty. In this vein, the most frequently referred one is the literati purge of 1504 (Kapcha Sahwa, 甲子士禍).

In the course of this tragic year, someone wrote a letter in the Korean script attacking the king, the so-called "Lord of Yonsan" (Yonsan Kun, 燕山君). In an effort to find the writer of this letter, the king closed the gates of the city and had his men search for all people who knew the Korean script, with the end in mind of comparing their handwriting with that of the seditious letter. (Ledyard 1998: 381)

It is not hard to imagine what impression this event left with the people and what aftermath it brought about to the society. For Koreans, using Hangeul deemed too risky apparently at the time. However, it is also difficult to believe that the fear sowed among the Korean minds in the early sixteenth century could persist for more than four hundred years. In addition, Lord of Yonsan himself was dethroned by the rebellion a group of officials had plotted, in 1506, just two years after the persecution. It is likely that with his legality gone, what lord of Yonsan did toward Hangeul also lost its legitimacy.

Others have suggested that in the Chosun Dynasty, there were the subtle hut pervasive resistance to the usage of Hangeul initiated mainly by the Chinese-character-loving ruling classes and it was highly effective, more than we think. Starkly contrasted to his invention, King Sejong and his successors to the throne faced many difficulties in popularizing Hangeul. First, King Sejong failed to gather enough support among the literati. He was unable to convince those with power, influence and education that widespread literacy was either necessary or desirable (Ledyard 1998' 25-26). Instead, they appear to have believed hangeul to become extinct in a short time or hoped so. Second, there were systematic efforts to suppress the institutional support for Hangeul. Even during King Sejong's reign, such royal institutions as the "Vernacular Script Commission" and the "Book House" (冊房) that had been set up to assist the invention of I Hangeul were attacked for various reasons (Ledyard 1998: 377).[7] Crisis came after his death. In the interregnum of Munjong and Tanjong—the latter only a twelve-year old boy when he acceded to throne-the power of the bureaucracy had no significant royal check, and the opposition to the alphabet had almost free play, most of which took the form of campaigns for abolishing the aforementioned offices (Ledyard 1998: 376-377). Third, contempt or disregard toward Hangeul was instigated by the learned people. There is no reason to suppose that the people of the Chosun Dynasty were free from the Gramscian cultural hegemony.[8] The ruled was liable to take after what the ruling caste did, as elsewhere.

The literati in general regarded the alphabet as the "vulgar script" (Onimun 諺文) and did not allow it the esteem and affection that they lavished on Chinese. Many of them conceded its use only by women and as a tool for teaching Chinese. (Ledyard 1998 ： 25-26)

---

7) Rhee(2016) et. al. have suggested that Hangeul was not the only factor to anger the mainstream officials at that time. However, it is likely that at least, Hangeul provided a good excuse for their actions

8) Here, the cultural hegemony could be defined as the domination of a culturally diverse society by the ruling class, who manipulate the culture of society, belief, explanations, perceptions, and values that the ruling class behaviors become the world view that is imposed and accepted as the cultural norms(Gramsci 1985: 26).

Nevertheless, it is quite unclear whether this resistance was really successful. Compared to the Chinese characters, Hangeul was simply too superb to be shunned away. That is, there were Koreans who thought otherwise concerning Hangeul from the start and the number of like-minded people increased as years gone by. For example, such minorities as Buddhist monks, translators and interpreters, those who were literate but hold inferior positions in society, were fast to recognize the undeniable advantage of Hangeul in disseminating their faith or educating such foreign languages as Chinese and Japanese. It is probable that knowledge of the alphabet picked up quickly among the members of the royal family and their various attendants and servants (Ledyard 1998: 379). But on the level of the upper class gentry and officials, we can be reasonably certain that the alphabet penetrated hardly at all (Ledyard 1998: 380), in the earlier stage. However, later, in the sixteenth and seventeenth century, it became acceptable even for gentlemen to write poetry in Korean, rather than exclusively in Chinese, and as the dynasty progressed, fiction also (Ledyard 1998: 25—26).

We know that there was at least one official persecution done against the usage of Hangeul and the ruling class opposed it institutionally and culturally almost to the end of the Chosun Dynasty, though not quite outwardly. This resistance could be effective to some extent. Nonetheless, we have to admit that it falls short of explaining the five centuries' delay of the popular adoption of Hangeul as the sole writing system in Korea. We have something critical missing in understanding the footsteps of Hangeul.

3. A model

It is known well that Christianity owes its fast dispersion inside the Roman Empire to the latter's civilization as much as or, maybe, more than divinity. Especially, the reliance of the early Christians on the Roman social-media system like letters, networks for their delivery, etc. interests us.

The most successful users of the Roman social-media system were the followers of a charismatic Jewish preacher of the early first century. They used the sharing ol media as a central part of their efforts to establish a new worldwide religion based on his teachings: Christianity. Unlike the other religions of the Greco-Roman world, early Christianity was unusual in its heavy reliance on written documents, in addition to preaching, to pass on its teachings, instruct followers, conduct debates, and resolve disputes. Starting in the mid-first century, a stream of letters and other documents began to flow between Christian churches around the shores of the Mediterranean. Of the twenty-seven works in the New Testament, twenty-one are letters (epistles), and two of the remaining six contain letters within them. In all, some nine thousand letters written by Christians survive from antiquity. Although Christians are sometimes described as "people of the book" the early church might be more accurately described as a community of letter-shard's. (Standage 2013 : 42)

What intrigues us more is that as the adherent of a brand-new religion at the time and a minority. Christians made a conscious choice of adopting a new system, the codex format, rather than following the customary one, the scroll, when writing letters to communicate among themselves.

The Nag Hammadi texts, like nearly all Christian texts from the second century onward, were written in codices-separate pages of papyrus or parchment, bound together along one side like a modern book-rather than being written on scrolls in the Greco-Roman style. The codex format, although favored by Christian writers, was not invented by them: the Romans and Egyptians used small notebooks in codex format, although favored by Christian writers format, since they were smaller and easier to carry than scrolls. Roman wax tablets were often grouped together in codex format. But it seems that such notebooks and tablets were mainly used for jutting notes and recording other ephemeral information; formal documents took the form of papyrus rolls, which remained the preferred format until the mid-third century. The Roman poet Marital, writing in the late first century AD commended the codex format to his readers on the basis that a book could then be held in one hand and was more convenient when traveling. But his enthusiasm for the new format was not shared, with the notable exception of the emerging Christian community. By the early second century practically all Christian texts were in codex form, compared with less than 5 percent for non-Christian texts. (Standage 2013: 46-47)

a) Scroll   b) Codex

Figure 1. Examples of Roman scroll and codex

Sotirce : "Scroll and Codex Libby Hartline's Portfolio
(http://libbyhartline.wordpress.com).

We still do not know why the Christians did that. Some have looked for an answer in Judaism claiming based on the Word of God.

Compared to Rome's traditional pagan religion, Christianity was a different beast altogether. Whereas paganism relied on oral tradition and its practices varied according to local custom, Christianity emphasized conformity and universal, written scriptures. If Judaism had been the prototypical religion of the Book, cleaving to the Written \Word of God, Christians embodied this ideal with unprecedented vigor. (Houston 2013: 10)

Then, we could imagine that while Christians tried to transmit the Word of God in their version with as little ambiguity as possible, one bold change in format to codex took place, which ushered them into their experimenting with such seemingly minor improvements as punctuation, paragraph marks and space between words in writing to make Christian letters distinctive, readable and ultimately, conducive to its empire-wide spread. Put otherwise, the creative combination of a new form, that is, the codex format, with a new content, that is, Christianity, by the early Christians might have played a greater role than we think in disseminating their belief.

Quite why the Christians preferred the codex over the scroll remains unclear. One possibility is that an important early Christian document (perhaps the gospel of Mark, or a collection of Paul's epistles) was produced in codex format, and this set a trend as the document was copied and circulated. Another possibility is that early Christian writers and copyists, who would have been mostly ordinary literate people rather than specialist scribes, did not feel that they had to abide by the rules of the Greco-Roman literary elite. They were therefore happy to abandon the traditional view that codices were for notes, and that real documents should be written on scrolls. This view is also supported by the fact that Christian texts have distinctive formatting right from the start. Rather than the traditional "river of text" of a Greco-Roman document, which lacked punctuation, paragraph marks, and space between words, Christian documents had large letters to indicate the banning of each paragraph. They also had marks to separate words, along with punctuation, section marks, and page numbers. All this made Christian texts much easier for ordinary people (as opposed to specialist lectors) to read aloud. So the switch from scroll to codex may be just one aspect of a wider abandonment of Greco-Roman literary customs. Once Christianity became the official religion of the Roman Empire in the early fourth century A.D., the ascendancy of the codex over the scroll was assured. Of all the Greek texts that have been found in Egypt, where the dry conditions favor the survival of papyrus, the proportion written on scrolls is 98 percent for the second century, falling to 81 percent in the third century, and 26 percent and 11 percent in the fourth and fifth centuries, respectively. (Standage 2013: 46-47)

We find that McLuhan could lend himself to our rationalizing the above-mentioned Christian conversion. In Understanding Media, unarguably, a book more talked about than read (Carr 2011: 1), he left the famous passage as follows ;

The medium is the message. This is merely to say that the personal and social consequences of any medium—that is, of any extension of ourselves—result from the new scale that is introduced into our affairs by each extension of ourselves, or by any new technology. (McLuhan 1994: 7)

McLuhan understood that whenever a new medium comes along, people naturally get caught up in the information—the "content"—it carries (Carr 2011: 2). He emphasized the transformative power of medium and subjected content, that is, message, to it completely. As a consequence, we see the congruity between medium and message for the latter's utmost effectiveness to be established, at least, on the surface.

How persuasive this reasoning is becomes clear by our conjuring up a simple case in which medium and message are not congruous. Radio allows us to receive auditory signals and TV auditory as well as visual. To watch a TV drama. that is, a certain message, we should have a TV set, that is, a certain medium, not a radio, another medium Some digital radios like HD Radio " are known to pick up the auditory signals of TV dramas or news broadcasted. It goes without saying that when we listen to TV dramas or news with one of those radios, we could get only partly they arc supposed to deliver to TV watchers, because we have no access to their accompanying visual images. Put otherwise, each different kind of message requires each different kind of medium for its maximum efficiency. Applying this reckoning to the Christian experience, we can say that the fact that it adopted the codex format, that is, a new medium, instead of the scroll, in writing letters to communicate helped Christianity, that is, a new message, spread faster and more widely among the Roman Empire.

We can deduce that Hangeul was a new message but the Chinese characters were an old one. Then, we can say that Hangeul and the Chinese characters asked different media, for example, format, way of writing, etc., to convey the writer's intention clearly to the reader. Conversely, it means that if Hangeul had adopted the medium proven appropriate to the Chinese characters. people should have had difficulties in comprehending the message written in Hangeul. This incongruity should have worked to discourage people to use Hangeul or to prevent them from finding its true superiority. Therefore, we can hypothesize as follows;

It took almost five—hundred years for Hangeul to become a sole writing system among Koreans, because, during that time, Hangeul kept using the media, for example, format, way of writing, etc., suitable to the Chinese characters, although Hangeul was a new and different message from the latter.

4. Proof

We can prove the hypothesis by substantiating the two points following. First, the convention of writing Hangeul in the format and way fitting to the Chinese characters distressed Hangeul users greatly, which was revealed through their many efforts to outwit or overcome the inconveniences in their own ways in some cases. Second, new writing methods thought suitable to Hangeul were never attempted until the near modern period or the end of the Chosun Dynasty in Korea, to which the current standard format and way of writing Hangeul coiild date back.

Traditionally, in Korea, the Chinese characters were written vertically, from right to left, without punctuation, paragraph mark and space between words. Therefore, in the Chosun Dynasty, learning letters meant not only memorizing all the necessary Chinese characters but also discerning where old sentences end and new ones begin. We do not know whether there were better ways of writing the Chinese characters ever tried. We only know that it was a long established paradigm to write letters like in the below, when Hangeul was invented.

Figure 2. Part of the Chosun Wangjo Sillok (The Annals of Chosun Dynasty)
Source: The Annals of the Joseon Dynasty (http://sillok.history.go.kr).

Although Hangeul was a new writing system quite different from the Chinese characters, by adopting unwittingly the format and way of writing perfected for the latter, Koreans had to write Hangeul vertically, from right to left, with punctuation, paragraph mark and space between words absent. The below manuscript of the Chunhyangjeon (The Story of Chunhyang), the best known love story and folk tale of the Chosun Dynasty, passed down from the seventeenth century, is representative.

a) A manuscript of the   b) The Chunhyangjeon, a modern
     Chunhyangjeon   Korean version

Figure 3. The Chunhyangjeon, old and new text

Source a): "Chunhyangjeon (춘향전)," Korea Old and Rare Collection Information System (KORCIS), The National Library of Korea (http://www.nl.go.kr).
b): Song, Seongwuk and Baek, Beomyeong.

We find a counterpart of this incongruity in the ancient Rome half way around the globe. During that time, Romans are known to have applied scriptio continua, literally, continuous script, metaphorically, river of text, to their writings, in which punctuation, paragraph mark and space between words were removed. Vergilius Augusteus, Georgica in the below furnishes an example. Except that the words were written horizontally, the texts in scriptio continua would be perceived by the ancient Romans as those of the Chunhyangjeon in the above by the Koreans in the past.

Note: 1) The Vergilius Augusteus is a manuscript from late antiquity, containing the works of the Roman author Virgil, written probably around the 4th century.
2) The Georgics (/ˈdʒɔː/ : rdʒɪks : Latin : Georgica[gɛˈoːrgɪka]) is a poem in four books, likely published in 29 BC It is the 9econd major work by the Latin poet Virgil, following his Eclogues nnd preceding the Aeneid.
3) Publius Vergilius Maro (Classical Latin I [ˈpuː ˌblɪˌʊs wɛrˈgɪˌlɪˌʊs ˈma.ro :]; rdʒ☐l/ in English, was an ancient Roman poet of the Augustan period He is known for three major works of Latin literature, the Eclogues (or Bucolics), the Georgics, and the epic Aeneid. Virgil is traditionally ranked as one of Rome's greatest poets.
4) Capitalis qnadrata refers to a specific font and saiptio continua means "continuous script."

Figure 4. Vergilius Augusteus, Georgica 141ff, written in capitalis quadrata and in scriptio continua

Source: Vergilius Augusteus, Georgics and Publius Vergilius Maro, wikipedia
(http://en.wikipedia.org)

"Many studies on scriptio continua have proven it detrimental for communication, which help us fathom how excruciating difficulties the readers of the Chunhyangjeon probably underwent comprehending it previously.

Without spaces to use for guideposts, the ancient reader needed more than twice the normal quantity of fixations and saccades per line of printed text. The reader of unsuspected text also required a quantity of ocular regressions for which there is no parallel under modern reading conditions in order to verify that the words have been correctly separated. Then ancient reader's success in finding a reasonably appropriate meaning in the text acted as the final control that the task of separation has been accurately peformed... Psychologists concede that readers who habitually read unseparated writing would adapt and improve their reading rates over time. However, they maintain that these readers' brains would always compensate for the extra cognitive burden by more numerous ocular fixations and regressions... A radically reduced field of vision and an increased number of fixations reduced the quantity of written text that could be perceived at each of the reader's fixations. This reduction in the length of each unit of textual intake meant that at the end of each fixation, the reader's memory, unaided by contextual cues and contextual vision, instead of retaining the coded images of the contours of one, two, or three words, as is customary when reading modern separated English text, could retain only the phonic trace of a series of syllables, the boundaries of which were in need of identification and verification. (Saenger 1997: 7)

It seems that many contemporaries in the Chosun Dynasty recognized the incongruity well and tried to circumvent it in their own manners, when writing Hangeul. The Hangeul letters in the below were written by the kings and queens came to throne after the inauguration of Hangeul. They appear conforming to the mode set on the Chinese characters.

However, we could discern that some endeavored to mend the hindrance stemming from the incongruity, for instance, distinguishing sentences. Their trick was covert but not unmethodical. First, line-spacing was used, which is discovered in Hyojongs, Inhyeon Wanghu's and Myeongseong Hwanghu's letter. Second, outdenting or indenting was adopted, which is spotted in Hyeonjong's, Inhyeon Wanghu's and Jeongjo's. Third, larger than normal Hangeul characters were employed, which is detected in Jeongjo's.

By Seonjo (1552~1608)　　By Inseon Wanghu(a queen of Hyojong)
By Inhyeon Wanghu

By Hyojong
(1619~1659)

By Hyeonjong
(1641~1674)

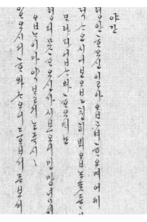

By Myeongseong Wanghu
(a queen of hyeonjong) (1642~1684)

By Inhyeon Wanghu
(a queen of Sukjong)

By Sukjong
(1674~1720)

By Jeongjo
(1752~1800)

 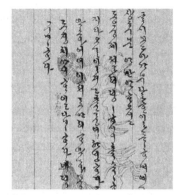

Figure 5. Letters written in Hangeul by Kings and Queens in the Chosun Dynasty

Source : "Chosunsidae Wanggwa Wangbi Hangeul Geulssiche(조선시대 왕과 왕비 한글 글씨
체)," Neodo Bamnamu (너도 밤나무) (http : //umz.kr/0P7zq).

Since the later part of the 18th century, the stop-gap measure would become more overt in publication. We find that in Jijangkyeongeonbae (地藏經諺解) originally printed in 1762 and afterwards reprinted several times, punctuation marks were used all over the text, whose adoption apparently premises the awareness of the incongruity by the author(s).

Figure 6. Jijangkyeongeonbae(地藏經諺解)

Source: Encyclopedia of Korean Culture(http://encykorea.aks.ac.kr).

Once again, we find a parallelism to this outmaneuvering in the West. After the collapse of the Roman Empire, scriptio continua gave way to Carolingian minuscule, which was a writing standard in Europe practically from 800 AD to 1200 AD. As we can see in the below, it was featured with lowercase letter, punctuation and space of words, obviously making the text more readable. When we reflect the ingenuity exerted by the kings and queens writing Hangeul in the above on the replacement of scriptio continua with Carolingian minuscule, we find it not so farfetched to maintain that if Koreans had been given enough time, they could have resolved the incongruity for themselves successfully.

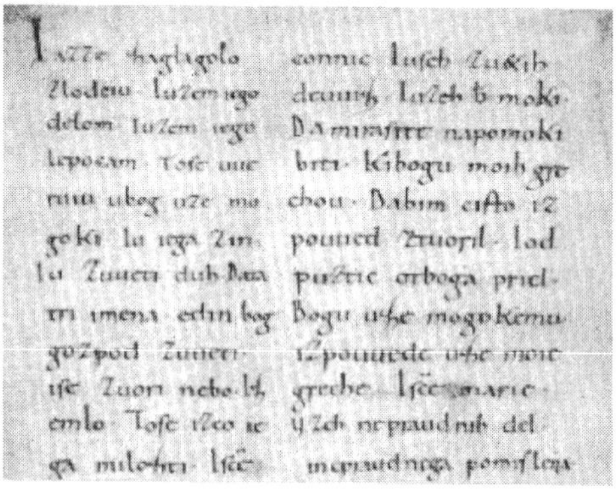

Figure 7. Passage written in Carolingian minuscule

Source: Carolingian-Caroline minuscule, History Articles(http://www.heeve.com).

In short and simple letters, the conflict between Hangeul and the writing style of the Chinese characters might not be serious, but in novels or long letters, it certainly became unbearable, which obviously worked to discourage, rather than encourage, Koreans to use Hangeul. The Chinese characters, an ideogram, wiih punctuation, paragraph mark and space between words must have improved the readability of their passage also. The problem was that for a phonogram like Hangeul, those features was a necessity rather than a choice.

In the late nineteenth century, finally, new ways of writing Hangeul were attempted. In 1877, John Ross (1842~1915), a Scottish Protestant missionary to Northeast China, published Corean Primer to teach Korean to other Westerners. As we can observe in the below left, he wrote Korean in Hangeul horizontally, from left to right, not right to left, with space between words, for the first time in the history of Hangeul in record On April 7, 1896, Dokribsinmun (The Independent), the first newspaper in Korea, all in Hangeul, was issued, with space between words, though still writing Hangeul vertically and from right to left.

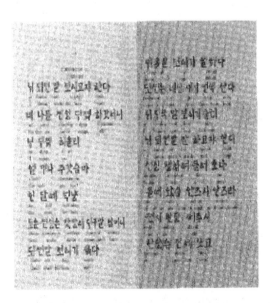

Figure 8. Part of Conati Primer by John Ross in 1877
Source : Ross (1877) : 6-7.

Figure 9. The first issue of Doktibsinmun(The Independent), April 7, 1896

Source: "Dokribsinmun (독립신문)," Korea Press Foundation(http://www. mediagaon.or.kr).

Among others, the introduction of word-spacing was the most valuable achievement, we can say, because it is claimed to have played a very important role in developing the West intellectually, through Carolingian minuscule.

The importance of word separation by space is unquestionable, for it freed the intellectual faculties of the reader, permitting all texts to be read silently, that is, with eyes alone. As a consequence, even readers ot modest intellectual capacity could read more swiftly, and they could understand an increasing number of inherently more difficult texts. Word separation also allowed for an immediate oral reading of texts, which eliminated the need for the arduous process of the ancient praelectio. Word separation, by altering the neurophysiological process of reading, simplified the act of reading, enabling both the medieval and modern reader to receive silently and simultaneously the text and encoded information that facilitates both comprehension and oral performance. (Saenger 1997: 13)

According to Lee (2003), the examples of spacing between words were found also in Oenmun Malchik (언문말칙, 1887) (A Corean Manual or Phrase Book) by British attache James Scott (1850~1920) and in the books written by Western missionaries, including Hanyeong Munbeob (韓於文法, 1890) (An Introduction to Korean Spoken Language) by Horace Underwood (1859～1916). Lee (2003) stated that these efforts must have been influenced by the orthography of Western languages including English. John Ross came from Scotland. James Scott was in Englishman. Horace Underwood was an American. Even the publisher of Dokribsinmun, Seo Jaepil (Philip Jason) (1864～1951), exiled to the United States from 1885 to 1895, during which he received a medical doctor degree from Colombian University, former George Washington University, in 1893. For those who were used to the English alphabet, the Hangeul text following the style suitable to the Chinese characters, an ideogram, appeared quite awkward, which led them to try to introduce new ones more fitting to the essence of phonogram, we can say. Their motives, except that of Seo Jaepil, might be quite different from that of King Sejong, regarding Hangeul. Their books were largely intended to help Western missionaries convert Koreans to Christianity or to promote foreign understanding of Korea. However, it is undeniable that their attempts deserve to be called another critical reform in Korean, after the invention of Hangeul.

5. Conclusions

We proved that it took almost five hundred years for Hangeul to become a sole writing system among Koreans, because, during that time, Hangeul kept using the media, for example, format, way of writing, etc., suitable to the Chinese characters, although Hangeul was a new and different message from the latter. There was at least one official persecution against the usage of Hangeul in the early sixteenth century. Hangeul was disdained by the ruling classes of the Chosun Dynasty. In modern times, under the Japanese colonial occupation, its usage was suppressed. Nevertheless, only when we take into account that until the late nineteenth century, Hangeul, a phonogram, new message, was written in the media appropriate to the Chinese characters, an ideogram, old message, causing a typical incongruity between message and media to discourage Koreans to use Hangeul, we could understand more clearly why it costs Koreans five centuries to appreciate Hangeul fully.

Here, we could raise a somewhat silly question why King Sejong failed to see the inherent incongruity between Hangeul and the style in which the Chinese characters were written. For such an outstanding linguist as he, devising a new way of writing would seem trivial. In the preface to his Philosophy of Right, Hegel (1770 ─ 1831) answered why human-beings could not see the future as follows;

> Whatever happens, every individual is a child of his time ; so philosophy too is its own rime apprehended in thoughts. It is just as absurd to fancy that a philosophy can transcend its contemporary world as it is to fancy that an individual can overleap his own age, jump over Rhodes'. (1967: 11)

King Sejong was a genius but simultaneously, he was a child of his time, where the format and way of writing fitting to the Chinese characters prevailed. If the Chosun Dynasty had been open during his reign to the Western world, or had opened herself earlier than it really did, to be exposed to the format and way of writing suitable to phonogram, the Korean history would have changed greatly, we could dream only.

References

Aitchison, Jean.(2000), 『The Seeds of Speech: Language Origin and Evolution』. Cambridge, England:Cambridge University Press.2000.

Ambrose, Stanley H.(1998), "Late Pleistocene human population bottlenecks, volcanic winter, and differentiation of modern humans," *Journal of Human Evolution*, 34. 623~651.

Baek, Duhyeon(백두현) (2001), *"Choseonsidae Hanguel Bogeupgwa Silyonge Gwanahn Yeongu* (Study on the distribution of Hangeul and re-al-life usage in the Chosun ear" (조선시대의 한글보급과 실용에 관한 연구), 『Jindanhakbo』(진단학보), no 92, pp. 193~218.

Bok, Geoil (복거일) (2003), *"Eongeoruel Gongyongeoro Samja"* (Let's adopt English officially)(영어를 공용어로 삼자), Seoul, Samsung Economic Research Institute.

Brown, Lucien(2011), 『Korean Honorifics and Politeness in Second Language Learning,* Amsterdam, the Netherlands』, John Benjamins Publishing Company.

Carr, Nicholas(2011), 『The Shallows』, NY, W.W. Norton.

Chung, Juri and Si, Jeonggon(정주리, 시정곤)(2011), *"Choseon Eomun Silrok"* (Chosun Colloquial Records)(조선어문실록), Seoul, Gojeuheon (고즈헌).

Coates, Jennifer(1993), 『Women, men, and language: a sociolinguistic ac-count of gender differences in language』, NY, Longman.

Collin, Richard Oliver (2005), "Revolutionary Scripts: the Politics of Writing System,* Proceeding of Vernacular 2005 Conference on Language and Society", held at the Universidad de las Américas, Puebla, Mexico, Oct 26.

Comrie, B.(2001), "From potential to realization: an episode in the origin of language," *New essays on the Origin of Language.* ed. Trabent, J. and Ward, S.N.Y. : Mouton de Gryeter.

Crystal, David.(1987), 『*The Cambridge Encyclopedia of Language*』: Cambridge University Press.

Deacon, W. Terrence.(2010), *"On the Human: Rethinking the natural selection of human language"*. On the Human, a project of the National Humanities Center.(http://onthehuman.org).

Diamond, Jared (1994), "Writing Right." 『The Discover Magazine』, pp. 106~113.

Diamond, Jared (1994), 『Writing Right』, June 1, Discover.

Fukuyama, Francis (1992), 『*The End of History and the Lastman*』, NY, Avon Books.

Goodenough, Ursula.(2010), *"Did We Start Out As Self-Domesticated Apes?"*, NPR. Feb 5, 2010. (http://www.npr.org).

Gramsci, Antonio (edited and translated by Quentin Hoare and Geoffrey Nowell Smith)(1999), 『*Selections from Prison Notebooks of Antonio Gramsci*』, London, United Kingdom, ElecBook.

Gramsci, Antonio(1985), 『Selections from Cultural Writings』, Cambridge. MA, Harvard University Press.

Hannas, WM. C,(1997), 『Asia's Oiiho^raphic Dilemma, Hawaii』, University of Hawaii

Hegel, G. W. F. (trans, by T. M Knox) 1967), 『Vbilosopby of¥Jght Oxford』, Oxford

Heine, B. and Kuteva, T.(2002), 『On the evolution of grammatical forms. *Transitions to Language*』. Oxford University Press.

Houston, Keith(2013), 『Shady Characters』, NY, W.W. Norton& Company.

Hwang, Munhwan (황문환)(2002), *"Choseonsidae Eongangwa Gukeosaenghwal"* (The Letters in Hanguel and Language Life of Koreans in the Chosun Era)(조선시대 언간과 국어생활), 『The New Korean Life』 (새국어생

활), Summer, The National Institute of the Korean Language.

Kim, Seul-ong(2012), "Chosunsidaeeui Hunminjeongetm Gongsikmunjaron" (A Study of Hunminjeongeum as an Official Writing System in the Joseon Period), 『Hangeu』 no.297.

Klein, Richard G.(2000), "Archeology and the Evolution of Human Behavior". 『Evolutionary Anthropology』, vol 9, issue 1. 17~36.

Ledyard, Gari K.(1998), 『The Korean Language Reform of 1446, Seoul』, Singumunwhasa.

Lee, Jeongbok (이정복)(2012), 『Hangukeo Kyeongeobupui Gineunggwa Sayongweonri』(The Function and Principle of Honorifics in Korean)(한국어 경어법의 기능과 사용원리), Seoul, Sotong (소통).

Lee, Ki-Moon(2003). "Hangeul in the Prospective of Modern Times, Want to know about Hangeul?," 『The National Institute of Korean Language』, (http:www.korean.go.kr).

Lieberman, Philip.(1984), 『The Biology and Evolution of Language』. Cambridge. Massachusetts. Harvard University Press.

Lieberman, Philip.(1998), "Eve Spoke: Human Language and Human Evolution". NY: W.W. Norton.

Lieberman, Philip.(2001), "On the subcotical bases of the evolution of language". 『New essays on the Origins of Language』. ed. Trabent , J. and Ward, S.N.Y. : Mouton de Gruyter.

Lieberman, Philip.(2007), "The Evolution of Human Speech". 『Current Anthropology』. vol 48, no 1, 39~66.

McLuhan, Marshall (1994), 『Understanding Media』, Cambridge. MA, The MIT Press.

Nietzsche, Friedrich.(1883), 『Thus Spoke Zarathustra』.

Nietzsche, Friedrich.(2010), 『The Gay Science』, Part V. Aphorism No. 354. "Friedrich Nietzsche on the Origin of Language and Consciousness," (http://sharedsymbolicstorage.blogspot.com)(accessed on Mar 20, 2010).

Okanoya, Kazou.(2006), "The Bengalese Finch: A Window on the Behavioral Neurobiology of Birdsong Syntax". 『Annals of the NewYork Academy of Science.』 vol 1016, 724~735.

Para, Esteban J.(2007), "Human Pigmentation Variation: Evolution, Genetic Basis, and Implication for Public Health." 『Yearbook of Physical Anatomy』, 50. 85~105.

Pinker, Steven.(2000), 『Language Instinct.』 NY: Harper Perennial Modern Classics.

Pinker, Steven.(2007), 『The Stuff of Thought.』 NY: Penguin Books.

Pollick, Amy S. & De Waal, Frans B.M.(2007), "Ape gestures and language evolution". 『PNAS』, vol 104, no 19, 8184~8189. Press.

Rhee, Kun Woo(2016), "Eonmunticheongkwa Changiaesikiwa Jeongeumcbeongeui Wicbi"(The Establishment Date of Bureau of Korean Alphabet and the Location of Bureau of Correct Sound), 『Institute For Humanities and Social Sciences』. Pukyoung National University, vol17, no 1: 349~374

Ross, John(1877), 『Corean Primer』, Shanghai, China, American Presbyterian Press.

Rousseau, Jean-Jacques (trans. by Maurice Cranston).(1968), 『The Social Contract』. NY: Penguin Books.

Ruhlen, Merritt.(1996), 『Language Origins. National Forum』, Winter.

Saenger, Paul(1997), 『Space between Words』, The Origins of Silent Reading, Stanford, Ca, Stanford University Press.

Sander, Gilman L., Blair, Carol & Parent, David J. (Trans.).(1989), 『Friedrich Nietzsche on Rhetoric and Language』. Oxford: Oxford University Press.

Schwartz, Jeffrey H. & Maresca, Bruno.(2006) "Do Molecular Clocks Run at All? A Critique of Molecular Systematics." 『Biological Theory』, 1(4), 357~371.

Scott, James C.(1990), 『Domination and the Arts of Resistanc』e, New Haven, Yale University Press.

Sohn, Ho-Min.(1999), 『The Korean Language』, Cambridge, Cambridge University Press.

Sohn, Ho-Min.(2006), 『Korean Language in Culture and Society』, Boston, Twayne Publishers.

Standage, Tom(2013), 『Writing on the Wall, social media the first 2,000 years』, NY, Bloomsbury.

Thomas, Margaret(2011), 『Fifty Key Thinkers on Language and Linguistics』, NY, Routlege.

Trudgill, Peter.(2000), 『Sociolinguistics』, 4thEd, NY, Penguin Books.

University Press.

Venditti, Chris, Meade, Andrew & Pagel, Mark.(2010), "Phylogenies reveal new interpretation of speciation and the Red Queen", 『Nature』, 463, 349~352.

Wittgenstein, Ludwig.(1922), 『Tractatus Logico-Philosophicus』, 5.6.

〈신문 기사 및 인터넷 자료〉

Carolingian-Caroline minuscule, History Articles (http://www.heeve.com).

Chosunsidae Wanggwa Wangbi Hangeul Geulssiche (조선시대 왕과 왕비 한글 글씨체)," Neodo Bamnamu (너도 밤나무) (http://umz.kr/0P7zq).

Chunhyangjeaon (춘향전), Korea Old and Rare Collection Information System (KORCIS), The National Library of Korea (http://www.nl.go.kr).

Deciphering the Chatter of Monkeys and Chimps, The New York Times, Jan 12, 2010.

Dictionary.com (http://dictionary.referernce.com).

Dokribsinmun (독립신문), Korea Press Foundation (http://www.rnediagaon.or.kr).

Encyclopedia of Korean Culture (http://encykorea.aks.ac.kr).

Evolution may take giant leaps, *Physorg*, Dec 11, 2009 (http://www.physorg.com).

Evolutionary trees, *Wikipedia* (http://en.wikipedia.org)(accessed on Mar 21, 2010).

General Catalog, 2011-2012, DLIFLC(Defense Language Institute Foreign Language Center), 2011.

Human language born from ape gestures, *Cosmos Magazine*, May 1, 2007.

Humans' almost became extinct in 70,000 B.C., *The Daily Telegraph*, Apr 25, 2008.

Hyangchal, "Idu" and "Gugyeol", Wikipedia (http://en.wikipedia.org) (accessed on June 20, 2013).

LakeToba, *Wikipedia* (http://en.wikipedia.org)(accessed on Mar 28, 2010).

Language center, *Wikipedia* (http://en.wikipedia.org)(accessed on Mar 21, 2010).

Merriam-Webster English Dictionary (http://www.merriam-webster.com).

Modern behavior, Wikipedia (http://en.wikipedia.org)(accessed on Mar 21, 2010)

No Missing Link? Evolutionary Changes Occur Suddenly, Professor Says, *Science Daily*, Feb 12, 2007.

Red queen, *Wikipedia* (http://en.wikipedia.org)(accessed on March 21, 2010)

Scroll and Codex, Libby Hartline's Portfolio (http://libbyhartline.wordpress.com).

The Annals of the Joseon Dynasty (http://sillok.history.go.kr).

The Colombia Encyclopedia, 5thed. 1994.

The Digital Hanguel Museum (http://www.hangeulmuseum.org).

The UNESCO King Sejong Literacy Prize UNESCO (http://www.unesco.org).

Toba catastrophe theory, Science Daily (http://www.sciencedaily.com)(accessed on Mar 28, 2010).

Vergilius Augusteus, Georgics and PMius Vergilius Maro, wikipedia
(http://en.wikipedia.org).

제 2 부

한국어의 또다른 연구

공손표지 '좀'과 [량] 이동의 상관관계 고찰

1

간접화행표지 '좀'은 일반적으로 공손표지로 굳어진 것 같다. 이는 한국어 학습에서 외국인에게, 특히 영어를 비롯한 서구권의 외국인에게 'please'로 설명하여 언어 사이에 대조에서도 성공적으로 언어효과를 획득하였다고 보여진다.

그런데 최근 형태 '좀'의 사용이 급속히 들리지 않고 있다. 필자의 학교 내, 교실 내, 또는 동료교수 및 근로직, 사무직 교직원 사이, 지나가는 학생들의 대화, 교수와 학생 대화 및 상담 등등 공손표지 '좀'이 거의 들리지 않고 있다. 필자의 직관이므로 혹시 그렇지 않다고 반박도 할 수 있겠다. 여하튼 공손표지 '좀' 대신에 '-시'가 강하게 들리고는 한다.

2

이제, 여기에서는 간접요청을 실현하는 '좀'이 현실언어에서 과연 [량]이동과 어떠한 상관관계를 가지는가? 이에 화자. 청자 간의 대화 소통상, '좀'이 공손 표현을 어떠한 언표내적 추리유형의 공손행위로 실현하는가에 역점을 두고 고찰하고자 한다.

곧 어떤 언표가 특정한 언표내적 행위(illocutionary force)를 수반하는 경우 화용표지 '좀'을 첨가시키면, 이 언표가 수반하는 언어내적 행위와 상관없이 간접요청의 화행의미를 성취시킨다는 점이다. 아무리 언표자체에 수반하는 특징적 언표내적 행위가 의도 되었다 하더라도 '좀'만 발화행위에 첨가시키면, 간접요청의 언표내적 행위로 변경된다.

    (1) a. 궁리를 해 보세요.
        b. 궁리 좀 해 보세요.

    (2) a. 저는 누워야겠어요.
        b. 저는 좀 누워야겠어요.[1]

예문 (1)과 (2)는 각각 (a)에서는 [명령] [서술] 직접화행을 나타낸다.

그러나, (1a)는 [충고]의 언표내적 행위를 수반하는 발화다.
       (2a)는 [단정]의 언표내적 행위를 수반한다.

그런데 (b)에서 (a)의 언표에 '좀'이 결합되면, 이 예문들이 곧장 언표내적행위가 간접요청의 행위로 바뀌면서 공손한 표현행위가 실현된다.

(1a)는 궁리를 해보라는 간접요청의 간접화행의 특성을 지닌다.
(2b)는 윗사람 앞에서 화자가 자신의 몸이 불편한 것을 고려하여 눕긴 눕되, 누울 행위에 대해 양해를 간청하는 간접요청의 간접화행의

---

1) 자료의 출처는 필자가 모은 임의적 사례를 사용하였다.

특성을 가지는 발화가 된다.

말하자면 (1), (2)의 문장은 화자가 화자의 특정한 언표내적 행위 효과를 발생시키려는 의도를 성취하기 위하여 소위, 공손표지 '좀'을 개입시킨 것이다.

가령, (1a)를 화자가 의도하였다고 하자. 청자는 이 언표행위를 이해하는데, 어떠한 목적된 화자의도가 성취되었는가? 추론하게 될 것이다.

추리과정 [1]

a. '궁리를 해 보세요'라는 문장을 이해한다는 것은 이 문장의 뜻을 아는 것이다.

b. '궁리를 해 보세요'의 의미는 이 문장의 언표의 조건과 어떤 조건 아래에서 '궁리를 해 보세요'가 화자에 의한 청자에 대한 권유로 보는가 결정된다.

c. '궁리를 해 보세요'가 뜻하는 것은 다음 의도 등의 문제이다.

  a) 청자로 하여금 그가 충고를 받았다는 것을 알도록 하는 의도

  b) 청자에게 화자가 충고하고자 하는 의도를 알게 함으로써 충고 받았다는 것을 알도록 하려는 의도

  c) '궁리를 해 보세요'라는 문장의 뜻에서 아는 지식에 의하여 청자에게 충고하려는 화자의 의도

따라서 화자가 '궁리를 해 보세요'라고 발화하면, [추리과정1]의 시도가 나타난다. 그래서 청자의 측면에서 보면. 청자의 이 언표행위에 대한 이해는 (1)의 의도를 알아차리자마자 성취될 것이다.

그런데 이와 같은 [추리과정1]의 의도가 굳어진 공손표지 '좀'이 발화행위에 첨가되면, 이것과 무관해진다. 다시 말하면 [1]의 과정 없이

곧장 공손한 간접 요청 의도로 변경된다. 화행표지 '좀'을 사용하면, 화자나 청자에게 간접요청의 의미를 관용적으로 제공하게 되는 것이다.

[2] 결합요소 추리

a. '좀'을 보충동사 '돕다'와 연계하여 사용하여 굳어진 표현 행위가 공손 행위로 실현 된다.
b. 간접화행표지 '좀'이 수혜동사 '주다'와 긴밀히 연어(collocation)표현이 구성되면, 이때, 공손행위는 반드시 실현 된다.
c. 연어 '도와 주다'를 상정하여 '좀'과 구성한 관용 공손행위를 실현시킨다.

(3) 1) a. 선생님, 도움을 좀 주실 수 있겠어요?
　　　 b. 선생님, 좀 도와주십시오.

　　 2) a. 방청객 여러분, 좀 조용히 해 주세요.
　　　 b. 제가 말씀 좀 드려도 괜찮을까요?
　　　 c. 연락 좀 주시기예요.
　　　 d. 박수 한번 좀({*조금, *조금만}) 보내 주십시오.
　　　 e. 저희들 생각도 좀 해 주세요.
　　　 f. 자주 좀({*조금, *조금만}) 놀러와 좀({*조금, *조금만}) 주세요.

예문 (3 ,1a)은 '도움'-'좀'-'주시다'의 결합구성이고, (3, 1b)는 '좀'-'돕다'-'주시다'의 결합이다. 이는 [2]의 연어 추리만 찾아내면, 곧 공손 행위가 실현되는 경우다.

(3, 2)예문들은 '좀-주시다' 연어구성으로, 화행에서 자주 나타나는

발화이다. 이때, (3, 2d,f)처럼 '좀'에서 [량]이 상정이 안 되는 이유는 이미 굳어진 연어구성이 관용 공손으로 재구성 된 점을 입증하는 공손 표현이다.

한편, 관용 공손표지 '좀'의 첨가는 어떤 언표행위가 언표내적 행위 달성을 위한 [2]추리 과정도 상관 없다는 추정이 가능하다.
이를 위하여 간접화행에 나타난 언표행위, 곧 '도와드려도 되겠습니까'의 [추리과정 3]을 편의상 직접화행으로부터 유도할 수 있다.

추리과정 [3][2]

L1: S는 e를 발화하고 있다.

L2: S는 e가 '도와드려도 되겠습니까'를 의미한다.

L3: (a) S는 '도와드려도 되겠습니까'라고 발언하고 있다.

(b) S는 '도와드려도 되겠습니까'를 긍정적 태도로 발언행위
를 하고 있다.

L3(a), McBs, PP(Ⅰ)

L4: (a) S가 만약 직설적으로 말하면 '도와드리고 싶습니다'로 진
술하고 있다.

(b) S가 만약 직설적으로 말하면 '도와드려도 되겠습니까'의
효력약화로 진술하고 있다. L4(a), McBs, PP(Ⅱ)

L5: S는 직설적으로 말하게 될 것이다.

L6: (a) S는 '도와드리고 싶습니다'로 진술하고 있다.

(b) S는 '도와드리고 싶습니다'가 공손추정 중 유익격률의 지

---

2) [3]서 나타나는 추리과정을 좀 더 알려고 한다면(Bach &Harnish, 1984;72),
김희숙(1990: 198, 현대국어의 공손표현연구)의 화행추리과정 연구를 참조
할 것

배로 공손을 예측하게 한다. L5, L6(a), McBs, PP
(Ⅲ):P0

L7: S는 다만 '도와드리고 싶습니다'라는 것을 진술하는 것이 아닐 것이다.

L8: S가 '도와드리고 싶습니다'를 F*-ing하는 환경 아래, '도와드리고 싶습니다'를 F*-ing로 나타내는 동일한 방법으로 연관된 '도와드리고 싶습니다'는 어떤 특정한 F-ing일 수 있으며 화자는 '도와드리고 싶습니다'를 또한 F-ing할 수 있을 것이다.

L9: S는 '도와드리고 싶습니다'를 F*-ing하면서 이것에 대한 '도와드리고 싶습니다'를 F-ing하고 있다.

약호

e: 발화표현 문장

s: 화자

L: 발화언어

McBs: 공통문맥믿음(Mutual contextual Beliefs)

SAS: 발화행위도식(Speech Acts Schema)

P : 명제

pp: 공손원리(politeness principlec)

F: 언표내적효력(illocutionary force)

...: e를 의미한다(e 표현의 논리의미)

F*: 언표내적효력 F 와 발화의 문구성*에 양립하여 발화효력 양립성(locutionary compatibility)

* : e 의 문구성

*(...p...): 명제를 담고 있는 문장

이때, 사례 "도와드려도 되겠습니까?"는 결국 '돕다–드리다(주다)– 되다'의 [보충–수혜–피동] 의미가 추리[2]의 과정과 먼저 관련되었다고 판단한다. 그 다음, [3] 추리과정이 작용 하여, [제안] 간접 행위를 나타내는 공손행위가 실현됨을 논의할 수 있다.

그런데 이 언표에 '좀'을 개입시키면, 역시 간접화행을 성취시키기는 마찬가지나, 이때 의미가 [정중간접요청] 행위로 변경된다는 점이다.

    (4) 좀 도와드려도 되겠습니까?

여기서 주목되는 점은 예문 (4)의 경우, '좀'의 [2]관용 방식으로 이 공손표현에는 [3]과 같은 언표내적행위추리(SAS)과정에 의한 공손표현이 아님을 발견할 수다. 곧 '좀–돕다–드리다–되다'의 결합 문장성분이 공손행위의 정도성을 높이고 있음이 분명하다.
이러한 [3]SAS과정을 거치지 않고, 곧장 관용 공손표지 '좀'으로 공손표현을 성취시킨 점이다. [3]과 같이 L1~L9의 복잡한 추리과정을 경험하여, (4)의 언표행위의 공손을 이해하는 것이 아니다. 형태 '좀'의 관용 특성으로, 곧 순간회로(short curcuit)의 개념으로(Morgan, 1978:274~275) [3]의 SAS추리과정 없이 언표발화 오르며 공손행위를 실현시키는 방식이다. '좀'에 굳어진 관용특성이 순간적으로 심층의 추리과정까지 경험하지 않고, 곧장 공손을 성취시키는 것이 아닌가 한다.

따라서 '좀'은 [3]SAS 추리과정 없이 간접요청의 간접 언표내적 행위를 수행하며 공손표현을 예측할 수 있는 가치를 지닌다.
그런데 공손표지 '좀'이 존대 종결어미와 관계없이 간접요청표현을 실현시키는 점도 간과할 수 없다. 상대방이 하위자인 경우, 존대의 문

장성분 발화의 전제 없이 '좀'으로 상대방 청자에게 간접요청 행위를
보인다.

(5) a. 얘기 좀 {조금, 조금만 3)}하자.
    b. 고집 좀 {조금, 조금만}부리지 마라.
    c. 구경 좀 {조금, 조금만}해요.

(6) 동생을 때리지 좀 {*조금, *조금만}마라.

이와 같이 (5)의 표지 '좀'은 {조금}, {조그만}으로 교체될 수 있는 간
접요청이 가능하다.

그러나 예문(6)의 경우, 관용 공손표지 '좀'을 사용한 것으로 파악할
수 있다. 이는 '좀'을 풀어쓴 {*조금, *조금만}과 교체할 수 없기 때문
이다. 표지 '좀'으로 아랫사람에 대한 공손한 맥락의 발화를 화자는 의
도할 수 있다. '좀' 형태가 없는 직접화행의 직접 명령의 문장을 '좀'을
첨가시켜 곧장 [간접요청]으로 그 의미가 '조금 때려라'가 아니고, 양
립할 수 없는 의미, 곧 '때리다' 행위를 중단할 발화행위 의미에 초점
을 두고 있다.

예문 (5)와 (6)의 차이는 관용 공손표지 '좀'의 기반이 '조금'에서 출
발한 것에 대하여 과연 그렇게 의존한 것인지의 여부를 보여 준다.

(5)는 '조금'에서 '좀'이 되었다는 근거를 제시하는 언표들이다.

반면 (6)은 '*조금'이나 '*조금만'에는 호응하지 못하는 격차가 있
다. 따라서 (6)에서는 그 유래를 찾기 어렵게 더욱 굳어져 재구성된
[간접요청]으로 공손원리가 작동하나 상대가 하위자이므로, [예우]정
도를 성취시키는 것이라고 입증할 수 있겠다.

---

3) '만'은 초점사의 일종으로 언표에서 나타난다고 본다. 이때, 언표내적 의미는
   [한계]로 해석한다.

3

　위에서 설명한 '조금' 내지 '조금만'을 이용하는 이유는 [량]을 제한
하기 위해서이다. [간접요청]'좀'이 (5), (6)에서 보는 바와 같이, [량
(scale)] 흔적을 지닌다. 이때, 표지'좀'이 [량]과 얼마나 관여적인가?
비관여적인가? 를 알기 위해서다.
　다음 (7)예문은 [량]을 살필 수 있는 발화이다.

　(7) a.밥 좀{*조금} 먹어라
　　　b. 밥 좀 {조금만} 먹어라.

　만약 어머니가 (7)을 발화할 경우, (7a)의 '밥 좀 먹어라'는 [간접요
청]이자 [량]을 수반한다고 본다. 여기서 '밥을 조금 먹어라'는 부적격
형이다4). 왜냐하면 '밥 좀 먹어라'가 가능한 경우(7a)는 '자식이 밥을
잘 안 먹으려 할 때 한 끼라도 제대로 먹어라' 하는 상황이 상정된다.
이 언표내적 상황이 아니면, '밥 많이 먹어라'는 반의 언표내적 효력의
경우가 있기 때문이다. (7b)의 '좀'의 [량]은 '조금'으로 한정할 수
있다.

　이제 간접요청화행 '좀'을 [량]과 관련지어 어떠한 의미효과의 목적
을 달성하는지 좀 더 면밀히 살피고자 한다.

　(8) a. 승늉　좀{조금, 조금만} 다오.
　　　b. 좀{조금, 조금만} 더하시겠어요?
　　　c. 구경 좀{조금, 조금만} 해 봅시다.

---

4) 자식이 살이 많이 쪄서 다이어트를 하는 경우는 이 발화가 적격인 직접화행이
　　될 수 있다.

d. 찬거리 좀{조금, 조금만} 살려고요.

e. 옷을 좀{조금, 조금만} 사왔어요.

f. 노여움 좀{조금, 조금만} 푸십시오.

(9) a. 애인 찾기 좀{조금, *조금만} 지치신 거예요?

b. 얘기 좀{조금, *조금만} 해 봤어요?

c. 덥지요? 선풍기 좀{조금, *조금만} 틀까요?

d. 가만 좀{조금, *조금만} 계세요.

e. 조선생, 좀{조금, *조금만} 지나치세요.

f. 기분 상했어요, 좀{조금, *조금만}?

g. 마음 고초 좀{조금, *조금만} 심할 거예요.

h. 십일조 좀{조금, *조금만} 냅시다.

I. 어머니 시킬 일 좀{조금, *조금만} 없으세요?

j. 진작 못 만난 게 좀{조금, *조금만} 유감이오.

예문 (8)은 '좀'이 '조금'에 직설적(literally)으로 만족하며, 공손표현을 의도한 언표행위들이다. 다만 (8d), (8e)는 그 실제적 발화의미 효과를 [간접요청]에 둔다기보다 [간접겸손]을 받으려는 의미가 강하다. (8d), (8e)의 '찬거리'나 '옷'을 '조금'이라도 [량]에 제한을 둔다. 그리고 이것을 [량] 단위로 지시물을 '구입한다'에 대하여 [다량]을 화자가 산다 하더라도 언표행위로는 간접적으로 '조금'을 의도한다는 화자 청자 간의 공통믿음이 있는 발화이다.

이는 왜냐하면 (8)의 다른 예문들과 달리, 화자에 유익한 것인지에 대하여 분명하지 않기 때문으로 보인다. 이는 오히려 (8f)는 청자체면에 연관된 유익한 경우로 보인다.

(8cdf)는 제3자에 유익한 경우로도 생각할 수 있을 것이다. 이와 같이 발화형태 '좀'은 화자가 유익한 경우, 이 때, 수행울타리(Hedge)가 된다. 그래서 이를 직접적 요청에서 [간접요청]으로 변환시키는 편리

한 발화장치로 화자에 의해 순환적으로 사용될 수 있다.

그러나 예문 (9)는 [량]을 '조금만'으로 제한시키면 비문이 된다. (9)는 '좀'이 '조금'에 기반을 두고 있다. 하지만 좀 더 면밀히 보자면, '조금'의 [량]이 여기에서는 조금 이상의 [량]이어야 한다는 화자의도가 포함되어 있다. 이는 (8)과 달리 화자유익을 의도하는 경우가 아니다. 청자에 관한 불투명한 지시적 일을 주로 거론하는데, 청자에게 유익이 돌아가는 [간접요청]의 효과를 성취시키려는 목적이 있다.

특히 [량]을 계산하기에 좋은 (9h)는 돈에 관한 것이다. 이 때, 화자 발화의도는 '십일조'를 '조금 이상 많이 내자'는 [량]을 [간접요청] 한 것을 볼 수 있다.

화폐의 [량]을 다루는 다음 예문을 보자.
이는 '좀'의 발화형태가 동일하지만 [량]차이를 구분 지어 화행의 차이를 살필 필요성이 보인다.

(10 a.)
  s: 아버지, 용돈 좀{조금, 조금만} 주세요.
  h(아버지): _____ (많이?)

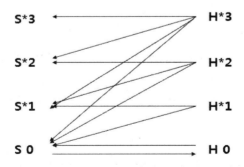

(10 b.) 화자의도로 청자 체면 부담[량] 줄이기 경로

(10b)에서보면, 화폐 [량]의 [량지수]를 *1 *2 *3으로 주어 추정하고 있다. 이때, 발화자와 청자사이 공통 기반믿음 [량]이 설정된 경우가 아니면(s*1-h*1, s*2-h*2, s*3-h*3 일치 유형) s 발화자는 유익한 [량]을 의도하지만 상대방 청자는 [부담량]을 상정되므로, 청자의 관점에서는 체면 부담 받기의 경우다. 곧 공손원리에 위협이 되는 발화(10a)이므로, 이는 [간접요청]보다 [간접요구]를 의도하므로 공손행위가 약화될 수밖에 없다.

(11) a. s: 그 돈으로 좀{조금, *조금만} 어렵겠는데요.
   h: _____ (량부족???)
   b. s: 돈 좀{조금, *조금만} 가지고 계신 것 없으세요?
   h: _____ (잉여량?)

예문 (11a) 메타지수 , 곧 s*2 - h*1, s*3 - h*1, s*3 -h*2의 [량]단위의 차이가 있다. (11b)도 's*1-h*2, s*1 -h*3' 차이를 추정할 수 있다. 여하튼 화자의 의도는 자신의 [량] 주문이 확실하나, 청자 상대방은 [부담량]이 발생하여 체면 위협하는 화자의 의도를 파악하여, [간접요청]의 행위를 시도한 것으로 보기 어렵다. (10)과 같이, 상대방에게 [부담량]이 설정되므로 공손 행위는 동요되고 약화 과정에 있다.

(12) a. s: 어머니, 백만 원만 좀{*조금, *조금만} 꿔 주세요.
   h(어머니): _____ (의무량?)
   b. s: 돈을 꼭 좀{*조금, *조금만} 받아 내야 합니다.
   h: _____(의무량)

(12)는 '좀'이 '조금'의 [량]과는 전혀 무관하게 굳어진 표지 [간접요청]의 공손화행이다. (12a) 화자는 [량]이 많으면 많을수록 좋다는 의

미효과를 간접적으로 의도한 발화이다. 따라서 (12b)의 '좀'도 직설적으로 '조금'에 근거하는 것이 아니다. 비직설적으로 지시하는 [량]이 많다는 것을 암시하는 화자 요청이다. 따라서 청자측면에서 발화에 대한 반응은 화자가 간접적으로 제시하는 [지시량]에 부담을 느끼게 내적행위를 수행하게 하므로, 이는 공손원리에서 멀어지는 [부담량]이 커지어 공손행위는 약화 될 대로 약화된 경우다.

    (13a.) d: ....노인 건강...... 아침에 도마토 쥬스 좋습니다.
           s: 양파즙, 배즙도 드시고 있는데요.
              그 것도 좀 괜찮을까요?

    (13 b.) w: 아침 차려먹고.......아침에 설거지까지 하고 그래?
            h: 그렇게 좀 해 줘.

    예문 (13a)는 [간접요청]의 '좀'의 경우이지만 [량] 이동을 화자와 청자사이에 제3자 전문가의 의견을 통하여 화자가 [량] 조절을 구체적으로 의도하고 있다. 이는 화자부담이 '도마토쥬스 1+양파즙2+배즙 3'에서 제3자의 [힘]을 빌어 1 또는 2 [량]을 줄이려는 화자 유익 간접 의도가 있다.
    아침식사에 관한 상황은 예문(13b)에서도 관찰할 수 있다. 맞벌이 부부의 대화인데, 청자가 '아침차려 먹기 1+설거지하기 2'의 [부담량]을 화자가 '설거지2'를 줄여주는 발화에, 청자가 '좀'을 사용하여 위협적인 청자체면에서 벗어나 '청자체면 살리기'가 실현된 공손발화이다.

4

　그러면 [량]을 위반한 '좀'의 사용은 '조금'에 의존한 '좀'과는 어떻게 다른 것인가? 이제 의문을 좀 더 살피고자 한다.

(14)　a. 뿌리 좀{*조금, *조금만} 찾읍시다.
　　　b. 신경 쓰지 말고 좀{*조금, *조금만} 일하세요.
　　　c. 여기가 당신집이에요 좀{*조금, *조금만} 소리를 치게?
　　　d. 손수 이렇게 좀{*조금, *조금만} 하지 마세요.
　　　e. 좀{*조금, *조금만} 상관 말아요.
　　　f. 왜 그러세요, 좀{*조금, *조금만}?
　　　g. 저도 한 잔 좀{*조금, *조금만} 주십시오.
　　　h. 얘기들 그만하고 밥 좀{*조금, *조금만} 먹읍시다.
　　　i. 철저하게 좀{*조금, *조금만} 위장하세요.
　　　j. 행복하게 좀{*조금, *조금만} 살아요.
　　　k. 애달아서요, 좀{*조금, *조금만} 못 살겠어요.

(15)　a. <u>제발</u> 가만 좀{*조금, *조금만} 놔두세요.
　　　b. <u>제발</u> 현명하게 좀{*조금, *조금만} 처리하세요.

　이 경우, '좀'은 관용 공손표지의 '좀'이 아니다. 일반적으로 관용 공손표지의 '좀'은 언표내적 효력 완화의 수행울타리(hedge) 치기의 성격이다. 여기에서는 반대로 언표내적발화력이 강조되고 있다. 이러한 화행형태 '좀'은 언표내적 효력강화로 강조사를 나타나는 의미효과를 목적으로 하며 [량]을 위반하고 있다. 특히 주목되는 점은 '좀'의 [량]을 위배하며 화자의 감정이입(empathy: Kuno, 1979)을 주도한다. (14e)를 보면, '좀 상관 말아요'에서 화자의 청자를 향한 감정이입은 '좀'이 청자의 행위중단을 시키는 강력한 표지로 변경된다.

예문 (14)에서 발화자는 [량]을 위배하며 비직설적으로 '다량'을 발화의미를 실현시킨다. 화자의 감정이입으로 간접요청표지 '좀'이 청자의 발화력을 중단시키는 부정적 공손행위로 변환된 사례다.

더욱이 예문 (15a)는 관용 공손표지 '좀'의 화용적 특성 방식이 아니다. 언표내적 효력에 의존한 부정적 강조 수행울타리로 사용된 '좀'을 보자. 발화 '제발 가만 좀 놔 두세요'에서 화자의 감정이입은 '제발'과 더불어 강조 내적발화력의 최대치 지수를 의도하여 부정 공손 원리마저도 곧 깨질 경우다. 화자의 공손발화 의도는 약화일로에 있다.

언표내적 효력을 [추리과정3]에서처럼, F*ing형태에서 F-ing 내지 F'-ing로 변경시키는 언표내적 행위에 의존한 간접화행(14a)를 다음과 같이 [추리과정4]로 실현할 수 있을 것이다.

[추리과정 4]

L1: S는 e를 발화하고 있다.

L2: S는 e를 '뿌리 좀 찾읍시다'로 의미한다.

L3: (a) S는 '뿌리 좀 찾읍시다'라고 발언하고 있다.

   (b) S는 '뿌리 좀 찾읍시다'를 부정적 태도를 막는 긍정적 태도로 발언하고 있다.

L3(a), McBs, PP(Ⅰ)

L4: (a) S가 만약 직설적으로 말하면 '뿌리 좀 찾읍시다'로 진술하고 있다.

L4(a), McBs, PP(Ⅱ)

L5: S는 직설적으로 말하게 될 것이다.

L5'. S가 (어떤 환경에서) '뿌리 좀 찾읍시다'를 직설적으로 말하는 것이 아닐 것이다.

L6: (a) S가 '뿌리 좀 깊이 (또는 많이) 찾읍시다'를 비직설적으로

말할지 모르는 '혈연관계를 깊이 찾읍시다'는 얼만큼 비직설적으로 '뿌리 좀 찾읍시다'로 발언하는 것 사이에 인지되는 특정한 관계, 곧 감정이입이 있다.

(b) S가 '혈연관계를 깊이(또는 많이) 찾읍시다'로 비직설적으로 말할지 모르는 '혈연관계를 깊이 찾읍시다'는 무엇만큼 비직설적으로 '뿌리 좀 찾읍시다'로 발언하는 것 사이에 강조관계가 나타나는데, 이는 [량](또는 [질])위배로 공손을 예측하게 한다.

L6'(a), McBs, PP(Ⅲ):QT

L7: S는 '혈연관계를 깊이(또는 많이) 찾읍시다'로 비직설적으로 효력을 수행하고 있다.

L6'(a), McBs

L8': S는 단지 '혈연관계를 깊이 찾읍시다'를 요구하는 것이 아닐 것이다.

L9': 화자가 청자에게 '혈연관계를 깊이(또는 많이) 찾읍시다'를 요구하는 상황 아래, 이를 동일시하는 방법으로 연관된 [량]은 어떤 특정한 F'-ing이며, '혈연관계를 깊이 찾읍시다'를 감정이입을 통하여 화자가 또한 [량]을 F'-ing할 수 있을 것이다.

L10: S는 청자에게 '혈연관계를 깊이(또는 많이) 찾읍시다'를 요청하고 있다. 이것에 관해 청자의 부정적 태도를 중지해 줄 것을 간접요청하고 있다.

여기 [추리과정4]에서 보면, 화행형태 '좀'은 관용적 공손표지가 아니다. 어떤 언표행위를 비직설적으로 효력 강화시키는 형식적인 공손 성격의 화행이 수행 되고 있다. [4]의 추리과정 SAS에서 이와 같이 '좀'의 언표만을 이용하여 [량]을 부풀린 과장성 L9'에서 화자 화행의 도에 의하여 [량]을 과장시킨 만큼 중요하다는 심각성을 부과한다.

오히려, 이는 청자의 부정적 관점을 화자의 관점으로 이끌려는 간접적인 한계 끝의 심각한 요청이다. 말하자면 형태소 '좀'은 예문 (14), (15)에서는 언표내적효력 강화로 화자의 관점과 다른 청자의 관점을 화자의 관점으로 이끌려는 공손 안의 최종 단계의 노력을 하는 요청이다. 가령, 이 단계를 지나서 '좀'의 표현을 포기한다면, 이 때는 화자가 청자를 설득하는 노력을 포기한 것이다. 아니면 곧바로 싸움에 말려드는 상황이 될 것이다.

이와 같이 해석한다면, [량]을 위반한 형태소 '좀'은 관용성을 부정한 공손 표지이다. 이렇게 때문에 화용론적 관점에서 부정적 의도를 막는 울타리 영역을 치고, 긍정적 정보를 유지해주는 화행이 공손표지다.

만약 예문 (14)(15)에서 '좀'을 떼면, 이 발화들은 다 비공손 내지 불손한 표현이 되고 만다. 이렇듯 관용성을 부정한 공손표지 '좀'은 자연 [4]SAS 추리과정에 지배를 받는다. 따라서 공손표현 지속시키려는 감정 촉발(trigger)의 역할을 하는 성분임에 틀림없다. L3(b)단계가 가능한 화행이 발화형태 '좀'의 표지를 이용한 데에서 비롯되는 것이다.

그러나 [4]의 추리는 [량]을 위반한 발화형태 '좀'이 형식적 공손표지라는 점이다. 예 (14), (15)에서보면, 화자가 '좀' 직설, 비직설 언표내적 행위를 위배하여 부정적 공손원리가 적용된 추리과정을 경험한 결과, 공손표현이라는 점에 역점을 두되, 표지 '좀'은 형식적 언표표지로 실현된 것이다.

그러니까 관용 공손표지 '좀'을 이용한 공손표현과 이러한 형식적 공손표지 '좀'에 기반을 둔 곧, 공손원리의 적용으로 공손표현을 성취시키는 경우[4]를 구분 지어야 한다. '좀'의 [량] 이동에 따라 변경하는 언표내적효력 연관성을 화자가 의도한 점이다. [량] 이동의 화자의도 결과, 유익관계를 중심으로 상대방에게 공손표현이 약화되고 있다.

(16) a. 인품이 좀{?조금, *조금만} 어때요?

　　b. 어머니 같은 시어머니 계신데 시집 좀{*조금, *조금만} 보내
　　　주세요.

(17) a. <u>한번만</u> 좀{조금, *조금만} 봐 주세요.

　　b. <u>하나</u> 좀{조금, *조금만} 궁금한 것은요, 영화만 고집하는 이
　　　유가 무엇입니까?

　　c. 전무로서 <u>한마디</u> 좀{조금, *조금만} 해야 합니다.

　　d. 전화 <u>한통화만</u> 좀{조금, *조금만} 빌려 쓸게요.

　　e. 그 댁에 <u>한번</u> 좀{조금, *조금만} 가 보세요.

(18) 박수 <u>한번</u> 좀 보내주십시오

　예문 (16)은 [량]과 전혀 관계없는 경우의 '좀'이 나타는 언표행위들
이다. 예문 (16)이야말로 '조금'에 발화에 의존하지 않고, 굳어진 관용
공손 화행이다. 그런데, 발화가 화자유익을 '좀'으로 강조하여 상대방
은 부담이 늘어나므로 역시 공손행위는 약화되고 있다. 곧, 유익관계
가 청자에서 화자로 역방향으로 재구성된 발화들이 아닌가 한다.

　그러나 가령, 예문(17)은 [량]을 나타내는 화행문장요소 '하나'에 연
이어 발화형태 '좀'이 나타난다. 이때 '좀'에 [량]이 관계된다. 이 (17)
의 경우는 (18)과 달리 오히려 '하나' + '조금'이라는 데에 연관을 둔다.
'하나'의 기반 된 '조금'에 호응관계를 보인다. '하나'로 표지 '좀'의 [량]
에 확실히 한계를 두었다. 그렇다하더라도 언표내적 행위는 [하나:
$X1, X2, X3, X4, X5, X6 \ldots \ldots$ 집합]의 효력을 보인다. 이렇게 강
조하여 화자유익을 최소화하는 [간접요청]으로 공손행위 표현을 의도
하고 있다.

　형태소 '좀'의 이중 출현은 흔히 있는 현상이 아니다. 어떤 언표에서

형태 '좀'이 이중으로 나타날 때, 이 때 '좀'의 특성은 어떻게 나타나고 있는지?

다음과 같이 살피고자 한다.

(19) a. 자주 <u>좀</u>{*조금, *조금만} 놀러와 <u>좀</u>{조금, *조금만} 주세요.
    b. 제발 <u>좀</u>{조금, 조금만} 그러지 {조금, 조금만} 마세요.

바로 예문 (19)에서 발화형태 '좀'의 이중출현을 관찰할 수 있다. '좀'의 용법은 다 동일한 것이 아니다.

먼저(19a)의 '*좀1 – 좀2' 구성에서 첫 번째 발화요소 '*좀1'은 [량]과 관련 없는 [간접요청]화행의 관용 공손표지인 경우다. 두 번째 발화요소 '좀2'는 [량]과 관계된 '*조금만'은 안 되고 조금 한계량 이상으로 많게 하라는 [간접요청]이다. 이때, 언표는 어쨌든 청자에 관한 일이다. 청자의 유익이나 화자의 유익에 대해서는 잘 알 수 없다. 불분명한 모호한 발화이므로, 여기에 관련된 [량]을 적당히 하는 추산방식으로 추리하는 [간접요청]의 의미효과를 실현시키는 것으로 본다.

예문 (19b)는 화자에 유익한 경우다. 그런데 이중 '좀 – 좀'화행은 아주 조금을 의도하는 방식이다. '조금만'을 강조한 아주 적은 화자유익을 위하기 때문에 자칫 화자를 비하시키는 심리적 상태를 포함한 [간접요청]의 의미효과를 성취시킨 경우로 볼 수 있다.

이상에서 본 결과, 간접공손표지 '좀'에 나타나는 [량] '조금'은 화자·청자의 유익관계로 결정되는 유기적 관련을 가진 것으로 볼 수 있다. 가령 '좀'이 '조금'의 기반을 잃어버리는 경우는

첫째, 굳어진 관용 공손표지이다.

둘째, 발화자의 의도로 유익관계 [부담량]을 '화자–청자' 사이를 조절하여, 공손 원리(PP)가 적용될 수 있는 범주 내에서 공손행위를 실

현 한다.

셋째, 발화자의 의도로 표지'좀'이 [량]을 위반하여 언표내적행위 [4]SAS 추리과정을 통하여 언표내적 행위를 공손행위나 또는 이를 다르게 발화력을 강화/약화로 변경시키는 목적의미를 실현하는 경우다.

5. 후기

언어는 항상 변한다. 다만 이를 사용하는 사람들이 감지하지 못할 뿐이다. 이는 최소 한 두 가지로부터 연유한다. 하나는 언어를 사용하는 사람들이 언어의 변화를 감지할 수 있는 관찰자이면서 그 스스로가 변화를 이끄는 주체이기 때문이다. 다른 하나는 바로 언어를 전달하는 매체(media)가 과학기술의 발달로 빠르게 발전하면서 화자가 가지고 있는 생각과 느낌을 언어라는 수단을 통해 청자에게 전달하는 수단이 다양해지고 있기 때문이다. 이에 대해서는 캐나다 출신의 영문학자이자 언론학자인 마샬 맥루한(Marshall McLuhan)의 언급은 큰 도움이 된다.

(20) 매체는 메시지다. 이는 어떤 새롭게 도입된 매체가 개개인과 사회에 미치는 효과 곧, 어떤 새로운 형태로 개인을 확장시키는 수단의 도입이 가져오는 영향력은 개인들이 이를 통해 얻게 되는 새로운 여결망의 확장 혹은 새로운 기술이 우리생활을 확대 변화시키는 것으로부터 기인함을 가리킨다. (맥루한 1994: 7).[5]

---

5) ...the medium is the message. This is merely to say that the personal and social consequences of any medium--that is, of any extension of ourselves--result from the new scale that is introduced into our affairs by each extension of ourselves, or by any new technology. (McLuhan 1994: 7)

어떤 매체의 내용은 언제나 또 다른 매체일 뿐이다.(맥루한 1994: 8)[6]

물론 언어 사용자와 새로운 매체는 밀접하게 관계를 맺고 있다. 곧, 새로운 매체를 이용해 생각과 느낌을 교환하다보면 그들 스스로 그에 적합한 언어표현을 골라 사용하게 되고[7] 이를 변형시키는 가운데 전체 언어사용에 눈에 띠는 변화를 가져오고 이것을 상당한 시간이 지난 후에 발견하게 되면서 언어가 변했음을 깨닫게 된다는 것이다.

그러면 '좀'에 대해 어떻게 정리할 수 있을까? 일단 '좀'과 관련해 분명한 한 가지 특징은 현재 듣기 힘든 표현이 되었다는 것이다. 이런 우리말 변화의 이유를 추정해 본다면 바로 인터넷에 기초한 새로운 매체의 출현이다. 온라인 pc 통신으로부터 시작된 통신수단의 혁명은 이제 거의 모든 국민의 손에 스마트폰을 쥐어줄 정도에까지 이르렀다. 물론 이런 컴퓨터가 가져온 매체변화 이전에 책, 신문, 전신, 전화, 라디오, TV 등 새로운 매체의 출현이 있었지만 '좀'은 그 쓰임에서 큰 변화가 없었고 인터넷 매체혁명이후 급격하게 그 쓰임새가 줄었다고 할 수 있다. 일부에서는 새로운 매체와 그 이전까지의 매체와의 차이를 그 방향성에서 찾고 있기도 하다. 곧, 인터넷에 기초한 매체는 그 사용자들에게 쌍방향 통신을 보장하지만 그 이전의 매체들은 신문이나 방송에서 볼 수 있는 것처럼 어느 한 쪽이 정보를 일방적으로 생산하면 다른 한쪽은 수용하는 것 외에 다른 방법이 없는 일방향이거나 아주 제한적으로만 쌍방향 통신을 허용하고 있다고 한다. 따라서 무슨 이유

---

6) ...the "content" of any medium is always another medium (McLuhan 1994: 8).

7) 여기서 진화론에서 주장한 진화의 원리를 떠올린다면 잘못된 것이 아니다. 언어의 변화도 생물체의 진화와 어떤 면에서 보면 유사하다고 할 수 있다. 물론 생물체는 객체변이가 원인이며 유전체(gene)를 통해 진행되지만 언어는 사회가 수 세대에 걸쳐 마치 유전체처럼 그 특성을 유지 전달하는 밈(meme)이라는 면에서 본질적인 차이가 있지만 말이다. 추가적으로 밈(meme)에 대해 더 알고 싶으면 Richard Dawkins (2006)를 참고하기 바란다.

에서 인지 '좀'은 한 방향 통신에(발화자 기반) 적합한 표현이었고, 인터넷이 가져온 쌍방향 상호통신(화자 〈 - 〉 청자)에는 덜 적합한 표현이 아니었는지 추정해 볼 수 있다.

언어현상에 대한 분석은 그 대상에서 일반성(generality)과 특이성(peculiarity)이 동시에 발견되기 때문에 과학성에 있어 한계가 내포되어 있다. 이는 어떤 언어표현사례는 그 언어를 사용하는 모든 사람들이 공유하는 것일 수 있지만 특정 화자나 청자만이 사용하는 것일 수 있기 때문이다. 객관성을 진전시키는데 도움이 되는 통계분석은 애초부터 불가능 하다. 이런 한계는 이 연구에서 이용한 사례들에도 적용된다. 따라서 '좀'이라는 표현을 더 정확하게 알기 위해서는 많은 다양한 시각의 연구자들의 연구와 이의 소통이 없이는 불가능하다고 하겠다. 당연히 이런 후속연구들을 가져올 효시가 필요하며, 이러한 면에서 이 연구에 의미를 부여할 수 있을 것이다.

청자대우 '해요체' 사용과 사회적 집단과 상관성

1. 서론

　'두루높임 해요체'를 포함하는 청자 대우법은 왜 여전히 복잡한가? 현대사회에서는 수직관계가 단순화를 전제로 변화하고 있는데, 그렇다면 대우법도 이에 비례적으로 단순화의 경로를 채택해야하지 않는가?

　두루높임은 '해요'체에 의하여 실현되는 청자 대우표현이다. 이때, '요'는 청자대우법 체계에서 1원적 등분체계에 속하지 못하고, 기본화계 4등급과 등외인 '두루낮춤'과 더불어 2원적 체계에 속한다(성기철, 1985). 그렇다면, 이 설명은 과연 개연성이 있는 것인가?[1]

　한국사회에서 주지하다시피, 화자는 자신이 남에게 어떻게 불리어 대우를 받고, 또한 남을 어떻게 대우해야 하는가에 관심이 많고, 나아가 이에 예민하게 반응한다고 한다.(전혜영, 1998). 이러한 사회적 특징에 적응하기 위해서는 특별한 사회적 상황이 아니더라도, 가령, 화자가 '요'를 사용하지 않을 경우, 이로 말미암아 무엇인가 잃을 것이 많다고 느끼게 만든다고 본다. 따라서 많은 경우, 발화자로 하여금 상대방에게 두루 높임을 쉽게 사용할 가능성을 배가시키고 있다.

---

[1] 이는 두루높임의 해요체를 합쇼체와 하오체의 중간등급으로 등분하는 흔히 6단계의 일원적 체계와 다르다. (최현배, 1937,1971, 박영순, 1976, 유송영, 1994 등)

본 논문은 청자대우법(addressee honorification)[2])에 나타나는 '두루높임'(성기철, 1985, 서정수, 1984 등)의 실체를 사회언어학적으로 포착하려고 한다.[3]) 청자 대우에 왜 두루높임을 사용하는가? 또한 왜 상대방의 대두에 우세하게 '해요체'를 사용하는가? 그 사회적 원인을 밝히는데, 특히 사회적 집단과의 상관성을 추구하고자 한다. 이러한 목적을 설명하기 위하여 다음의 가설을 설정한다.

> a. 두루높임이 나타나는 청자대우법의 2원적 체계는(성기철, 1985, 황적륜, 1975 등)경어법의 일원적 체계에서(최현배1937, 1971, 박영순, 1976, 이익섭, 1983 등) 변화한 것이다.
> b. 사회적으로 1원적 체계는 1차 집단에 나타나고, 2원적 체계는 2차 집단에 나타난다.
> c. 발화자는 두루높임에 '해요체'를 사용한다.

왜냐하면, 이는 현대 2차 사회 속에서 끊임없이 1차 집단의 사회적 요소를 추구하고자 하는 한국 사회의 보수적 특성 때문이다.

본 논문의 검증 방법은(J., Coats, 1986) 다층위 분석을 시도한다.

첫째, 청자 대우법에서 크게 높임과 두루높임의 언어현상 차이를 밝힌다. 이는 높임의 '해요체'가 두루높임으로 변화한 것으로 상정한다.[4])

---

2) 경어법은 대우법과 개념의 차이가 있다고 생각한다. 대우법은 넓은 의미로 사용되고(성기철, 1985). 경어법은 좁은 의미의 존대법과 동의어로 간주한다. 특히, 필자는 대우법의 경우, 사회언어학적 관점에서, 이는 일정한 사회 규범적 요소를 표현하는 경어현상으로 본다. 따라서 politeness는 대우법 내지 공손을 설명하는 방식과 견해를 달리한다. 나아가 공손(politeness)은 인간관계의 사회적 상황에서, 이익의 갈등을 해소하려는 전략에서 상대방을 대우하는 현상이라고 본다.
3) 두루높임의 등급을 이원적 체계에서 고영근(1974)에 의하면, 동의를 '요'통합형으로 주장한 체계와 비교된다. 이를 요약, 제시하면 다음과 같다.
   합쇼, 하소서체, 하오체 → 요 통합형하게체, 해라체 → 요 통합 가능형
4) 앞쪽에서 언급한 한국어 언어사회의 가설을 지극히 한국사회의 전통과 단절

둘째, 이 결과, 높임과 두루높임의 차이가 어떠한 사회언어학적 조건에서 유도되며, 사회집단과 연관된 사회분화가 어떻게 이 변별의 차이를 제시할 수 있는가?

셋째, 두루높임은 문종결어미 '요'로 실현되는데, 사회적 변수(social variablerules)를 중심으로(김희숙, 1998)[5], 곧, [힘]과 [이익] 변수의 변화가 '요'의 용법에 어떻게 작용하는가? [힘]변수가 [이익]변수로 변동하는 차이는 어떠한 것인가? 이를 통하여 두루높임의 사회언어학적 본질을 해명한다.

사회 언어학적 분석에서 자료의 현장조사가 매우 중요시되는 경우가 많은데, 여기에서는 필자의 개인적 사례를 대부분 사용하고, 그리고 TV 드라마 및 라디오를 녹화와 속기로 인용하고자 한다. 흔히 자료에서 나타나는 한계점을 상정할 수도 있으나, TV 드라마는 이미 기존의 자료뭉치가 산적하여 있으므로,[6] 필자가 세운 가설을 뒷받침할 수 있는 적절한 예만 그때그때 취사 선택하여, 현장 조사한 실례를 분석에서 사용하고자 한다.

되었다고 보는 북한의 언어사용법 '말차림'과 관련지어 필자 가설의 검증 내지 반증으로 제시할 수 있다.

5) Brown & Gilman (1960)이 힘을 사회 언어학적 개념으로 도입한 이래, 변수 [힘]을 여기서는 [힘 1]과 [힘 0]으로 재구분하여 힘을 파악하고자 하였다.

6) 김명운(1996)의 드라마 자료뭉치는 실로 방대한 양이다. 21편의 TV 드라마를 수집하여(1978-1994), 문종결 어미의 유형에 따라 다시 이를 재분류한 점은 필자에게 크게 도움이 되었다.

2. 높임/두루높임과 사회적 집단

두루높임은 두루낮춤을 전제로 구분 짓는 등급이다. 이는 청자 대우법의 높임이 낮춤을 전제로 하는 시이소우(seesaw)의 원리와 같다(이정민, 1973). 두루높임은 두루낮춤의 상대적 개념으로 논리적으로 보면, 이는 '높임:낮춤'으로 구성된 경어법 체계에서 '두루높임:두루낮춤'을 포함한 대우법으로 재구조화하며 이 체계가 이행된 점을 상정할 수 있다.

그러나 두루낮춤에 관한 분석은 차후의 기회로 미루고자 한다. 왜냐하면, 두루높임은 한편, 높임을 전제로 성립하기 때문이다. 곧, 사회적 변화가 청자대우 표현에 영향을 미치어 '높임'과 구별되는 '두루높임'이 등장하게 된 사회언어학적 접근을 할 수 있다.

기존의 두루높임에 대한 정의가 등외의 높임이다. 가령, 이는 사회적 집단과 연관시켜보면, 두루뭉실한 개념, '등외'를 사용하지 않고, 1차 집단과 2차 집단의 각각 특정소수/특정다수 및 불특정다수를 대상으로 발화하는 높임으로, 보다 명시적인 설명을 추구할 수 있다. 여기서 불특정다수를 위한 다음 (1)과 같은 전달매체의 글은 자연히 배제된다.

> (1) 영어 찬미자들에게 엄중 경고함!…. '우리말을 버리고 영어를 공용어로 하자는 것은 지나친 비약이 아니냐'는 게 대체적인 반응이었다.
>
>   (마이다스 동아일보[매거진; 신동아 4월호], 2000)

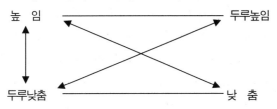

〈Fig. 1〉 높임, 두루높임, 두루낮춤, 낮춤과의 관계

높 임 ──────────────── 두루높임

두루낮춤 ──────────────── 낮 춤

〈Fig. 1〉의 관계를 다음처럼 설명할 수 있다. 이는 청자대우의 표현이 높임과 낮춤으로는 충분하지 못한 복잡한 사회적 수평관계 상황의 출현을 전제로 한다.

- a. 사회적 집단을 중심으로, '높임, 두루높임'과 '두루낮춤, 낮춤'은 대비적 관계이다.
- b. '높임'과 '낮춤'은 강한 대비적 관계이며, 나아가 '두루높임'과 '두루낮춤'은 약한 대비적 관계를 포함한다.
- c. '높임' 대신에 '두루높임'을 사용하고, '낮춤' 대신에 '두루낮춤'을 사용할 수 있는 관계는 보조적 관계이다.

그렇다면, 두루높임, 높임과 그리고 사회적 변화는 무엇을 주고 받는가?

1960년대까지 우리의 주요 산업이 농업이었다는 것은 잘 알려진 사실이다. 특히, 현대이전, 곧, 조선시대는 농업이 주산업이었을 뿐만 아니라 신분위계 질서를 바탕으로 전형적인 봉건사회의 성격이었다. 이미 주지하다시피, 봉건사회의 특징은 신분과 공간에 있어서 인적교류가 극히 제한적이었다는 것이다. 이는 서구의 역사에 있어서 도시의 발달과 봉건제도의 몰락, 그리고 자본주의의 발달이 함께 하였다는 사실만으로도 충분히 증명될 수 있다. 대부분의 서민은 특정한 마을에서 태어나 자라고 성년이 되어서 노동하고, 그 마을에서 삶을 마감하였다. 곧, 쿨리(Cool Horton, 1909)의 분류를 따르면,[7] 조선시대는 많은 소규모 1차 집단(primary group)의 집합체였던 것이다. 이러한 사회집단에 있어서, 화자의 상대방은 항상 정보가 노출된 상태여서 서로가 서로를 잘 알 수밖에 없었고, 누가 나이가 많은지? 누가 지위가 높은지? 집단의 정식 구성원이 됨과 동시에 쉽게 인지할 수 있었을 것이다. 권력 또는 힘(power)을 웨버(Max Weber)에 따라서 '나의 의지를 남에게 강요할 수 있는 능력'으로 정의한다면, 신분제와 장유유서(長幼有序)로 대변하는 유교가 지배한 조선시대의 사회집단에서 [힘]의 관계는 너무 명백한 것이었다고 할 수 있다. 이러한 사회적 상황은 철저한 경어법 곧, '높임과 낮춤' 표현의 엄격한 사용과 잘 부합된다.

그렇지만, 조선시대 중기의 임진왜란과 병자호란이라는 이러한 사회적 질서에 대한 큰 외부적 충격으로 작용하였다고 본다. 피난과 재정착의 과정은 강제로 서민을 공간적으로 이동시킨 결과, 특히 두 전란 이후, 비정상적인 방식으로 성장하였다고 보이는 급속한 양반층, 권력층의 증가는 [힘]의 관계를 더욱 불확실하게 하는 역할을 하게 되었을 것이다.

조선은 신분제 사회임을 쉽게 인지할 수 있다. 이 제도는 조선 후기에 이르러서 심각한 도전을 받게 되는데, 곧 신분제에 대한 일반 민중의 반발은 여러 민란을 통하여 가속화되었다고 본다. 그러나, 이러한 노력으로, 낡은 제도는 부인되었지만, 새로운 제도는 근대적 개념의

---

7) 미국 사회학자 쿨리(1864-1929)에 의하면, 1차 집단은 친밀한 접촉과 협동을 특징으로 하는 집단으로, 대표적 집단은 가족 내지 놀이집단이 잇다. 따라서 자아를 형성하는데 중요한 영향을 끼치며, 정서적인 안정의 근원이다. 2차 집단은 접촉 방식에서, 특정한 이해나 목적을 위하여 이루어진 인위적 집단으로 대부분 형식적, 간접적 관계를 이루며, 그 대표적인 집단으로서 각종 회사, 직업단체를 둘 수 있다. 사회가 복잡해질수록 2차적 관계는 더욱 나타나게 마련이며, 또한 인간이 성장함에 따라 이러한 관계의 폭이 더욱 넓어지는, 곧 현대 사회에 많이 나타나는 집단이라고 설명하고있다.(계몽 웹 백과사전, http://www.kemong.co.kr/webency.asp)

민법과 이를 실질적으로 뒷받침할 수 있는 경제제도의 개편이 시작된 1910년 이후로 미루어져 왔다고 볼 수 있다.

청자대우의 '해요체'가 19세기 초기에 형성되었으나, 1920-1930년대에서야 비로소 많이 사용하기 시작하고, 특히 개화기 언어자료에는 합쇼체가 보편적이나, 20-30년대에는 '해요체'의 사용이 우세하다고 보고 있다(고영근, 1974). 곧, 갑오경장 이후, 1920년대 개화기 자료에는 '해요체'의 쓰임이 합쇼체보다 적었다고 보는 이유는 한국어 사회의 사회언어학적 특성과 연관된 것이다. 전적으로 한국어 사회가 변화하는 과정이 청자대우 표현에 반영된 것이다.

개화기 한국어 사회에 나타난 청자 대우는 아직도 신분제가 붕괴되지 않은 상태에서, 사회계층간의 상대방 높임을 표〈T 1〉처럼 사용한 점을 제시한 보고가 있다.

〈Table 1〉 특정소수를 대상으로 '해요체'의 사용(이경우, 1998 참조)

상위계층(양반)	
↑	합쇼체(해요체, 하소서체)
중간계층(중인, 상인)	
↑	하오체(해요체, 합쇼체, 하소서체)
하위계층(노비) ; [여자][미성년] →	하소서체, 합쇼체, 해요체, 하오체 → [남자][노인]

이 당시 '해요체'는 하소체와 함께 가장 적게 사용되는 빈도 수를 나타나게 되는데(이 경우, 1998), 이는 '해요체'가 본격적으로 사용되는 시기, 곧 1920년대 이후 내지 1940년대(고영근, 1974) 이후와 비교된다.

1910년 이후, 신분제를 포함한 조선의 구체제가 완전히 철폐되어, 제 2차 사회의 출현을 가능하게 한 점은 한국어 언어사회에서 간과할 수 없는 점이다. 곧, 상업의 발달과 함께 경제의 발전은 정치적 힘 (political power)과 구별되는 경제적 힘(economic power)을 출현 시켰다. 이는 자연스럽게 구체제와의 갈등과 타협의 관계를 끊임없이 불러오게 하고, 공간을 무대로 하는 상업 연결 망은 한국어 사회에서 처음으로 새로운 '이익관계'의 개념을 개입시키도록 한 것이다. 이때, 지역을 뛰어넘는 상업적 거래 관계에서, 상대방 간의 나이와 신분을 모르는 경우가 빈번히 발생하게 되고, 따라서 [힘] 관계의 파악은 더욱 힘들어진다. 이는 이미 동요되기 시작한 전통적인 경어법 체계에 대한 또 하나의 커다란 혼란요소로 작용하게 된 것으로 볼 수 있다. 곧, 사회 적인 변화에 영향을 받은 언어표현은 상대방을 높임으로써 높임을 받 고자하는 기존의 [힘]의식과 점점 증가하는 2차 집단(secondary group)은 경어법의 해체 내지 단순화의 경로를 채택하기보다 '높임'에 서 '두루높임', 그리고 '낮춤'에서 '두루낮춤'을 산출하는 대우법으로 유도된 것이다. 형태 '해요'는 앞에서 이미 언급한 사회 경제적 변화로 원인이 된 언어표현이다. 여기서, 문종결 성분 '요'는 상대방을 모른다 는 사회적 불확실성을 잘 표현해주는 단어 '우리' 집단의 확대로 '우리' 의 구성원을 잘 알 수 없는 상대방 집단과 연관된 것이다.[8]

---

8) 두루높임의 '요'가 언제 출현하였는가? 이에 관한 관심, 조사의 결과(신창순, 1984:223-226), 소략한 문헌에서 확인할 수 있는 정도이다. 곧, 英祖 ,正祖 사이에 나타난 고대소설에서 예를 찾아 제시하고 있다: '〈완판 춘향전〉; 무어 시라 하여요, 모른다 하였지요, 사또 ……, 노와요, 노와요. 〈심청전〉; 눈 뜰 라다가 앉진뱅이 되게요. 〈흥부전〉; 이 밥 아니 먹었으면 그만이지요, 제사에 는 진메이니 얼마나 중한가요.' 등등.

이때, 문어체 '요'의 문헌자료가 워낙 부족하다고 하여, 17, 18세기에 '요'의 사용을 확증할 수 없으나, 19세기 초에는 이미 성립되었다고 설명하고 있다. 필자의 생각으로는 17, 18세기 이전에 구어체의 '요'가 사용되었으리라고 추 정하며, 사회적 변화와 더불어 용법이 변화를 경험하며 오늘날에 이르렀다고 본다.

1차 집단 지칭어 '우리'는 1차 사회, 2차 사회로의 변화를 반영하며 나타난다. 이는 곧, 다음 (2)처럼 변화된다. 이때, '우리 나라'까지 확대되면, 문성분 '우리'는 현대 2차 사회 내에 1차 집단의 사회적 요소가 재구성되는 것으로 해석한다.

(2) a. 우리 아빠(아버지)
    b. 우리 엄마(어머니)
    c. 우리 누나
    d. 우리동생
    e. 우리 딸
    f. 우리 가족
    g. 우리 집
    h. 우리 학교
    i. 우리 동네
    j. 우리민족
    k. 우리 나라

대우법은 '높임'과 '두루높임'을 구분짓게 한다. 곧, 1차집단과 2차 집단을 독립변수로 보고, '높임+낮춤'과 '높임+두루높임+두루낮춤+낮춤'을 종속변수로 하면, 다음 (3)의 관계를 얻을 수 있다. 이때, 'X1', 'X2'는 사회적 관계를 표시하고 'Y1', 'Y2'는 청자를 높이고 낮추는 대우현상이다.

(3) $Y_i = f(X_i)$
    $i = 1$ 또는 2
    X1=1차 집단 사회, X2 = 2차집단사회
    Y1= f (X1)= 높임+낮춤
    Y2= f (X2)= 높임+두루높임+두루낮춤+낮춤

이를 도표 〈T 2〉와 같이 구체적으로 요약할 수 있다. 곧, 한국어 사회에 있어서 구성원 간의 친밀도가 클수록, 그리고 산업이 덜 발달할수록, 역설적으로 대우 표현은 단순하게 된다고 판단할 수 있다.

〈Table 2 〉 1차 집단과 2차 집단

집단	특징	종류	시대	산업	대우표현
1차 집단	구성원 간에 단순한 친밀이 매개. 서로를 잘 알고 있음	가족, 친척, 학교사회, 군대 등	전근대사회 (조선시대)	1차 산업 (농업, 어업, 수산업)	높임과 낮춤
2차 집단	구성원 간에 이익이 매개. 서로 잘 알지 못하는 경우가 많음	직장, 계약관계, 병원 등	근대사회 (1910년 이후) 현대사회	2차, 3차 산업 (제조업, 서비스업, 상업 등)	높임, 두루높임, 두루낮춤, 그리고 낮춤

청자 대우 표현에서 높임과 두루 높임의 차이는, 곧 1차 언어집단과 2차 언어집단의 사회적인 차이인 점을 도표 〈T 2〉에서 가늠할 수 있다. 따라서 개화기의 해요체는 단순한 '높임'의 청자대우 표현이었으나, 1920년대 이후, 이들 사회적 특성의 차이와 더불어, 두루 높임 '해요체'의 사용을 예측할 수 있는 모형이다.

3. '두루높임'과 사회언어학적 조건 변화

두루 높임 '요'의 사회언어학적 배경은 일반론에서 이미 제시한 바 있다. 곧, 황적륜(1975), 박영순(1976), 조준학(1982), 유송영(1994) 등에 의하면, 다음과 같이 요약될 수 있다.

a. 현대사회에 와서 인간관계가 수직관계에서 수평관계로 확대되어 이러한 수평관계에서 화자가 청자를 대우하는 경우, '-요'의 사용이 확대된다고 보고 있다.
b. 경제적인 이익관계로 화자의 이익추구를 간접화하기 위해 화자의 책략으로 '-요'를 사용할 때, 두루 높임의 대우표현이 확대된다고 본다.
c. 화자와 청자 사이의 의사소통 방식의 변화로 가족관계 및 친족위주, 개인: 개인의 소수를 위한 전달 방식에서 신문, 라디오, 텔레비젼, 인터넷 통신 등 오늘날 신시대 대중매체를 통한 다중식 (multiplex, J, Coats, 1986) 전달 방식의 전달매체의 차이로 문종결어미 '-해요'가 다량 사용되고 있다고 지적되고 있다.

그렇다면, '요'에 관하여 다음과 같은 질문을 제기할 수 있다. 곧, 형태 '해요'로 실현되는 두루 높임은 과연 구시대의 표현이 아니고 신시대의 표현인가? 청자대우법을 구형체계(합쇼체, 하오체, 하게체, 해라체)와 신형체계(하세요체, 해요체, 해체)로 구분지어(이주행, 1994),[9] 해요체를 등외로 처리하지 않고, 오히려 시대적으로 신 형태로 본 점도 간과할 수 없다. 따라서 두루 높임은 등외를 인정하는 2원적 등분체계가 1원적 체계보다 시대적 사회를 배경으로 더욱 설명력이 있는 것인가?

그러면, '두루높임'이 왜 대우표현으로 새롭게 출현하였는가? 이는 사회언어학적 배경의 요인이 변경되면서 시작된 것 같다. 곧, 전통사회는 양반사회로, 계급이 서열화된 사회로서 [힘]을 표시하는 서열이

---

9) 여기에서, 해요체를 등외로 처리하되, 해요체는 하세요체와 더불어 등외 존대이나, 해요체는 버금높임으로, 하세요체는 으뜸높임으로 설명하고 있다. 그러나 하세요체를 청자대우법에 한 등급으로 설정한 점은 재고하여야 할 것으로 본다. '시'와 결합한 '요'는 경어현상의 그 다음 단계에서 재등급하여 설명하는 방식이 더우 설명력이 있으리라고 생각한다.

왕의 경우, 그 높임이 절대적이었다. 나아가 엄격한 계급을 지향하는 양반사회에서 상대방을 위한 높임의 표현은 사회의무적으로 수행되었다고 본다.

서열이 높은 양반의 [힘]은 대체로 지위도 높고, 나이가 많아 사회적 변수 [힘]과 일치하는 사회로, 이를 이미 앞에서 언급한 1차 사회로 간주한다. 이 집단은 가족단위의 집단으로, 곧, 혈연 집단으로 친밀한 접촉과 협동의 직접적 관계를 맺고 있는 공동체 형태의 구성을 유지한다.

따라서 [힘]을 정교하게 분배한 양반사회는 이를 바탕으로 상대방을 대우할 경우, 1차 사회의 특성을 그대로 반영하는 경어법 표현 내에 등급체계를 수용하여 상대방을 높이었을 것이다.

곧, 1차 언어사회에서 화자는 문법적인 경어법 체계를 습득하고, 이를 언어표현의 의무적 성분으로 대화상에서 문장을 종결할 경우, 이를 실현시켰을 것으로 생각된다. 이때, 대화의 참여자는 좁은 사회에서 소수가 상정되고, 대게 개인 대 개인의 의사소통 방식에 위계적이고, 통제된 사회적 [힘] 배경이 노출되었다고 본다. 1차 집단 언어사회의 청자대우표현은 등외를 불인정하는 경어법의 일원적 등급체계가 충실하게 실현되었을 것이다.

1차 사회에서 '해요체'는 적은 비율로 사용되어, 곧 하녀가 특정다수인 상전에게 사용하고, 더욱 적은 비율인 특정소수의 경우, 하인이 상전에게 사용하기도 하고, 남편이 아내에게 사용하기도 하고, 또한 상위 계층의 남자들 사이에서 사용하였다는 보고가 있다.(이경우, 1998).

하류계층이나, 중류계층이 '해요체'를 상류층에 사용한 이유는 상류층의 표현을 사용함으로써 상류층에 접근하기 위한 책략이었을 것이다. 또한, '해요체'가 상류층 사이에 유대(solidarity) 내지 친밀감을 초래하므로, 상위 집단에 참여하려는 화자의 의도가 있다. 따라서 상류층을 반영하는 '해요체'의 고급스러운 표현에 소수의 조심스러운 접근이 있었다고 판단된다. 곧, 열등한 사회계층은 긍정적인 자아상을 실현하기 위하여 적어도 이를 성취할 노력을 한 것으로 본다. 이를 실현할 수 있는 방법은 타즈펠(Tajfel, 1974)에 의하면, 첫째, 하위집단은 상위집단에 참여하려고 그 가치를 수용하고자 하여, 동화(assimilation)의 전 단계를 밟을 것이며, 둘째, 하위층은 상위집단과의 비교의 차원을 창출하여 스스로 무엇이 긍정적인가? 새로운 책략을 언어학적 행위와 연관짓게 한다고 주장하고 있다.

'해요체'가 고급성(prestige)을 지닌 사회언어학적 조건은 자연히 상층 언어문화를 수용하려는 중류층, 하류층에서 소수가 신중하게 시도하였다고 판정할 수 있다. 라보브(Labov, 1971)와 트러드길(Trudgill, 1972)에 의하면, 언어표현 상에서 상류층의 가장 높은 지위를 가지는 집단이 사용하는 언어표현 형태는 고급성(prestige) 표현이며, 이는 그렇지 못한 저급성(stigma) 표현과 대립되는 존재로 파악한 바 있다. 이러한 이분법적인 구분이 효용성이 있는 점을 '해요체'에서 확인할 수 있다. 곧, '해요체'는 상위 지배층의 편리로, 선택되기 시작한 일종의 언어변종(variety)이다. 이는 고급성을 표현하는 사회적인 신분, 내지 계층과 관련되어 다른 형태의 언어표현을 유도하는 한 언어학적 이분법에 의거한 결과이다. 이때, '해요체'가 상대적 개념에서 출발하여 비상위층에 비출현하는 '해요체'는 언어 변이(variation)의 한 형태임을 판단할 수 있다. 이는 상류층에서 점유하여 상류층의 신분장치로 사용하려던 의도에서, '해요체'를 나머지 비상위층이 조심스럽게 수용을 시작한 점은 상류층과 동일시하여 상위문화에 접근하고, 신분을 뛰어 넘어, 슬며시 정체성을 모색하는 책략이다. 그러나, 1차 언어사회를 나타내는 경어표현의 동요는 [힘]의 동요와 더불어 시작되고 경험되었을 것으로 생각된다.

극단적으로 예를 들어, 단종처럼 나이가 어린 왕의 경우, 절대적인

[힘]을 실현하는데 나이의 불일치가 발생되고 이를 토대로 [힘]의 동요를 경험하게 되면, 경어표현도 자연히 동요하게 될 것이다. 이와 같은 경험이 축적되면서 1차 집단 언어사회는 이미 제시한, 곧 2차 집단 (secondary group) 사회인 근대사회 및 현대사회로 접근할 것이다.

2차 집단의 사회는 일반적으로 특수한 이해와 목적을 위하여 이루어진 불특정 다수의 집단으로, 매개변수, 특히 현대사회에서 [이익]관계를 변수로 간접적인 관계를 맺는 구성이다. 곧, [힘]이 축소되고, 여기에 [이익]이 보충되는 사회적 변수의 변동이 두루높임과 연관된 것이 아닌가?

여기서, 변수 [이익](advantager)은 [힘]의 절대 변수에 대비되는 상황 변수이다. 이는 화자가 판단하기에, 화자가 들인 노력보다 상대방과의 관계로 말미암아 무엇인가 얻을 수 있는 -적극적 이익 - 상황이다.[10) 이때, 무엇은 추상적일 수도 있고, 구체적인 것일 수도 있다.[11)

2차 집단 사회로 불릴 수 있는 현대사회에서 상대방을 높이는 대우는 기존의 문법을 기반으로 경어법의 표현이 잘 적용될 수 없다고 판단한다. 현대의 인간관계는 서열관계가 무너지고, 크게 개인의 이익관계를 추구하므로 위계관계를 반영한 경어표현은 그대로 표출하기에 어렵다. 이는 다음 (4a)가 비적격문이 되는 이유이다.

---

10) Lveinson(1987)에 의하면, 적극적 체면(positive face)은 환영받고 찬사를 받을 필요이며, 소극적 체면(negative face)은 강요당하지 않을 필요의 관점에서 상대방과의 사회적 관계를 설명하고 있다. 여기서 필자의 생각으로, 한국어의 두루높임에는 적극적 체면은 나타나지 않고, 소극적 체면만이 출현한다고 판단한다. 두루높임의 '요'는 [이익]을 추구하되, 소극적 체면의 사회적 상황을 모색하는 사회 언어학적 장치로 보인다. 따라서 Lveinson의 가설은 한국어 대우법의 경우, 잘 맞지 않는다고 생각한다.

11) 상황 변수 [이익]은 이익이 있는 [+이익](advabtageous)과 이익이 없는 [-이익](disadvantageous)으로 하위에서 재분류할 수 있다.(김희숙, 1998 참조)

(4) *a. 애기 엄마, 지금 유치원에 가십니까?
　　b. (유치원 원장) 어머니, 살펴 가십시오.

예문 (4)를 보면, (4a)는 비적격이고, (4b)는 적격을 의미한다. 비적격이 되는 원인은 경어표현의 문제이다. (4b)는 높임의 경어표현이 실현되나, (4a)는 합쇼체로 문종결을 하는 경우, 비문법적이다. (4b)는 합쇼체와 공기(co-occurrence)관계에 걸리는 주체성분 '어머니'로 경어표현이 성립되나, (4a)는 합쇼체와 통사적으로 공기관계를 맺는 것으로 보이는 문장성분이 호칭, 곧, [힘]과 별로 관계없는 '애기엄마'는 이 통사적 관계를 위배하는 것으로 보인다. 이때, 호칭과 연계되는 문종결의 합쇼체 경어표현이 부자연스럽고, 불일치한 경우이다.

예문 (4a)에서 호칭과 일치하는 문종결 어미는 다음처럼 '요'가 채택되어야 할 것이다. 또한, 문장 (5)에서 '가셔요'와 '가세요'는 비교될 수 있는 문종결 형태이다.

(5) ??a. 애기엄마, 지금 시장 가셔요?[12]
　? b. 애기엄마, 지금 시장 가세요?[13]
　? c. 애기엄마, 지금 시장 가셔?
　　d. 애기엄마, 지금 시장 가요?
　　e. 애기엄마, 지금 시장 가?

(5)의 경우, 아파트 앞에서 만난 중년의 아줌마인 화자가 청자인 호칭, 젊은 '애기 엄마'와의 관계에서 느낀 [힘]은 어정쩡하다. 곧, '애기

---

12) 가셔요, 가세요를 이상문으로 본 이유는 '가셔요' 형태나 '가세요' 형태가 복수 표준어이나, 이 상황에서 이상한 문장 요소로 학생들이 판단하였기 때문이다. 필자의 대학교 국어 국문학 전공 3학년 학생들에게(출석 35명) 설문한 결과, 가셔요(1명), 가세요(4명), 나머지 학생은 모두 '가요' 형태를 선호하였다.
13) 하세요체를 존칭으로, 해요체 준존칭, 합쇼체를 극존칭으로 설명한 경우(박영순, 1976)도 있다.

엄마'에 연관된 [힘]의 강도를 잘 파악하기 어려울 때, 나이의 파악이 안 되어 불확실할 때, '해요체'가 개연성이 있을 것이다. 만약 상대방 정보를 잘 알면, 이는 (5e)처럼 발화되는 것과 비교된다.

    (6) 남성; a. 형 씨, 집에 가 주무셔.
           ?b. 형 씨, 집에 가 주무셔요.
    (7) 여성; a. 그냥 이번 기회에 내버려두셔.
           b. 그냥 이번 기회에 내버려두셔요.

(동네 미니 가게 앞)

발화 (6)에 나타나는 사회적 환경은 서로 모르는 성인 남성 화자가 남성 청자를 향해 발화한 (6)에 (7)의 여성 발화자가 반응한 것이다. 예문 (7)은 제3자로 여성인 가게주인이 발화한 내용이다.

(6)의 '화자–청자' 관계에서 만취한 청자 정보를 알 수 없다. 화자는 초면에다가 상대방 정보를 전혀 파악할 수 없는 상황에서 '시'를 사용해야 할 것인가? 여기에 형태 '하셔요'를 사용해야 할 것인가? 또한 '해요체'를 문종결에서 채택할 것인가? 갈등하는 화자의 표현 방식을 엿볼 수 있다.

이때, 청자가 만취하여 가게 앞에 누운 상태를 (6), (7)의 화자가 부정적 시각에서 본다면, '형 씨, 집에 가 주무셔.' '이번 기회에 내버려두셔.'로 귀찮은 듯 내뱉는 발화를 할 것이다. 곧, 두 화자의 나이는 청자보다 더 많아 보이나, 모르는 상대방을 두루 높임으로 표면에서 대우하며 문종결화 할 것이다. 이렇게 되면, 내면과 부합하는 높임을 의도하지 않아도 되며, 적어도 말의 시비는 일어나지 않을 것이다.

여기서 '하세요' 형태를 사용하지 않고, '하셔요' 형태를 사용하는 점은 '하세요' 성분이 굳어있어 갈등을 표시할 수 없다. 곧, 형태 '하셔요'로 상대방을 두루 높이는 것은 상대방을 높이되, 대우할 수 없는 화자의 갈등이 개입되면, '하셔요' 형태로 조절할 수 있다. 문장성분 '하셔요'는 청자를 존대할 수 없을 것 같으나, 그러나 대우해 주어야 하는 불확실한 갈등을 해소하기 위한 것이다. 이와 같이 '두루높임'은 높임의 책략적인 형태로, '해요체'와 연관짓는 것이 아닌 가 한다.

(8) 1. 병원장; 수고들 많아.
　　　　　　　(.....................).
2. 여간호사 1: 솔직히 많이 망설였거든요.
3. 여간호사 2: 건의문, 진짜 안 봐드립니다.
4. 남 간호사; 조회 하시지요?
　　　　　　　할 건 해야 지요.
5. 병원장; 아니, 괜찮아.
6. 여간호사 2; 죄송합니다. 어디 갔다 오느라구요.
7. 병원장; 301 산모, 각별히 신경 써.
8. 여간호사 1; 지금처럼 해주세요.
　　남의사　　　; 죽을 때까지 모시고 싶습니다.
　　남간호사　　; 이대로 만족합니다.
9. 병원장 ; 이거봐, 쉬엄쉬엄 해
　　　　　　　저기 말이야, 냉면 사먹지 말고, 삼계탕 사먹어.
　　　　　　　나, 잠깐 나갔다 올 께.
10. 남의사 ; 원장님, 다시 봐야 겠는데요.
　　(2000. 6. 25., SBS 드라마; 개인병원 대기실 '순풍산부인과')

대화 (8)의 경우, 병원장과 간호사의 관계는 절대적 [힘] 관계로, 병원장은 '해체'를 사용하는 데, [힘]의 갈등이 없다. 그러나, 상대방 고용자들은 [힘]의 갈등이 있다. 곧 '합쇼체'를 사용하다가 '해요체'로 바꾸어 사용한다. 이는 고용자와 피고용자 사이에 끊임없는 [힘]과 연관성 정도를 저울질하는데, [힘]의 정도성이 떨어지면, [이익]을 상정할 때, 두루높임의 말 단계를 채택하는 것으로 보인다.[14]

'해요체'는 현대사회에서 상대방의 정보를 모르는 상황에서 화자자신이 신분을 포함하는 [힘]의 객관적 기준이 밝혀지지 않은 갈등인데, 이는 [힘]이 가시적으로 보이는 것보다 느껴지는 점에 맹점이 있다.

[힘]의 불확실성 관계의 성립은 객관적으로 [지위]와 [나이]가 불확실할 때, 나타나는 상대방과의 관계이다. 상대적 변수(relative variable rules) [지위], [나이]의 객관적인 요소가 불확실한 경우(김희숙, 1998), 갈등이 표출되는데, 이때, 두루높임의 '요'가 문종결에서 일치하는 점에 주목한다.

가령, 화자보다 청자가 연하자이며, 지위도 낮으나 대우하고 싶은 경우, 억누르는 갈등이 일어난다. 그럼에도 불구하고 이때 문종결에서 '요'를 첨가시키는 경우가 있다.

(9)

    필자가 학교 사무실에 전화를 거는 상황. 8/10/2000

    H(여조교)　；국문과 유혜진입니다.

    S(여교수)　；선생님인데.. 별다른 일은 없지?

    H　　　　；예.

    S　　　　；우편물, 있는가?

    H；확인해 보고, 있으면, 올려 보내 드릴 께요.

        (조교가 필자의 연구실로 들어와서)

    S；우편물, 하나 밖에 없는가?

    H；예, 우편물을 안 가져 왔드라구요.

    S；학과장님은 중국에 가셨는가?

    H；예.

    S；오늘, 가셨는가? 어떤 분하고 가셨는가?

    H；임 교수님하고, 중문과 교수님들하고 가신 것 같아요.

---

14) 예문(8;2) (8;8)에서, 여 간호사 1의 두 발화 차이를 사회언어학적 의미를 기반으로 두지 않고, 통사론적 관점에서 보면, '-시-'가 개입되는 여부로 그 문장의 차이를 밝힐 수 있음은 물론이다.

S : 언제 오시지?

H : 잘 모르겠는데요. 다음주 16, 17일 쯤 오실 것 같아요.

S : 학과장님도 안 계시는데,

　　수고해(요).

　화자는 대화(9)에서 청자에게 문장성분 '-는가'를 사용할 것인가? 불용할 것인가? 그리고 '-요'를 사용할 것인가? 갈등이 뒤따를 것이다. 흔히, 두루 높임의 '요'는 지위나 나이가 화자보다 상대방이 높다고 어느 정도 판단이 섰을 때, 사용할 수 있는 형태이다. 이때, 이 용법과 관련짓는다면, '요'의 사용을 주저할 것이다. 그 결과, '-는가?'의 예사 낮춤을 사용하는 것이 적절하고, 심리적으로 편하다.

　그러나, (9)예문 끝에서 '요'의 첨가는 화자의 철저한 책략이다. 지속적인 이익관계를 화자가 추구하기 위한 것이다. 윗사람인 '화자'는 '수고해'로도 발화를 실현시킬 수 있다. 그런데도 불구하고 '요'의 첨가는 화자가 이익을 위하여 상대방과 수평관계를 상정하고, 혹시 학과 일이 발생하면, 이를 협조, 해결하기 위해서 채택한 [이익]관계의 책략이 작용한 것이다.

　2차 집단 사회에서 대중매체의 발달은 불특정 다수의 상대방을 대우하기 위하여 또 다른 갈등을 이들 청자 사이에서 유발시킨다.

　개인 대 개인의 단성식 연결망(uniplex network, J. Coats, 1987)에서는 상대방을 어느 정도 파악할 수 있다. 그러나 현대 사회의 대중매체를 이용하는 경우, 상대방은 불특정 다수이므로 화자는 다시 불확실성 관계의 갈등에 빠지지 않을 수 없다. 가령, 라디오 방송은 여기에 연관되어 있다.

　(10) 지금, 여러분께서는 KBS FM 서울에서 방송해 드리고 있는
　　　 김광한의 팝스 다이알을 듣고 계십니다. 저는 김광한입니다.

(11) 이 시간은 바로 여러분들이 사연을 주시고 참여해 주시는 코너
   <u>입니다.</u>
(12) …조승화 양, 좋은 이런 얘기를 보내 주셔서 감사<u>합니다.</u>

(유송영 예, 1994)

이러한 DJ 발화는 불특정 다수, 곧 상대방과의 관계에서 [힘]의 관계가 이들의 관계를 지배하고 있음을 알 수 있다. 왜냐하면, 청취율 등 청취자의 반응이 없는 라디오의 특정한 프로그램이 생명력이 없으므로 청취자에게 [힘]을 상정한 것이다.

(13) 김기덕의 골든 디스크입니다. 안녕하세요? 오늘이 한글날입니
   다… 우리는 축복받은 민족이 아닌가 싶습니다. 옛날, 한글날
   에는 놀았는데… 오늘, 맑겠습니다. 한글날입니다. … 우리
   것을 우리가 비하하는 경우가 있습니다. −한글이라든가, 역사
   라든가 …−

(1999/10/9 MBC 골든 디스크)

최근에 들은 이 음악 프로그램에서도 합쇼체를 상대방을 대우하는 점이 앞서 살핀 예문 (10), (11), (12)와 같은 맥락이다.
그러나, [힘]의 갈등을 느끼는 경우는 화자가 불특정 청자를 개별적으로 대화 속에 관련시키려고 적극적으로 노력할 때이다. 곧, 청취가 불특정다수에서 특정인으로 개별화하는 과정인데, 대화에 미리 참여시키고 상대방과 불특정 내지 불확실한 관계에서 정보를 추구하면, '해요체'의 사용량이 증가한다.

(14) 제일 힘들어 하는 날이 토요일이라고 하셨는데<u>요,</u> 자 음악을
   들으시고 얼마 안남은 토요일 잘 버텨내시지<u>요.</u> 서울 성수 2가
   의 김민정 씨.

(유송영 예, 1994)

(15) 네 곡의 샹송이 나왔습니다. …… 두 대의 전화가 있습니다.

   1. DJ   : 안녕하세요?

      연세가 어떻게 되십니까?

      연세가 어떻게 되세요?

   2. 청취자, 여성 : 38입니다.

   3. DJ   : ……안심했습니다. ……… 말씀해 주세요.

      ………………

      100점 맞으셨습니다.

      목소리가 이상하죠? 오늘,

   4. Dj   : 전화, 한번 더 받아야 되겠네요.

      ………………

      거기도 사무실이군요.

   5. 청취자, 제2 여성: 잠깐만요.

   6. DJ   : 가을에 듣기 좋지요?

(1999/10/9 김기덕의 골든 디스크)

불특정 다수 중 나타난 청취자와 직면한 발화자는 상대방을 잘 모르는 [힘]의 불확실성 관계를 해결하려는 방식에 해요체를 사용한다. 화자는 불확실한 청자와의 관계에서 [힘]에 기반을 둔 경어법의 기본 틀을 깨지 않으면서 상대방을 높일 수 있는 방식인 두루높임의 대우를 사용한 것이다. 라디오의 대화 (15)에서 특히, 개별적인 질문은 (15:1)에서처럼, 합쇼체에서 얼른 '해요체'로 바꾸는 화자의 책략을 직시할 수 있다. 대화 (15:3)에서 DJ가 안심할 수 있었던 점은 청취자의 나이가 화자의 정보 탐색을 위해 사용한 합쇼체에 너무 어긋나지 않은 상황(곧, 38살)으로 부합되었기 때문이다.

가령, TV매체에 나타나는 드라마에서도 또한 합쇼체가 자제되는 점을 볼 수 있다. 이러한 측면을 다음 드라마에서 잘 보여준다.

(16)

    1. 시아버지: 여길 찾아온 거요?

    2. 제3처녀 : 네.

    3. 시아버지 : 아가씨가 규대를 어떻게 알아?

                앉으라고요.

                앉어.

                ……

    4. 시아버지 : 안 통하니?

    5. 며느리 : 네.

    6. 제3처녀 : 저, 그 분을 만날 일은 없어요.

                …………

                이 꽃 맞지요?

    7. 며느리 : 아, 그거요?

    8. 시아버지 : 걔가 실없는 아이는 아니요.

                이름이 뭐요?

    9. 제3처녀 : 얼마예요?

    10. 시아버지 : 돈받지 말라.

       (1999/6/12/ MBC드라마: 규대의 화원, '장미와 콩나물')

    대화 (16)을 보면, 중간에 생략된 문장이 없지 않으나, 대략 12 문장 중 8차례나 문종결어미에 '요'가 출현한다. 이는 약 66%의 점유율을 보인다.

    사회적 상황은 시아버지인 화자가 있고, 자신의 화원에 찾아온 청자, 곧 제3처녀를 보고 상대방에 대한 정보를 캐는데, 처음 만난 상황에서, 정보를 더욱 찾는 과정이 상대방과의 쉽게 풀리지 않은 갈등 과정을 보여 준다. 곧, '해요체'와 해체의 교체이다. 화자인 시아버지는 해체만 사용해도 [힘]에 기반이 있으므로 무방하다. 그런데도 '해요체'를 빈번히 사용하는 노력을 제3처녀가 1차 집단의 구성원이 될 수 있을 것인가? 혹은 그렇지 않은가를 지속적으로 아름아름 겨냥하는 갈등의 결과이다. 며느리도 예외가 아니다(13:6). 제3처녀는 며느리보다 나이가 어린데도, 며느리가 대화에서 '-요'를 첨가시키는 이유는 시아버지와 같은 맥락에서, 상대방 정보를 캐려고 동시적으로 참여하는 노력이다.

대중매체 가운데, 특히, TV드라마는 실체적 내용보다 감각적 수신자에 의지하는 점이 매우 일반화되어 있다. 따라서 책, 신문, 또는 학교 등, 비동질적인 전통적 매체와의 관계를 무너뜨리고, 이를 완전히 동질적인 관계로 변경하는데, 이 결과, '요'의 사용이 대우법체계를 변경시키는 것과 일치한다.[15]

이 점을 다음 (17) 대화에서도 확인할 수 있다.

(17)
    1. 셋째형 : 형수님, 저기 오시네.
    2. 막내 신붓감 : 드디어 만났네요.
                      반갑습니다.
    3. 둘째 형 : 아픈데 긁지 말고, 앉으세요.
    4. 둘째 형수 : 뭐하러 나오래요.
    5. 둘째 형 : 상희씨, 술 안 먹어요?
    6. 막내 신붓감 : ……
    7. 둘째 형수 : 도련님, 얘기 많이 하셨어요?
    8. 막내 신붓감 : 결혼식을 아무리 간소하게 해도, 돈이 좀 들거든
                    요. …
                    반씩 부담하면, 좋을 것 같아요.
                    형님들이 해 주시면 좋겠어요.

---

15) 오늘날 대중문화는 대중매체의 송신 내용의 동질성에 크게 의존하는데, 동질적인 내용이 이질적인 다수에 계속 송신되어진 결과, 시일이 경과하면, 수신자의 수용태도가 동질화 획일화의 경향을 띠게 된다. 한편, 획일화된 교양이나 기호 등이 다시 동질화된 비개성적인 송신 내용을 요구하여 서로 상호간에 동질성 강화의 과정이 반복된다고 본다.

9. 둘째 형수 : 상희, 그 이야기였어!
(1999/6/12/ MBC드라마: 남자 셋 여자 둘의 호프집; 장미와 콩나물)

대화 (17)의 사회적 배경은 결혼한 둘째 형 내외가 있고, 셋째형을 제치고 결혼할 막내 넷째와 막내 예비 신붓감이 만나는 자리이다. 그런데, 둘째 형수가 막내 신붓감과 친구 사이이다. 곧 막내의 신붓감인 '상희'는 막내 자신보다 나이가 6살이 연상인 상황이다. 따라서 셋째형보다도 상위이다.

이때, 서열이나 나이에 불일치로 나타나는 불편한 관계를 배제하고, 사용한 청자대우가 두루높임의 형태 '해요'이다. 이를 (17)의 11문장 중 8차례나 사용한 점이 주목된다(약 72.7%). 형태 '요'가 문종결에서 결합한 대화 (17)의 경우, 화자는 서열 내지 나이에 뒤섞인 불편한 [힘]의 관계를 억누르고 [이익] 관계로 변수를 변동시킨다. 이 결과, [이익]으로 변동된 변수가 작용하는 이익관계의 적극적 추구를 (17:8)에서 단적으로 검색할 수 있다.

왜냐하면, 현대사회가 [이익] 관계를 지속적으로 추구하면서 [지위] [나이]의 수순이 상황에 따라 다르게 유동적으로 변화하여, 기존 방식처럼 고정 서열을 따지기 어렵기 때문이다. 상대방 정보를 잘 안다 하더라도, 복잡한 사회적 상황을 반영한 (17)의 대화를 해결한 방안은 결국, 두루높임의 형태 '해요'로서 상대방을 대우하는, 곧 대중매체 드라마의 주류 방식이다.[16)]

---

16) 북한의 청자 대우법은 '높임, 같음, 낮춤'으로 단순화의 경향이다. 특히, 청자대우에서 '요'만 부착하여 사용하는 경우를 쉽게 발견할 수 있다.
예; 우리도 빨리 끝내자요, 선실이는 반원들을 돌아보며 일손을 다그치였다. (1979;177)
기계가 안 돌아갈 리가 없는데...손을 깨끗하게 씻자요.(조선문화어문법 1979;148)
아동뿐만 아니라 귀여움을 표시한다는 설명의 문종결 형태 '요'는 상대방 '높임'을 균등화 내지 간단화의 추세를 예측하게 한다.

(18)

대학교 구내 조흥 은행, 8/10/2000

1. 남계장 ; 입금하시게요?

2. 여학생 A ; 예

3. 계장 ; 입금표, 하나 적으세요.

4. 여행원 ; 110번 손님.

5. 계장 ; 요쪽으로요.

6. 계장 ; 일 보셨어요?

7. 여교수 ; 예, 일 봤어요.

8. 계장 ; 언제 오셨어요?

9. 남교수 ; 나, 어저께 왔어.

10. 여교수 ; 안녕하세요? 일 보러 왔어요.

11. 남교수 ; 예. 일 봐드려.

12. 계장 ; 예.

13. 남행원 ; 토익, 작성은 이층에서 하세요. ... 작성, 이층에서 해
　　　　　　　주세요. ...육 천 사백원 내세요.

14. 여학생 B ; 한 장요? 두 장요?

　　　　　　　(은행 내 행원들 사이)

15. 남행원 ; 시장하시지요?

16. 계장 ; .....

17. 남행원 ; 이게, 재심이 안 돼요.

18. 계장 ; ....

19. 남행원 ; (다른 행원을 돌아보고 나가며)식사하겠습니다.

(19)

우체국 대학교 내 8/10/2000

1. 여학생 ; 여기, 테이프 없어요?

2. 여직원 A ; 없어요?
　　　　　　　가위는 있지요?

3. 남직원 ; 학생들 뭘로 가져갈 꺼야?

4. 남학생a : 입금시킬 꺼예요.

5. 여직원 B : 두분이예요?

6. 남학생b : 예

7. 여직원B : 뭘로 드려요?

8. 남학생b : 현금으로요.

9. 여직원B : 바로 쓸 것이 아니면, 수표로 찾는 것이….

10. 남학생b : 현금으로 주세요.

　　　　　(현금을 받고)수고하세요.

11. 여직원B : 네.

　　　　　어서 오세요.

12. 남학생c : 수표를 현금으로 찾을 수 있어요?

13. 여직원B : 몇장요?

14. 남학생c : 한 장 있어요.

15. 여직원B : 수표 뒤에 이름, 전화번호 쓰세….

16. 남학생c : 수표 뒤에요?

17. 여고객 : 이거요!

　　　　　지금 계산 할 게요.

18. 여직원C : 예.

19. 여고객 : 박스 여기다 놓고 가요.

　　　　　이거, 무게 어떻게 따져요?

20. 여직원C : 몇 종류에요?

21. 여고객 : 모두 옷이에요.

22. 여직원C : …. 1kg에 만 사천 원요.

　　　　　파키스탄이라고 하셨지요? 옷이라구요?

23. 여고객 : '예맨'요.

24. 여직원C : 소포로 안 하고, 보통 우편물은 확답을 못 드려요.

　　(18), (19)의 대화와 더불어 나타나는 해요체의 용법도 드라마의 경우
와 다르지 않다. 다수가 화자/청자 입장에서 계속 끊임없이 '해요체'를
주고받는데, 이는 그냥 사무적으로 다수를 알려고 하지 않고, 그래서

[힘]과 [이익]에 얽매이지 않고 자유롭게 상대방을 두루 높이는 경우이다. 특히, (18)의 경우, 은행원이 학생에게 이익 추구를 위하여 서슴없이 해요체 내지 '하세요'를 사용하는 점은 [이익]과 크게 연관된 것이다. 여기에 비하여 (19)의 우체국 여직원 B의 발화는 좀 다르다. 곧, 발화(19:5, '두 분') (19:7, '드려요')에서, 처음 남성이어서 높이고 보니, 별로 나이가 많지 않은 학생임을 대화 시간이 경과하며 파악되어 발화(19:9, 19:15)에서 말끝을 흐리고 있다. 이는 여직원이 개별적으로 남학생보다 나이가 많은 [힘]과 우체국직원으로서 고객에게 친절히 해야하는 이익이 갈등하는 결과이다. 이때, 가령 [힘]과 [이익]이 갈등을 경험하지 않도록 상정한다면, '-시-'를 배제한 단순한 해요체를 사용할 가능성이 높다. 다분히, 해요체는 복잡한 상대방 불특정 다수의 높임을 간단하게 표면화시키고 있다. 이 점이 시일이 경과할수록 화자의 발화에 영향을 주어, 한국어 모국어화자의 문법의식을 약화시키지는 않는가?

4. [이익]관계의 '높임/두루높임'

[이익]관계는 사회언어학적 변종, 곧 높임 '해요체'에서 두루높임 '해요체'로 끌어내는 데 크게 기여하는 중요한 요인이다. 화자와 상대방과의 관계에서 나타나는 [이익]관계는 앞에서 언급한 바, 화자가 판단하기에 화자가 들인 노력보다 상대방과의 관계로 말미암아 더 많이 무엇인가 얻을 수 있는 적극적 이익, 또는 그렇지 않은 소극적 이익으로 이때, 무엇은 가시적인 것일 수 있고, 또한 비가시적인 것일 수 있다.

적극적 이익은 화자에게 유익, 이익을 위하여 상대방과의 관계에서 적극적 상황을 추구하며, 반대로 소극적 이익은 화자가 만약 두루높임을 불용할 경우, 비난이나, 여태까지 기존의 무엇에 불이익을 받지 않으려는 소극적 상황의 발화이다. 특히, 소극적 이익의 추구는 흔히 명백한 [이익]관계가 없는 상황이다. 곧, 스승이 제자에게 또는, 제자가 스승에게, 부모가 자식에게 또는 자식이 어버이에게, 연장자가 연소자에게 또는 연소자가 연장자에게 '해요'를 사용하는 경우, 이러한 소극적 체면(negative face)을 위한 것으로 간주할 수 있다. 이는 소극적 체면을 염두에 둔 문종결 요소 '요'가 과거로부터 지금까지, 가족 구성원 간, 사제간 내지 직장상사와 직원사이 등, 이미 맺어진 사회적 관계를 방어하기 위하여 무수히 사용되고 있다. 이는 또한 한국어사회에서 의사소통하며 살아가기 위한 독특한 언어책략의 하나가 아닐 수 없다.17)

그렇다면, 전통사회는 힘의 사회였으므로, 자연히 소극적 체면과 소극적 이익이 수동적으로 작용되었다고 추정할 수 있다.

역설적으로 현대사회는 당연히 발화자가 적극적인 이익의 사회적 상황을 유도하고, 적극적 이익을 추구하는 두루높임의 추세를 억압할 수 없을 것이다. 이때, 두루높임은 적극적 이익을 소극적 체면으로 누르는 간접화 된 두루 [이익]관계 현상도 동반하게 될 것이다.

그런데, 비가시적인 [이익]관계는 화자의 주관적 판단에 의지하므로, 여기서 변수 [이익]의 불확실성이 성립된다. [이익]이 객관성이 떨어지면, 화자자신은 직관에 의심을 느끼며 갈등을 경험하게 될 것이다. 이 과정의 끝은 소극적 이익의 유지이다(예문 (21)).

---

17) 소극적 체면(negative face)은 Levinson(1987)의 용어이다. 그런데, 서구와 한국어와 이 소극적 체면의 경우, 서로 다르다는데 주목할 필요가 있다. 곧, 서구어는 상대방을 대우하는 경우, 화자의 선택에 의한 표현이지만, 한국어의 경우, 한국사회가 1차 집단재형성의 사회적 성향이 원인되어, 한국어사회에서 의무적인 대우법에 기반을 둔, 곧 소극적 체면을 유지하는 표현을 적절히 사용하지 못하면, 공연한 불이익을 당할 가능성이 높다는 점을 인지해야 할 것이다.

(20) 국수 말고, 밥 줘요.

　　　(음식점 내에서 음식 주문)

(21) 1. 첫째 사돈댁 : 서방님은 영화에 손을 대나요?

　　　2. 둘째 며느리 : 네. ....

　　　3. 시어머니 : ...그렇지요....

　　　4. 첫째 사돈댁 : ....은수 신랑감은 적어도 교수는 돼야 지요.

　　　　(전화 벨소리)

　　　5. 둘째 며느리 : 제가 받을게요.

　　　　아내 : 무슨 일이에요?

　　　6. 둘째아들, 남편 : 요 자, 그만 붙이고, 숫자나 찾아봐.

　　　7. 아내 : 영화가 .... 요?

　　　8. 남편 : 바쁘다는데, 왜 딴소리하고 그래.

　　(1999/6/20 MBC 드라마 : 시부모님 댁 거실; '장미와 콩나물')

　예문 (20)과 (21)은 대조적이다. 발화 (2)는 화자의 이익이 적극적으로 요구된다. 또한 사회적 상황이 가시적이므로 [이익]관계에 확실성이 드러나는 두루높임의 표현이 성립된다.

　반면, 대화 (21)을 보면, 형태 '해요'를 두루 사용한다. 발화자, 곧 첫째 사돈, 둘째 며느리, 시어머니가 사용하는데, 어떤 특정한 화자가 어떤 특정한 이익이 있는지? 잘 드러나지 않고 있다. 이때, 사회적 상황은 서로 의무적으로 잘 알게된 사돈지간의 대화이다. 따라서, 소극적 이익을 추구하는 사회적 이유는 사돈 앞에서 시어머니, 며느리가 사회적 관계를 유지하기 위한 소극적 체면이다. 이를 단적으로 보여주는 발화는 (21;6)에서 '요'를 첨가한다고 핀잔을 주는 남편의 지적과 연관된다고 본다.

(22) 대형유통매장 E Mart 내, 8/14/2000

　　　A(여매니저); 왜 음악이 안 들려?

　　　B(남직원); 무슨 음악이요?

A ; 음악이 안 들리는 것 같은데....

B ; 글쎄요.

C(여직원) ; 이제 일하러 가야지 ....

B ; 이따 들려야지요.

D(여점원) ; 언니, 이거 주머니 없는 거예요.

E(여점원) ; 없을 걸. 학생이야? 아니야?

D ; 학생인데요.

(23)

대학교 사무팀 내, 8/14/2000

1. 여직원A ; ...행정실에서 전화까지 왔어요.

　　　　　　김 선생님께 말씀 드렸거든요.

2. 여학생 ; 예

3. 여직원A ; 이건, 영수증만 받아 가셨죠?

　　　　　　,,,, 남녀, 함께 나와야 되는 거예요.

4. 여학생 ; 알았어요.

5. 시설남직원 ; 이게, 올라가야 지요.

6. 남팀장 ; 노인 같어...

7. 시설남직원 ; 뭐가 안된 것 같어.

8. 팀장 ; 나 둬요. 수고하셨어요.

9. 남직원 A ; 영수증요?

10. 여직원 A ; 여기 있어요.

11. 남학생 ; 총무과가 여기예요?

12. 팀장 ; 여기예요.

　　　　화면이 안 떠.

13. 남직원 B ; 화면이요?

　　　　　　가운데 꺼버리면 안돼요.

14. 남계장 ; (전화)예 안녕하세요? 형님이세요. 뭣 좀 하나 해드리께

　　　　　　요. 문, 사무실 있잖아요.....

　　　　　　거기서 짜고 오나?

짜고 그래요?

혹시 다른 방법 없을까?

문은 보통 얼마씩 해요? 테두리만요.

내가 사장님 핸드폰 있으면, 하지 뭐.

예예, 감사합니다.

15. 남직원B ; (전화)인사계장님, 계세요?

물어 볼 게 있어서요.

예, 알았습니다.

민선생님, 휴가예요.

16. 여직원B ; 꼭 빠진 거 같은데....

17. 여직원C ; 팩스 안 되는 것 같은데...

18. 여직원B ; 나오는데.

19. 여직원C ; (전화) 관리팀입니다.

여보세요.

예 예, 안녕하세요?

갔다 왔지.?

볼 일 봤다고?

팩스 나왔어.

점심 먹자고?

예.

20. 팀장 ; 밥 먹어야 하잖아?

21. 여직원A ; 예.

22. 남직원B ; (전화)같이 나가면, 괜찮은데....

팀장님은 계신가?

대화 (23), (24)에서 하위자는 여하튼 남녀 상위자에게 문종결을
'요'로 끝맺는다. 그러나, (22 C)처럼, 여직원이 남직원보다 나이가 훨
씬 많은 경우, 문장 끝을 마무리하지 않고 있다. 이는 상대방 지위의
폭은 적고, 나이의 [힘]이 부상하므로, 갈등이 있는 상황을 실현한 방

식이다. 이 방식의 갈등이 동료 직원 사이에서도 있다는 점을 (23;16, 17,18)에서 살필 수 있다.

여기에 비하면, (23;1,3)의 여직원 A는 여학생에게 해요체로 대우하는 것을 볼 수 있다. 이는 어떤 일을 추진하는데 경비와 연관된 것으로, 사뭇 주의 깊게 여학생에게 설명, 설득을 하는 점이 구체적 [이익]과 연관된 것이다.

적극적 [이익] 추구는 (23;14)에서 남 계장이 시설물인 문을 구입하려고, 사정을 알아보는데 단적으로 나타난다. 발화 화두에서는 '세요', '요'를 사용하는데, 구입 시세정보를 알아내는 데만 대우한다. 그리고 간접적인 정보에는 상대방 높임을 불용한다. 그러다가 전화 상대가 실무에 아무 힘이 없다는 수신 이후, 남 계장이 반말로 낮출 때는 이미 [이익]마저도 없어진 때와 일치한다.

> (24) a. 교장선생님, 지금 노서관에 가시겠습니까?
> b. 교장선생님, 지금 도서관에 가시겠소?
> c. 교장선생님, 지금 도서관에 가시겠어요?
> (25)*a. 교장선생님, 지금 도서관에 가시겠어?
> *b. 교장선생님, 지금 도서관에 가겠어?

위 예문에서 (24a), (24c)는 동일한 상황에서 사용할 수 있다. 곧 화자는 평교사이고 청자인 교장을 대면할 경우, 이러한 발화가 나타난다. 그러나 (24a)와 (24c)의 문종결의 차이는 다시 말하면, 사회적 변수의 차이에 기인한 것이다. 곧, 예문 (24a)는 사회적 변수인 [지위], [나이]로 힘을 표시할 수 있는데, (24c)는 이와 다르게 사회적 변수가 청자에게 작용한다.18) 곧, [지위] [나이]에 사회적으로 고정된 [힘]을

---

18) 이 변수는 이미 필자가(1998) 제시한 사회언어학 변수에 의존한 것이다. 이를 확장하여 청자대우법의 사회적 변수를 설정할 수 있다. 또한, 이 변수를 계층구조의 위계적 성격으로 이해하고, 그리고 동일 계층에서는 수순이 일

상황 변수 [이익]관계로 해석하려는 화자의 의도를 살필 수 있다. 이
때, 화자는 의무적으로 상대방 청자의 [이익]관계를 제의하는 것으로
판단된다.

   (26) *a. 정군, 공부 열심히 하십시오.
       b. 정군, 공부 열심히 하게.
       c. 정군, 공부 열심히 해요.
   (27) *a. 선영아, 공부 열심히 하십시오.
     *b. 선영아, 공부 열심히 하게.
       c. 선영아, 공부 열심히 해요.
       d. 선영아, 공부 열심히 해라.

   예문 (26), (27)을 보면, (26a), (27a), (27b)는 비적격문으로 발화
가 성립되지 않는 경우를 볼 수 있다. 왜냐하면, (26), (27)의 화자는
교수로 상정되기 쉽기 때문이다. 이에 따라 상대방인 (26)의 청자는
대학생 정도로 보이고, (27)의 청자는 어린이로 상정할 수 있다. 이는
화자의 [이익]을 상정한 것이 아니라 청자의 [이익]을 우선하는 의도가
있다. 자연히 청자의 [이익]이 커지면, 비례적으로 화자의 간접적 이익
이 돌아오는 관계이다. 여기서, 두루두루 [이익]관계를 맺어주는 성분
요소 '요'는 화자와 청자 사이를 상황적 관계로 전환시키는 사회적
장치이다.
   [힘]의 작용이 (26), (27)에서처럼, 두루높임이 당연 사용되어야 할
사회적 상황이 아닌데도 사용되어, [힘]이 역작용하면, [힘]이 없는 불

정하게 결정되었다는 가정을 하여 이를 수치화하면, 다음처럼 나타날 수 있다.
  ㄱ. 절대변수: [힘1] [1 지위] [2 나이]
  ㄴ. 상황변수; [1 격식] [2 친밀] [3 이익]
    이에 의하면, 예문(25a), (25c)의 차이는 다음과 같다.
    (25a) [1 지위: 1] [2 나이: 1]
    (25c) [1 지위; 0.5] [2 나이; 1]

안정한 상황 정보는 상대방을 두루 높이기 위한 방식이 아니라, [이익] 관계를 맺기 위한 의도에서 문종결 형태 '요'가 채택된다.

상황변수 [이익]이 두루높임 '해요체'의 확장을 가속화하고 있다. 상황변수 [이익]은 이미 언급한 바와 같이, 화자가 판단하여 이익이 있느냐? 또는 이익이 없느냐? 판단이 서질 못할 경우가 비일비재할 것이다. [이익]이 확실한 경우도 있지만, 그렇지 못하고 불확실한 경우도 많다. 곧, 화자는 [이익]의 불확실성으로 갈등에 빠진다.

[힘]의 정보를 알 필요를 느끼지 않으면서, 사용되는 두루높임의 '해요체'는 [힘]의 불확실한 관계 정보에 [이익]관계를 첨가시키는 과정을 경험하고 있다. 곧, 두루높임 '해요'가 높임 '해요'의 다른 변종 형태인 점은 이러한 [이익]관계 첨가의 정도성 여부가 다르게 진행되기 때문이다.

그렇다면, 높임 '해요체'에 나타나는 [이익]은 화자의 입장에서 이익 관계에 있든지(advantageous) 불이익 관계(disadvantageous)에 있든지, [이익]관계를 선택할 수 없는 경우이다. 원칙적으로 1차 집단 [힘]의 원리가 작용하므로, 의무적으로 청자에 기반을 둔 이익이 나타난다. 곧, [이익]관계를 전략적으로 선택할 수 없다.

반면에, 두루높임 '요'의 [이익]은 다르다. 두루높임에 표시되는 [이익]은 문종결에서 '요'를 취택하되, [힘]을 배제하고, 화자의 [이익]을 선택할 수 있다. 상대방과의 [이익]관계를 적극적 이익과 소극적 이익으로 선택, 모색할 수 있다.

(28) a. 교장선생님, 약이 막 오르세요?
　　?b. 교장선생님, 약이 막 올라요?
　　*c. 교장선생님, 약이 막 올라?
(29) a. 학생, 조용히 해요.
　　b. 학생, 조용히 해.

발화자는 (28)처럼 교장선생님이 아니고, (29)처럼 학생이 아닌 평교사로 상정할 수 있다. 이때, 예문 (28)에서 (28c)가 비적격인 것은 가령, (28c)처럼 화자가 발화한다면, 이는 말이 안 되는 곧, 비난의 소지가 된다. 이는 경어표현을 위배한 경우이므로, 화자가 [이익]관계를 교장선생님과 맺든지, 아니면 불이익관계를 맺고 있든지 상관없이 [힘]의 원리로 높임 '해요체' 성분이 요청된다. 화자의 판단에 교장선생님이 화자와 불이익관계에 있다 하더라도, '요'가 의무적으로 요구되고 있다.

문장 형태 (28b)처럼 사용한다 하더라도, 화자는 비난의 대상으로 몰리기 쉽다. (28b)처럼 호칭인 '교장선생님'과 호응관계를 보이는 형태 '시'가 떨어진 경우, [힘]의 원리에 동요를 일으키므로, 이상한 표현 내지 버릇없는 표현으로 화자위주로 변동된(code switching) 발화로 간주되기도 한다.

여기서 높임 '해요체'의 용법과 두루높임 '해요체'의 용법을 비교할 수 있다. 화자는 (29)처럼 두 발화를 다 실현할 수 있다. 화자는 (29a) 또는 (29b) 표현을 자유롭게 선택할 수 있다. 그렇지만, 예문 (29a) 경우, 화자는 상대방 학생과 적극적 [이익]관계만 선택한 결과, 성립된 두루 높임이다. 높임 '해요'의 경우, [힘]을 기반으로 이익관계 및 불이익관계에 모두 관여될 수 있으나, 두루 높임 '해요'는 이익관계만을 추구한다. 따라서 가령, 화자 '교수'는 강의할 수 있는 조용한 조건의 이익을 채택하고, 강의를 좀 더 심도 있게 할 수 있는 이익이 적극 나타나는 [이익]관계를 암시한다.

(30)S: 은수 엄마, 예비사돈 : 잠깐 앉았다 가세요.
   H: 규대 엄마, 예비 시어머니 : 네에?
                                  차, 저만 주세요?
   S: 아니예요.

밖에서 많이 마셨어요.

　……

H: 알아요.

S: 괜찮아요. 은수가 다 설명했는데요, 뭘.

정말, 언니, 동생처럼 지내요. …

드세요.

(1999/6/26 MBC 드라마: 은수엄마 병원 이층거실; 장미와 콩나물)

　예문(30)의 '요'는 높임/두루높임이 공존한다고 해석된다. 화자'은수 엄마'가 청자'규대 엄마'와 사돈지간의 관계를 상정한 경우, 2차 집단에서 1차 집단의 [힘] 결혼관계를 맺을 지도 모르는 성분 '요'는 '높임'의 성격이다. 또한, 화자가 청자와 결합을 이 [힘]방식으로 수행할 경우, '은수 엄마'의 '은수'가 상대방과 비교하여 손해를 보는 것이 아닌가 하는 판단의 [이익]관계를 추정하고 있다. 그러나 화자가 '언니-동생'으로 상대방으로 설정하면서, 암암리에 추산한 [이익]관계를 배제하는 사회적 상황의 변경으로 곧, 2차 집단 내, 1차 집단을 상정한 문장성분 '요'가 나타난다. 이는 친족처럼 [이익]관계를 따질 필요가 없지만, 당연히 유지되는 소극적[이익]관계를 고려한 것이다.

　여기서 그런데, 왜 화자가 1차 집단의 상정 관계를 재구성하는 것인가? 이는 대화(30)의 담화를 검토하여보면, 미래에 화자가 청자와 사돈지간이 아닌 관계의 경우, 계속 청자와 이전의 좋은 이웃관계를 유지하기 위한 의도이다. 담화론적 관점에서 대화 (30)은 설혹, 사돈지간이 안 될 경우, 이웃관계가 파괴되는 불이익을 당하지 않고, 상대방과 두루 [이익]관계를 맺으려는 화자의 책략이 개입되어 있다.

　상대방과 [이익]관계로 실현되는 높임/두루높임의 '요'는 현대 한국어 실제의 발화에서 혼재한다. 가령, 그림 (31)처럼, 화자 및 청자가 상정되고, 높임/두루높임이 (3)에 의하면, 문장성분 '요'는 'Y1(1차 집단)'과 'Y2(2차 집단)'로 사용될 것이다.

　이와 같이 '해요체'는 사회적 성분이 다르지만, 형태 '해요'는 1차 집단, 2차 집단을 넘나들며 사용된다.

(31) < Fig. 2> '요'의 Y1(X1), Y2(X2) 사용 가능한 사회적 관계

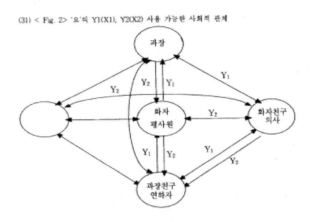

　여기서 한국어 사회 구성원은 한 개인 화자가 〈Fig.2〉 연관되어 전체를 아는 경우로 폐쇄 연결망(Closed Network, J.Coats, 1986)에 속하여 있다. 이때, 화살표는 서로 잘 알고 있는 사회적 관계의 상태를 나타낸다. 곧, 그림 (31)에서처럼 '화자…→과장'의 경우 'Y1'이 나타나고, 이는 [지위]에 기반을 둔 것이다. 반대로 '과정…→화자'에게 'Y2'를 사용할 가능성이 높다. 이때, [이익]관계가 적극적 이익과 소극적 이익으로 개입될 것이다. '과장…→과장의 친구'의 대화에서는 'Y2'가 작용할 것이다. 곧, 상황변수 [이익]을 대입시킨다 하더라도 이는 실현되지 않고, 소극적 체면 유지가 이에 작용한다. 또한 '화자…→화자의 친구' 사이도 역시 'Y2'가 실현될 것이다. 'Y1'은 '화자친구←…→과장'의 대화에서 사용될 가능성이 높다. 이는 [지위]와 [나이]에 기반을 둔 경우이고, 만약 이익관계인지 불이익관계인지 불확실한 상태에서는 'Y1'이 'Y2'로 변동되어, 소극적 두루[이익]관계를 실현시킬 것이다.

5. 결론

이상에서, 청자 대우 등급 가운데, '두루높임'의 용법에 관한 검증을 통하여, 다음과 같은 사회언어학적 결과를 얻을 수 있었다.

첫째, 1차 집단 언어사회에 통사적인 경어법, 곧 높임과 낮춤의 경어 표현은 현대사회에서 2차 집단 언어사회의 특성과 대응 내지 부합하며 변경되고 있다. 곧, 급속한 부유층, 권력층 등의 증가 및 경제 발전으로 상대방과 [힘]의 불확실한 관계의 증가는 그대로 언어표현에 반영되어, '높임과 낮춤'만으로 표현하기에 불완전한 사회적 상황이 발생하여, 2차 집단 사회의 성장이 높임 '해요체'에서 두루높임 '해요체'로 대우표현이 유도 변화되었다고 추정할 수 있다. 청자 대우법에서 높임과 '두루높임'의 차이는 사회적 언어 집단의 차이를 반영한 것이다. 곧, 1차 집단과 2차 집단의 차이이다.[19]

둘째, '해요체'가 1차 집단, 2차 집단에서 동일한 형태로 출현한다. 그러나, 두루높임은 [힘]의 불확실성 관계의 사회적 원인에 기반을 둔다. 이는 현대사회가 구시대의 파괴된 고정적 신분제와 달리 상하의 개념이 사회적 상황에 따라, [힘]의 작용이 각각 다르게 작용하여, 사회적 변수 [힘]이 [이익]변수로 변동한다. 이 변수 변동의 정도성에 따라서 높임의 '해요체'는 청자위주의 이익이 드러나고, 두루높임 '해요체'는 화자위주의 선택적 이익관계가 나타난다. 여기서, 간과할 수 없는 1차 집단에 나타난 '해요체'는 그 바탕을 경어법의 1원적 체계에 두고, 현대 2차 사회 내 1차 집단에서 재구성되고 있다.

셋째, 발화의 끝에서 '요'를 첨가하여 표현한 결과, 흔히 발화자는 '공손하다, 예의 바르다, 대인관계가 원만하다 등' 주위로부터 받는 사

---

19) 오늘날, 문장성분 '집단 이기주의'의 집단은 물론, 2차 집단에 해당하는 것이라고 판단된다. 이 문장 구절은 2차 사회가 얼마나 이익관계로 관련을 맺는지? 이를 단적으로 나타내는 표현이다.

회적 이익이 있다. 이러한 '두루높임'은 소극적 체면의 [이익(advantage)]이 있다. 이미 앞에서 언급하였듯이, 소극적 이익은 화자만의 [이익]관계를 상대방과 상정하는 화자의 적극적 이익 의도와는 사뭇 다른 것이다.[20] 이는 적어도 현재의 사회적 관계에 불이익을 당하지 않게 하려는 방어적 이익을 지킨다. 곧, '화자-청자'가 [이익]관계에 연관된 것으로, 화자가 상대방과 [이익]을 분배하는 사회언어학적 장치이기도 하다. 이때, [이익]변수는 [힘]변수와 정도성의 차이가 있다. '두루높임'과 '높임'의 차이를 지배하는 [이익]과 [힘]을 체계화하면 다음과 같다.

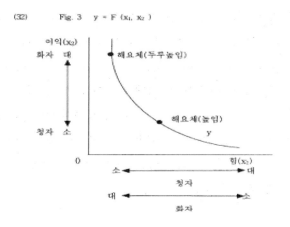

넷째, 오늘날 청자대우법이 복잡한 양상을 띠는 이유는 대우법체계의 문제로, 곧 청자대우법의 2원적 체계가 표면에서 작용하는데, 이를 지배하는 잠재적인 체계인 경어법의 1원적 체계가 겹치어 나타나기 때문이다. 따라서 사회적인 관계에서는 현대, 2차 사회 내에 과거의 경어법을 끌어오고, 여기에 두루높임, 두루낮춤을 첨가하여, 여전히 복잡

20) 문종결 성분 '요'에는 상황변수 [이익]이 작용한다. 이때, 적극적 [이익]의 경우와 소극적 [이익]의 경우로 구분할 수 있는데, 소극적 체면과 연관되는 소극적 [이익]은 다분히 두루[이익]관계로 상대방과의 대화에서 작용한다.

한 대우법이 진행되고 있다.

위에서 언급되고 밝힌 사실을 북한에서 청자 대우법이 어떻게 변화를 경험하였는가? 이를 대비함으로써 이 논문의 결론을 더욱 명확히 설명할 수 있다. 사회주의 사회는 항상 과거의 잔재와 단절을 추구한다. 이는 한국사회에서의 특징인 우리주의(weness)가[21] 북한에서 지극히 약화되었으리라고 가정할 수 있는 가능성을 제공한다. 이는 사실상, 북한의 대우법 체계가 '높임, 같음, 낮춤'으로 단순화된 언어현상에서 확인할 수 있다. 따라서 현재 한국사회의 청자 대우법의 복잡성의 추구는 아직도 끊임없이 지속되는 우리주의 곧, 1차 집단의 추구 때문으로 반증할 수 있다.

사회적 특성과 연관지어 청자대우 '두루높임'의 '두루' 개념과 용법을 설명하려는 사회언어학적 시도는 '요'가 구어체의 표현이므로 자료가 어렵다. 설혹, 기존의 문헌에 의존하여, 대체로 '요'가 나타난 19세기의 편린에서도 찾아보기 어려운 관계로 한계점을 가질 수 있다. 그러나, 청자대우 '두루높임'을 문법적 관점에서 청자대우의 등급 교체 내지 통합으로만 설명하는 방식을 사회언어학적 조건에서 사회 집단의 특성 및 사회적 변수규칙으로 설명한 점은 왜 '두루높임'의 '해요체'인가를 새롭게 부연 설명할 것이다.

---

21) 우리주의는 최준식(1997)의 개념을 참조하였다, 이는 곧, 1차 집단과 2차 집단의 경계의 모호성과 2차 사회 속에서도 끊임없이 1차 집단의 사회적 요소를 추구하고자 하는 특성으로 설명할 수 있다.

한자어 명사 '법'의 문법화 양상

1. 서론

한국어 명사의 문법화는 자립명사에서 의존명사로 또 어미나 조사로의 문법화 과정을 거치게 된다. 이러한 과정을 거치면서 명사는 의미가 확장되기도 하고, 기존에 없던 통사적 제약이 생기기도 한다. 이 연구에서는 한자어 명사 '법'의 문법화 과정에서 의미와 문법 형태의 변화과정을 살펴, 변화의 양상을 알아보는 것이 목적이다.

한국어는 실질적 의미를 가진 자립명사에서 출발하였으나 통시적 변화 과정에서 형식적 의미를 획득함으로써 문법화되는 예들이 있다.[1] 그러나 실질명사가 구체적인 의미에서 추상적인 의미를 획득하는 과정을 거치는 동안 그 추상화된 정도는 다르다. 그렇기 때문에 본래의 의미와 연관성을 파악하기 어려울 정도 완전한 의존명사로 문법화가 진행된 것이 있는 반면, 아직 완전한 문법소는 아니지만 본래의 의미와 멀어져 다른 문법적인 기능을 하는 것도 있다. 이렇게 동일한 형태를 취하는 명사가 통시적으로 의미 변화를 가져와 현대국어에서 어휘기능과 문법기능을 모두 담당하는 어휘 중에서 명사 '법'을 대상으로 하여

---

1) 겸(兼), 길, 김, 녘, 노릇, 동안, 리(理), 마련, 모양, 바, 바람, 법(法), 서슬, 셈, 수(數), 양(樣), 즈음, 지경(地境), 차(次), 참(站), 터, 틱, 통(通), 폭(幅), 판, 품(品) 등 이다.

실질명사의 의존명사화 과정과 의존명사의 종결어미화 과정의 의미 변화와 문법 변화의 측면을 살펴보고자 한다.

모든 단어 요소는 '의미'와 '문법 형태'를 함께 가지고 있다. 또한 의미와 문법 형태 사이에는 항상 역동적인 움직임이 존재한다. 따라서 이 연구에서 다룰 문법화의 내용은 의미의 변화 과정과 문법 형태의 변화 과정으로 나누어 살펴볼 것이다.[2)]

> (1) ㄱ. 법을 지킨 다수의 국민들 사이에서 형평성 논란이…
> ㄴ. "이런 법이 어디있냐"고 달려들지만…
> ㄷ. 아랫사람은 진정으로 윗사람을 섬기는 법입니다.
> ㄹ. 지금쯤은 그가 올 법하다.

위 예문의 '법'을 살펴보면 동일한 언어 형식인 어휘 '법'의 의미가 (1ㄱ)에서는 구체적 지시 대상인 '法', (1ㄴ)에서는 '도리나 정해진 이치' 그리고 (1ㄷ)에서는 '-ㄴ/는 법이다'의 형태로 '동작이나 상태가 당연함(It is law)'의 의미, (1ㄹ)에서는 '-ㄹ 법하다'의 형태로 '어떤 일이 그럴 것 같다는 추측(seems like)'의 의미로 각각 다르게 실현된다. 이렇게 동일한 언어 형식으로 나타나는 '법'이 쓰임에 따라 서로 다른 의미를 가지고 있으며, 본래의 의미에서 점점 멀어지고 구체성을 잃고 추상화되는 방향으로 의미가 변화되었음을 알 수 있다.

문법 관계의 변화를 살펴보면 자립성을 가지고 문장에서 자유롭게 쓰이던 (1ㄱ)의 '법'은 (1ㄴ)에서는 관형사 '그런', '이런'이나 관형사절을 취해서 의존적으로 쓰이게 되며 (1ㄷ)에서는 관형사형 어미 '-ㄴ/는 + '법' + '이다'의 형식으로만, (1ㄹ)에서는 '-ㄹ' + '법' + '하다'의 형식으로만 쓰일 수 있어 문법적 상황이 더 제한됨을 알 수 있다.

---

2) 본 연구에서 사용된 예문은 21세기 세종계획에서 구축된 말뭉치 자료와 사전류를 참고하였다.

(1ㄱ)에서 (1ㄹ)로 갈수록 본래 의미는 약화되고 문법적 제약이 커진 다는 사실을 통해 문장 안에서도 본래 의미가 크면 문법적 제약이 그만 큼 적어지고, 문법적 제약이 커지면 그만큼 본래 의미가 축소된다는 사실을 알 수 있다.

이제부터 한자어 명사 '법'이 자립성을 가진 어휘소에서 문법소로 변화하는 과정에서 나타나는 의미의 변화와 문법 형태의 변화를 알아 보고자 한다. 문법 형태의 변화를 파악하는 방법으로 문법화 과정에서 의 형태·통사적인 제약을 중심으로 살펴볼 것이다.

2. 이론적 개념과 연구 대상

2.1. 문법화의 개념

문법화(grammaticization)3)는 역사비교언어학의 한 줄기에서 나 온 것으로 언어의 변화 양상을 연구하는 언어학의 한 분야이다.4)

---

3) 이성하(1998:23)에서는 문법화의 용어를 'Grammaticalization', 'Grammaticiz ation'으로 정리하고 있다. 두 용어는 의미의 차이는 없으나 'Grammaticaliza tion'은 통시적으로 주로 변화의 결과에 주목할 때 사용하고, 'Grammaticizat ion'는 공시적으로 변화 과정을 주목할 때에 사용하는 등, 두 용어를 구별하여 사용하기도 하나 본 연구에서는 공시적 관점에서 지속적으로 의미가 변화하고 있음을 밝히기 때문에 공시적 의미 변화를 더 강조하는 'Grammaticization' 의 용어를 사용하고자 한다.

4) 문법화에 대한 국내 학자들의 정의는 다음과 같다. ① 유창돈(1962): 실사가 허사 밑에 연결되며, 선행 어사의 영향 아래 들어갈 때 본뜻이 희박해지거나 소실되며, 선행 어사의 기능부인 허사로 변화하는 현상. ② 이태영(1989): 실 질 형태소가 의존 형태소로 변하는 현상. ③ 이현희(1992): 어휘적 의미를 가지던 실사류가 문법적 의미를 가지는 허사류로 바뀌는 사적 변화. ④ 정재 영(1996): 어휘적 의미를 가지고 있던 실사류가 문법적 의미를 가지는 문법 형태로 바뀌는 통시적 변화, 또한 통사적 구성의 통합 구조체가 형태론적 구 성으로 변화한 것. ⑤ 안주호(1997): 덜 문법적인 기능을 하던 것이 더 문법

Meillet(1912)는 문법화(grammaticalisation)를 '완전한 자립적 단어에 문법적 특징을 부여하는 것'이라고 정의하며 이러한 전이의 과정은 연속선에 있다고 주장하였다. 또한 Kurylowicz(1975)에서는 문법화를 한 형태소가 어휘적 지위에서 문법적 지위로, 또는 파생형에서 굴절형으로의 변화처럼 덜 문법적인 것에서 더 문법적인 것으로 범위가 증가되는 현상이라고 정의한다. 즉, 언어에 있어서 문법화는 '어휘'가 아니라 '체계'를 나타내는 의미로 사용하였다. 이처럼 문법화는 계속적으로 문법 관계가 다양해지는 경향에서 어휘들이 어떤 문법적 패턴으로 유도되는가 모든 과정에 관심을 갖는 것이다.

문법화의 개념은 본래 의미를 가지고 자립적으로 기능을 하던 것이 문법기능을 하는 것으로 바뀌는 것을 '문법화'라고 볼 것이다. 그러나 '문법화'라는 범위 안에 완벽하게 문법 기능을 하는 것으로 바뀐 것만이 아니라 '주로 어휘적 기능을 하는 요소에서 문법적 기능을 하는 요소'로 바뀌는 과정에 속한 형태까지 포함한다. '설과도시의 문법화'만을 연구 대상으로 삼았던 기존의 문법화 연구와 다른 관점에서 살펴보고자 한다.[5] 문법화는 역사적인 흐름으로도 살필 수 있지만 현재에도 끊임없이 일어나고 있는 현상이다. 여기에서는 한국어 명사 '법'이 자립명사와 의존명사 이외에 다른 문법 항목과 결합하여 사용되는 종결어미의 쓰임까지 문법화 현상으로 밝히고자 한다. 언어는 유동적인 성격을 가지고 있어서, 고정된 형식으로 완성된 문법이란 존재할 수 없다.

현대 문법화 연구 방법은 통시적 방법과 공시적 방법의 연구를 종합

적인 기능을 하는 것으로 바뀌는 것.(자립 형태소가 문법 형태소로의 전환) ⑥ 고영진(1997): 내용어가 굴절어미 혹은 격조사로 변화하는 것.(내용어가 기능어로 되는 모든 것) ⑦ 최형용(1997): 통사적 현상이 아니던 것이 통사적 현상으로 변한 것.(어휘 형태소가 문법 형태소로 변화한 것.)
5) 문법화의 결과에 초점을 맞춘 연구로는 유창돈(1962), 이태영(1989), 정언학 (2007) 등이 있다.

하여 적용한다. 통시적인 연구 방법에서는 문법화의 '-화(化)'에 초점을 두어 문법화가 완성되어 문법소로 쓰이는 것들만 대상으로 삼고 있다. 이 방법은 언어사에서 관찰되는 문법화의 전반적인 방향에 대해서 효과적으로 설명할 수 있다. 그러나 화자와 청자가 실제 나누는 의사소통 과정에서 변화가 시작되어 담화·화용론적 측면에서부터 변화가 발생한다는 사실, 곧 한자어 '법(法)' > [법]으로 탈한자화6)의 과정을 간과하게 만든다. 그리고 문헌으로 기록된 과거의 언어만을 대상으로 삼는 편향성을 띠게 된다. 통시적 연구방법으로는 언어의 변화 현상, 즉 문법화가 진행되고 있는 형태들에 대해서 설명하기 어렵다. 그러므로 본고에서는 이러한 점을 보완해보고자 한다.

2.2. 문법화의 단계

문법화의 단계는 문법화의 정도성을 파악하기 위해 설정한다. Hopper 외(1993)에서는 문법화의 범주를 '내용어 > 문법적 단어 > 접어 > 굴절접사'로 기술한다. 또한 안주호(1997)에서는 문법화의 단계를 '자립적인 어휘소 > 의존적인 어휘소 > 접어 > 어미, 조사, 접사'의 과정으로 가정하고 자립적인 어휘소가 구체적 의미를 점점 상실해 감에 따라 문장에서 자립성을 상실하고 의존적으로 쓰이다가 선·후행 요소들과 통합되어 다른 문법 기능을 하는 형태로 바뀐다고 했다. 김미영(1996)에서는 문법화의 단계를 접어화 이전 단계 > 접어화 1단계 > 접어화 2단계로 설정하였다. 여기에서 '접어'란 형태적으로 완전한 단어(용언)의 특성을 공유하고 있지만, 단어로서의 독립성이 결여된 요소다.

---

6) 탈(bleaching)한자화는 담화·화용적 상황에서 한자어의 본래 의미를 인식하지 않고 변화된 대상 어휘를 사용하는 특성을 의미한다.

한국어의 자립적 어휘소는 의미의 확장으로 본래의 의미를 상실하여 문장에서 자립성을 잃고 의존적으로 쓰이다가 선·후행 요소들과 통합해서 문법적 기능을 하는 형태로 바뀐다. 명사의 경우는 자립명사에서 출발하여 의미의 확장으로 의존적으로 쓰이다가 의존명사로 분리된다. 그리고 분리된 의존명사는 선·후행 요소와 통합된 관계로 굳어진 꼴로 쓰이게 된다. 그 결과 '의존명사 통합체'를 구성한다. 이러한 '의존명사 통합체'의 기본적인 특성은 '자립어'에 비해 상황 의존적이고 의미면에서도 좀 더 추상성을 띤다.

한자어 명사 '법'의 문법화 과정은 자립명사에서 시작하여 의존명사 통합체를 이루는 단계이다. 그러나 의존명사 통합체는 아직 융합[7]이 이루어지지 않아서 현대국어에서 완전한 문법소로 구분할 수 없다. 의존명사 통합체 단계에서 융합이 이루어진다면 현대국어에서 종결어미로 완전한 문법소가 될 수 있다. 이 연구에서는 문법화 과정의 큰 틀을 두 단계로 설정하였다. 첫 번째 단계는 어휘적인 내용이 강하고, 두 번째는 첫 번째 단계보다 문법 기능이 더 강하다. 설정 기준은 구문론적 관점을 우선시하고 의미를 고려한다.

문법화의 첫 번째 단계는 자립적 어휘소들이 다의화되면서 의존적으로 쓰이게 되는 단계다. 이것은 자립명사에서 의존명사로 되는 단계이다(N1 〉 N2). 두 번째 단계는 의존명사가 선·후행 요소들과 통합되어 의존도가 높아지고 제약적으로 쓰이는 단계로 어미 단계이다

---

7) 안주호(1997)에서는 문법화가 어떠한 장치에 의해 이루어지는지를 살피는 기본 사항인 기제를 은유(metaphor), 재분석(reanalysis), 유추(analogy), 융합(fusion)으로 분류하고 있다. 은유(metaphor)는 의미의 확대 측면으로 보며, 재분석(reanalysis)은 어형 변화를 다른 것으로 해석하려는 언중의 심리적 의도를 나타내며, 유추(analogy)는 통시적인 관계에서 구조를 유사하게 표현하려는 것이다. 즉, 유추는 재분석에 의해 만들어진 틀에 불규칙한 것을 통시적으로 일반화시키려는 기제라고 할 수 있다. 어형변화를 고정된 형태의 틀로 만드는 것을 의미한다. 융합(fusion)은 재분석으로 통시적인 구성이 형태적인 구성으로 경계가 재설정된 선·후행 요소가 함께 어울려 더 이상 본래의 통사적 구성으로 복원할 수 없게 되는 것을 말한다.

(N2 > N3).

2.2.1. 의존명사화 단계

일반적으로 명사의 문법화의 첫 번째 단계는 대상을 지시하던 구체적인 의미가 추상적으로 되는 단계다. 의미가 추상적으로 된다는 것은 의미가 확장되어 본래의 의미에서 멀어지며, 그것으로 인하여 어휘로서의 자립성을 조금씩 잃어간다는 것을 뜻한다. 의미가 추상적으로 확장되어 다의화하는 것은 문법화 첫 번째 단계의 필수요건이라 할 수 있다.[8] 또한 이 단계에서는 명사나 동사의 특성은 그대로 유지하고 있다.

의존명사화 단계에서는 대상을 지시하던 구체적인 의미가 추상적으로 다의화되다가 의존명사로 분리된다.

(2) ㄱ. 법엣 오시사 眞實ㅅ오시니 (月曲: 44a)
    ㄴ. 조가굴 주고 수울 빗논 法법을 フ르치고 믄득 업서늘
       (三綱 孝:22a)
    ㄷ. 법을 준수하다.
    ㄹ. 죄를 지으면 누구나 벌을 받는 법입니다.
    ㅁ. 겨울은 춥고 여름은 더운 법입니다.
    ㅂ. 그 사람이 이미 와 있을 법하다.
    ㅅ. 네 말을 들으니 그럴 법하다.

(2ㄱ~ㄷ)의 '법'은 한자어 '法'의 뜻을 갖는 구체적 대상을 의미하는데 중세국어, 근대국어, 현대국어까지 활발하게 쓰이고 있다. 이에 비해 (2ㄹ, ㅁ)은 '당위성', (2ㅂ, ㅅ)은 '추측'의 의미로 해석할 수 있다.

---

8) 손세모돌(1996), 고영진(1997), 송대헌(2013)에서도 의미의 추상화를 통해 다의화가 이루어져 문법화가 될 수 있다고 밝히고 있다.

이와 같이 문법화의 출발은 의미의 변화에서 시작되며 의미의 변화는 '구체적이고 물리적인 것'에서 '추상적인 것'으로 바뀌는 것이 일반적이고, 그 내부에는 '은유'의 기제가 적용된다.[9] 위의 예에서도 '법'은 '은유'의 기제에 의해 의미가 확장되어 '법(法)'이라는 '구제적 대상'의 의미가 '당위성, 추측'과 같은 '심리적 의미'로 변하였다. 이러한 변화를 통해 자립명사에서 의존명사 '법'으로 문법화 하였음을 알 수 있다.

의존명사화 단계의 특징은 다음과 같다.

1단계, 음운적으로 자립적 어휘소의 발음을 그대로 유지하고 있다. 즉, 보조동사나 의존명사가 되어도 발음면에서는 크게 달라지지 않는다.

2단계, 형태적으로 본래의 자립적 어휘소의 형태를 유지하고 있다. 따라서 자립적으로 쓰이는 경우나 의존적으로 쓰이는 경우나 형태에는 차이가 없다.

3단계, 통사적으로 자립명사에서 의존명사로의 문법화 단계에 들어선 것들은 어느 정도 통사적으로 자립성을 지키고 있어서 의존명사의 경우에는 '명사성'을 유지한다.

4단계, 의미적으로는 다의화하여 본래 어휘의 의미에서 확장된 의미로 쓰인다. 다음 단계로의 문법화와 비교해볼 때 의존명사화 단계에서는 상대적으로 본래의 어휘 의미는 그대로 유지하고 있다.

5단계, 철자상으로 다른 요소와 붙여 쓰지 않는다.

6단계, 이 단계에서는 다의화만이 이루어지므로 적용되는 기제는 '은유'이다.

---

9) '은유'란 적용되는 대상이 다른 범주로 이동됨을 뜻하는 것이다. A라는 의미가 C로 전환될 경우 A라는 의미가 C로 직접 바뀌는 것이 아니라, 유사한 범주의 의미인 AB나 BC의 과정을 통하여 이루어진다는 것이다. 즉, '구체적인 것'을 지칭하는 어휘가 '물리적인 것', '심리적인 것'으로, '객관적인 것'에서 '주관적인 것'으로 변화하는 경향으로 볼 수 있다. 이러한 내부의 의미변화에는 '은유'의 기제가 적용된다.

2.2.2. 의존명사 통합체 단계

문법화의 두 번째 단계는 의존명사 통합체 단계이다. 이 단계에서는 문법적인 기능을 하며, 형태·통사적 구성을 이루지만 현대국어에서는 완전한 문법소로 매김할 수 없다. 여기에서는 한자어 명사 '법(法)'의 탈한자화의 단계에 초점을 둔다.

문법화의 첫 번째 단계인 의존명사화 단계에서 살펴본 '법'을 바탕으로 설명하면 다음과 같다.

의존명사 통합체 단계는 자립명사에서 문법화가 이루어진 의존명사가 선·후행 문법 요소와 제약적으로 선택되어 쓰이는 단계다. 또한 형태·통사적 구성의 접어 구성 단계이다. 이 단계에서는 의존명사화 단계보다 본래의 의미와 더 멀어지면서 통합할 수 있는 선·후행 요소들과도 여러 가지 제약들이 생긴다.

(3) ㄱ. 계산하는 법
    ㄴ. 그렇게 갑자기 나타나는 <u>법이</u> 어디 있어요?
    ㄷ. 죄는 지은 대로 가고 덕은 닦은 대로 가는 <u>법이다.</u>
    ㄹ. 지금쯤은 그가 올 <u>법하다.</u>

의존명사 '법'은 위 예문과 같이 '-ㄴ/는/ㄹ 법'으로 제한된 환경에서만 고정되어 '방법, 이치'의 의미로 쓰인다. 또한 어휘적 기능 이외에 (3ㄷ, ㄹ)처럼 종결어미의 문법적 기능도 갖고 있다.

의존명사 통합체 단계의 특성은 다음과 같다.

1단계, 형태적으로 제약을 받아 고정된 활용형으로만 쓰인다. 자립적 어휘소에서 파생되었지만 자립성을 상실하고 의존적으로 쓰이며 단독으로는 쓰일 수 없다.

2단계, 둘째, 통사적으로 여러 가지 제약들이 생긴다. 예를 들어 통합하는 어미의 제약이 있다든지, 주어의 인칭 제약, 시제 형태소나 높임법 어미 등이 특정한 곳에서만 나온다든지 종결어미에 제약이 있다든지 하는 통사적인 제약이 있다.

3단계, 의존명사화 단계보다 의미가 더 확장되어 본래의 의미에서 많이 벗어나게 된다.

4단계, 의존명사 통합체 구성 단계에서의 형태들은 표기상으로 붙여 쓰기도 하고 띄어쓰기도 하는 등 규범적인 면에서 유동적이다. 그러나 다른 요소와의 통합에서는 자유롭지 못하다.

5단계, 기제상으로는 재분석과 유추가 적용된다. 그러므로 통사적 구성이지만 언어 사용자들은 유사한 형태들에 맞추어 형태적 구성으로 인식하려고 한다. 따라서 점점 형태적 구성으로 변하게 되고 붙여 쓰려는 경향이 생긴다. 그러나 융합이 이루어지지 않아 현대국어에서는 완전한 형태적 구성이 되지 않는다.

이러한 의존명사 통합체 단계에 해당하는 것은 문장에서 양태의 의미를 덧붙여주는 종결어미 구성과 두 문장을 한 문장으로 연결하는 연결어미 구성 등이 포함되며, 단일 형태에서 비롯되어 조사 기능을 하거나 접사 기능을 하는 것들도 포함된다. 이 연구에서 다루는 명사 '법'의 의존명사 통합체는 연결어미의 구성은 발견되지 않고, 양태 의미를 덧붙여주는 종결어미 구성이 나타난다.

이상에서와 같이 문법화 단계의 특성을 알아보았는데, 문법화 단계의 특징을 다음과 같이 정리할 수 있다.

〈표 1〉 문법화 단계의 특성

	자립명사 단계	의존명사화 단계	의존명사 통합체 단계
방향	→		
음운적 측면	자립적 어휘소와 달라지는 경향을 보임, 융합이 이루어짐		
형태적 측면	점점 더 의존적 / 제한적 / 고정적으로 쓰임		
통사적 측면	통사적 제약이 많아짐 / 새로운 기능이 파생됨		
의미적 측면	의미의 유연성이 멀어짐 / 새로운 의미가 파생됨 물리적/객관적 의미 → 추상적/주관적 의미		
붙여쓰기 / 조사, 부사어의 통합 여부	조사나 부사어의 통합이 불가능해짐 / 붙여쓰기가 이루어짐		

또한 한자어 '법'의 문법화 단계에서 나타난 기제 양상을 살펴보면 다음과 같이 정리할 수 있다.

[그림 1] 한자어 '법(法)'의 단계별 기제

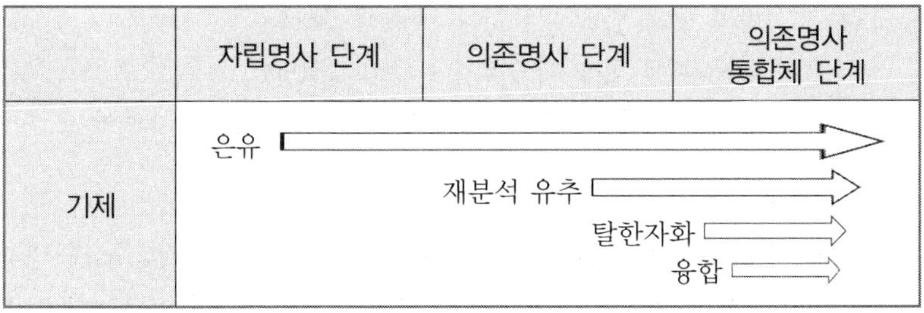

	자립명사 단계	의존명사 단계	의존명사 통합체 단계
기제	은유 ▷	재분석 유추 ▷	탈한자화 ▷ 융합 ▷

3. 한자어 명사 '법'의 문법화 양상

3.1. 자립명사 '법'의 의존명사화

자립적 형태로 명사의 기능을 수행하던 자립명사가 점점 자립성을 잃어 가면서 의존명사가 된다. 이 경우 자립명사의 의미 확장으로 인하여 의미에 변화가 생겨야만 문법적 기능에도 변화가 생길 수 있고 전반적인 문법적 체계에도 변화가 생길 수 있다. 따라서 의미의 확장은 문법화를 발생시키는 직접적인 원인이 된다.

의미 변화의 주요 유형은 '구체적 의미'에서 '추상적 의미'로 확장되어 가는 것이 일반적이다.10) 특히 한자어 명사 '법'은 '구체적 대상'에서 '추상적 대상'으로 의미 영역이 확장된다.

'법'은 중세국어, 근대국어에서 주로 자립명사로 한자어 '法'의 의미로 쓰였으나, 현대국어로 올수록 탈한사와되어 '-ㄴ/는 법이 있다', '-는 법이다', '-ㄹ 법하다'의 구성에서와 같이 의존적으로 쓰여 문법기능을 덧붙여 준다.11)

(4) ㄱ. 밤과 낮과 법을 니ᄅ시니 (月曲 上:06b)

ㄴ. 十方世界예 법을 니ᄅ더시니 (月曲 上:05a)

ㄷ. 땅에 ᄂ리디 아니ᄒ니 法법 넘거 사로미 義의ᄅᆞᆯ ᄒᆡᄒᆞ야

(三綱 烈:01a)

---

10) 의미 변화 양상에 대해서 Heine 외(1991:149)는 '인물(Person)〉대상(Object)〉공간(Space)〉시간(Time)〉과정(Process)〉질량(Quality)'으로 Hopper 외(1993)에서는 '대상(Object)〉공간(Spatial)〉시간(Temporal)〉양태성(Modality)'으로 의미가 전이될 수 있다고 하였다.

11) 안주호(1997)에서는 이를 '정도성'이라는 용어로 설명하고 있다. '법'을 어디까지 자립명사로 보고 어디부터 의존명사로 설정할 것인가 하는 판단은 쉽게 내릴 수 없는 일이므로 중간 고리로서 연결되어있는 '법'과 같은 것을 분리해서 보기보다는 중간단계를 인정하여 연속적인 선상에서 상대적인 차이로 살피는 것이 더 합리적이라고 정리하고 있다.

ㄹ. 어미 죽거든 法법다히 居喪거상ㅎ며 아비랄 옮겨
    (三綱 孝:33a)

ㅁ. 바다의 외국 사름을 금ㅎᄂ 법이라. 졔ㅎᄆ로붓허
    (易ᄅ 3: 6b)

ㅂ. 군ᄉ를 둔치고 밧 갈게 ㅎᄂ 법이라. (易ᄅ 3: 64b)

ㅅ. 달이 차면 해가 기우는 법이지요.

ㅇ. 죄를 지으면 누구나 벌을 받는 법입니다.

ㅈ. 그 말을 듣고 보니 그럴 법도하다.

(4ㄱ~ㄹ)의 '법'은 본래의 의미인 '예법(禮法), 법도(法道)'의 의미로
자립명사의 기능으로 사용되었다. 근대국어의 (4ㅁ, ㅂ)의 경우에서도
자립적인 의미로 사용되었다. 그러나 '법이다'가 나타나기는 하지만 현
대국어에서와 같이 '당연함, 추측'의 양태적인 의미로 사용되지는 않는
다. 즉 (4ㅁ, ㅂ)의'법이라'는 현대국어의 '법이다'와 형태는 같아 보이
지만 '추정'의 의미가 아닌 선행절을 설명해주는 의미로 사용되었다.
따라서 현대국어의 (4ㅅ~ㅈ)에서의 '법'과 같이 '당위성, 추측'과 같은
의미로는 근대국어 시기까지는 사용되지 않은 것을 알 수 있다.12) 이
와 같은 의미의 변화는 '구체적 대상'에서'추상적인 대상'으로 의미가
확장되어 의존명사로 문법화가 진행되었음을 알 수 있다.

자립명사로 쓰이는 '법'은 문장에서 특별한 제약 없이 모든 문장성분
을 이룰 수 있다. 하지만 의존명사로 문법화가 진행된 (4ㅅ, ㅇ)에서는
'법'이 의미 확장으로 인해 자립성이 약화되어 관형사절의 수식을 받는
제약을 갖는다. 즉, 의존명사로 사용된 (4ㅅ, ㅇ)의 '법'은 자립명사로
쓰인 (4ㄱ~ㅂ)의'법'에서 의미의 확장이 이루어졌다고 할 수 있다. 그
렇기 때문에 관형절의 서술어로는 동사, 형용사 모두 가능하지만 후행
절의 서술어로는 '이다'만 가능하다. 또한 (4ㅈ)의 경우는 '그럴 것 같

---

12) 문헌 자료만을 대상으로 자료를 수집하였기에 한계가 있다. 당시의 구어자료
    가 있다면 이미 이런 현상이 있었을 수도 있을 것이다.

다'는 추측의 의미로 사용되어 '-ㄹ 법하다'의 형태로 쓰인다. 이것은 문법화가 진행되면서 통사적 제약도 많아졌기 때문이다.

자립명사 '법'의 문법화 출발은 자립적 어휘소가 의존적 어휘소로 변화하는 것을 알 수 있다. 이것은 의미의 확장에서 비롯된다. 자립명사에서 의미가 추상화되고 이것으로 인한 형태·통사적 제약을 받는다. 또한 문법화의 정도에 따라 의미의 차이가 나는데, 어휘의미로부터 가장 추상화된 의미에 이르기까지에는 중간 단계들이 존재한다. 문법화 과정들에 있는 형태들 중에는 본래 어휘와 의미의 연관성으로 다의어로 구분되거나 자립명사와 분리하여 동음이의어로 볼 수 있는 것도 있다. 그러나 이러한 어휘의 의미들 사이에는 매우 미세한 중간 단계들이 있어서 어디까지를 분리시켜 동음이어어로 볼 것인가를 규정하기는 쉽지 않다. 이처럼 의미만으로는 의존명사인지 자립명사인지를 파악할 수 없으므로 형태·통사적인 제약들도 함께 살펴보아야 한다.

이상의 내용을 바탕으로 자립명사에서 의손명사도 문법회되는 과정을 의미의 변화와 문법 형태의 변화 양상을 간략히 나타내면 다음과 같다.

〈표 2〉 의존명사화에 나타난 의미 변화와 문법 형태 변화 양상

기본 의미	문법화 과정			형태·통사적 제약	변화된 의미
	자립명사	〉	의존명사		
구체적 대상	[규칙]	[방법]	[경우]	-ㄴ/는 법 [경우]	추상적 대상
	[규칙]		[추측]	-ㄹ/ 법 [추측]	

3.2. 의존명사 '법'의 종결어미화

자립명사 '법'에서 문법화가 이루어져서 나타난 의존명사 '법'은 선행요소로 관형사의 수식을 받으며 특정한 요소와 통합함으로써 의미가 더욱 추상화되어 다음 단계로 문법화가 이루어진다. 즉, 자립명사에서 문법화한 의존명사가 '관형사형 어미'와 의존명사 그리고 '용언의 활용형'과 통합하여 의존명사 통합체를 이루어 종결어미의 기능을 하는 경우이다.

김태엽(2000)에서는 한국어의 종결어미는 문장을 이루는 필수 요소로서 청자에 대한 화자의 의향 태도를 나타내며, 그 의향 태도는 화자가 청자에 대한 높임의 정도와 함께 문장의 종류를 결정짓는 변인으로 작용하므로 문장을 구성하는 중요한 요소로 인식하고 있다. 따라서 의존명사 '법'이 문법소인 종결어미로 문법화하는 과정에서 나타나는 형태·통사적 의미 변화와 함께 양태적[13] 의미 변화까지 의존명사의 종결어미화 과정에 대하여 살펴보고자 한다.[14]

의존명사에서 종결어미로 문법화가 이루어지는 의존명사 '법'은 후행하는 용언에 따라 '이다' 통합형, '하다' 통합형으로 분류할 수 있다.[15]

---

13) 양태란 '화자의 발화 태도'를 나타내는 용어다. 고영근(1995:247)에서는 '굴절형에 의해 표시되는 감정 표현이나 이와 관련되는 형용사, 부사, 감탄사들이 어휘적 수단에 의해 표시되는 감정도 크게 보면 양태성의 관점에서 처리될 수 있다'라고 하고 국어의 양태성은 관형사형과 형식 명사의 통합체인 '-는 것이다'와 같은 구성에서도 확인된다고 한다. 따라서 국어에서 양태 범주로 설정할 수 있는 것은 어휘소에 의한 것과 의존명사구, 서법과 관련된 선어말어미 등으로 구분할 수 있다.
14) 종결어미화에 관한 선행 연구는 김태엽(2001), 안주호(2004)와 같이 종결어미의 형성과 통사적 특성을 밝힌 연구와, 김태엽(2000) 유현경(2003), 하지선(2006), 손옥현·김영주(2009) 등에서처럼 연결어미의 종결어미화에 초점을 둔 연구가 있다.
15) 의존명사 통합체로 '-는 법이 있다/없다'의 구성도 나타낼 수 있다. 예를 들면 '일찍 오는 법이 없다.', '세가 밀려도 조르는 법이 없다'와 같은 구성이다.

3.2.1. '이다' 통합형 구성

자립명사 '법'은 의미가 확대되어 '방법, 방식'의 의미로 다시 추상적인 대상에 대한 '당연함'을 나타내는 의존명사로 문법화가 이루어졌다. 이 의존명사 '법'은 [[ ]-ㄴ/는 # 법이-]와 같은 구성체를 이루며 종결어미의 기능을 한다.16)

> (5) ㄱ. 겨울은 춥고 여름은 <u>더운 법입니다.</u>
>   ㄴ. 바다의 아침은 일찍 <u>오는 법이다.</u>
>   ㄷ. 신념을 가질 수 없는 사람은 늘 마음이 <u>허전한 법입니다.</u>

위 예문에서의 '법'은 본래의 의미에서 멀어지고 문법적 제약이 강해진 의존명사이다. 또한 [[ ]-ㄴ/는 # 법이-]의 구성체는 선행절의 객관적인 사실을 화자가 일반화시켜 '당연함'을 나타내는 양태적 의미를 갖는다.

> (6) ㄱ. 겨울은 춥고 여름은 덥다.
>   ㄴ. 바다의 아침은 일찍 온다.

(6)의 예문에서 알 수 있듯이 [[ ]-ㄴ/는 # 법이-]을 제외한 문장과 비교하면 [[ ]-ㄴ/는 # 법이-]의 구성은 '당연함'을 나타내는 양태 의미가 있다는 것을 쉽게 발견할 수 있다.

또한 문법적인 제약을 살펴보면 관형사형 어미는 반드시 '-ㄴ/는'과만 통합한다.

그러나 이 구성에서는 종결어미에서 나타나는 양태적 기능보다는 '법'의 의미가 확장되어 '규칙성'을 나타내는 표현으로 사용됨을 알 수 있다.

16) [[]-ㄴ/는 # 법]이-]로 분석할 수 있지만 언중들은 [[]-ㄴ/는 # 법이-]처럼 한 덩어리로 분석한다. 이는 '-는 법이다'가 종결어미로 문법화 되어가는 과정에 있음을 알 수 있다.

(7) ㄱ. 바다의 아침은 일찍 <u>오는/*올 법이다.</u>

　　ㄴ. 신념을 가질 수 없는 사람은 늘 마음이 <u>허전한/*할 법입니다.</u>

위의 예문에서와 같이 관형사형 어미 '-ㄹ'과는 통합되지 못하는데 이것은 '-ㄴ/는 법이다'의 구성이 '보편적인 진리'를 나타내므로 과거형과 현재형만 통합하는 것이다. 또한 선행절과 '법이다' 사이에 다른 요소가 끼어들 수 없는 것은 구성의 긴밀성을 나타내며 형태적 구성인 종결어미로 문법화하는 과정임을 보여준다.

[[ ]-는 # 법이-] 구성에서의 주어는 항상 일치해야 하며, 구체적인 대상이 아닌 추상적인 대상이어야 한다.

(8) ㄱ. <u>*나는/ *그</u> 사람이 성공하는 법이다.

　　ㄴ. <u>신부는/*그</u> 신부는 원래 예쁜 법이다.

(8)의 예문에서처럼 추상적인 명사와 통합이 자연스러운 이유는 자립명사로 쓰였던 '법'이 보편적이고 일반적인 사실을 나타내는 양태의 의미를 표현해 주는 것으로 문법화하였기 때문이다. [[ ]-는 # 법이-]의 구성은 선행절의 내용이 반복된 유사한 경험, 사례를 바탕으로 법칙화한 명제이므로 추측을 표현하는 선어말 어미'-겠-'과는 통합되지 않는다.

또한 '-는 법이다'는 '-기 마련이다'와 의미적 유사성이 커서 서로 교체하여도 의미의 차이는 생기지 않는다. 모두 공통된 '당연함'의 의미를 갖는다. '당연함'이란 자연의 이치를 말하는데 여기에는 많은 경험을 통해서 알게 된 지식도 포함된다.

(9) ㄱ. 겨울은 춥고 여름은 <u>더운 법입니다. /덥기 마련이다.</u>

　　ㄴ. 바다의 아침은 일찍 <u>오는 법이다./오기 마련이다.</u>

　　ㄷ. 어른께는 존댓말로 말을 해야 <u>하는 법이다./*하기 마련이다.</u>

(9ㄱ, ㄴ)은 화자의 오랜 경험을 통해서 '법칙'처럼 되었을 때 쓸 수 있다. 그렇기 때문에 교체가 가능하다. 하지만 (9ㄷ)과 같이 '규범성'이 남아 있을 경우 '-기 마련이다'와 대치될 수 없다. 따라서 '-기 마련이다'에는 어떠한 사실이 미리 그렇게 정해져 있는 것이라는 미래지향적 의미가 담겨 있는 반면 '-는 법이다'에는 그러한 미래지향적 의미가 아닌 당연함의 의미만 나타내는 것을 확인할 수 있다.

3.2.2. '하다' 통합형 구성

현대국어에서는 의존명사와 '하다'의 통합을 본용언과 보조용언으로 분류한다. 그러나 의존명사 구문과 일관성을 갖고 있으며, 선행절에 관형사형 어미, 의존명사 '하다'가 하나의 통합체를 이룬 구성으로 사용되기 때문에 이것은 의존명사에서 종결어미로 문법화가 진행된 것으로 파악하고자 한다. 또한 '하다'와 통합된 형태를 종결어미로 분석하는 다른 이유는 그 구성 자체가 종결어미의 특징인 문장 내에서 양태성을 갖고 있기 때문이다.

(10) ㄱ. 눈이 <u>내릴 법하다.</u>
      ㄴ. 네 말을 들으니 또 <u>그럴 법도 하다.</u>

(10)에서처럼 의존명사로 쓰인 '법'은 본래의 의미에서 멀어지고 문법적 제약도 강해져 [[ ]-ㄹ # 법]하-]의 구성체를 이룬다. 이 구성은 '눈이 오겠다.'는 단문으로 바꾸어 쓸 수 있는 것을 통해 화자의 '추측'[17)의 의미를 더한다는 것을 알 수 있다.

---

17) '추측'은 표준국어대사전(1999)에서 '미루어 생각하여 헤아림', '미래의 일에 대한 상상이나, 과거나 현재의 일에 대한 불확실한 판단을 표현하는 일'로 설명하고 있다. 즉 일어나지 않은 미래의 일까지 포함하고 있으므로 넓은 의미의 '가능성'까지 포함하고 있다.

위 예문에서의 '법'은 '구체적 대상'에서 '심리적 대상'을 거쳐 '심리적 태도'의 의미로 문법화가 이루어졌다. '-ㄹ 법하다'와 '-는 법이다'의 문법화 정도는 동일한 것 같지만 '-는 법이다'에서는 선행절에 과거 여러 번의 반복적 경험을 바탕으로 한 '당위성'의 의미를 갖기 때문에 자립명사 '법'의 어휘적 의미가 조금이나마 남아 있지만 '-ㄹ 법하다'의 경우 자립명사 '법'의 의미에서 멀어진 '추측'의 의미를 갖기 때문에 의미면에서 '-ㄹ 법하다'가 더 문법화가 된 것이다.

'추측'의 의미를 갖는 '-ㄹ 법하다'의 문법적 제약을 살펴보면 의존명사 '법'은 구조적으로 의존적으로 쓰여 관형사형 어미 '-ㄹ'과만 통합할 수 있으며 '-ㄴ/는'과 통합할 경우 비문이 된다.

(11) ㄱ. 눈이 *내린/*내리는/내릴 법하다.
  ㄴ. 네 말을 들으니 또 *그런/*그러는/그럴 법도 하다.

의존명사 '법'은 추측의 의미로 의미가 확장되었기 때문에 미래의 추측을 표현하는 '-ㄹ'만 가능하며, (12ㄱ, ㄴ)과 같이 의존명사 뒤에 보조사 '-은, 도, 만' 등과 통합할 수 있다.

(12) ㄱ. 눈이 내릴 법(은/도/만)하다.
  ㄴ. 네 말을 들으니 또 그럴 법(은/도/만)하다.

이것은 [[ ]-ㄹ # 법]하-]의 구성이 형태적 구성을 넘어 하나의 통사적 구성이 되는 것을 알 수 있다. 또한 '법하다'와 통합하는 시제선어말 어미의 제약이 있다.

(13) ㄱ. 비가 올 법하다./올 법했다/올 법하더라./*올 법한다./*올 법하겠다.
  ㄴ. 아버지께서 가실 법하다./*갈 법하시다/*가실 법하시다.

(13ㄱ)처럼 과거를 나타내는 선어말 어미 '-었-, -더-'와는 통합이 가능하지만 미래를 나타내는 '-겠-'과는 통합할 수 없다. 이는 이 구성 속에 '추측'의 의미가 담겨 있기 때문이다. 또한 높임을 나타내는 선어말 어미 '-시-'도 (13ㄴ)에서처럼 자유롭지 못하다.

(14) 눈이 <u>올 법하다.</u>/올 성하다.

또한 '-ㄹ 법하다'는 (14)에서처럼 현대국어에서 보조형용사로 분류하고 있는 '-성하다'와 의미적으로 유사한 형태로 사용한다.

현대국어에서 완전한 문법소는 아니지만 형태·통사적으로 종결어미 기능을 하는 의존명사 '법'의 종결어미화 과정에 대하여 살펴보았다. 이 과정에서는 '재분석'과 '유추'의 기제가 작용하여 문법화가 이루어졌다.

의존명사의 종결어미화에서 나타나는 의미 변화의 특징은 자립명사 '법'의 의미가 '구체적 대상에서' 당위성을 나타내는 '심리적 대상'의 의존명사로, 이 의존명사는 '주관적 신념'이나 '주관적 태도'의 양태 기능을 나타내는 종결어미로 바뀌어 간다는 것을 확인하였다. '이다' 통합형에서는 화자의 '수용 태도'를 나타내고 '하다' 통합형에서는 명제 내용에 대한 '화자의 추측'을 나타낸다.

한자어 명사 '법'을 대상으로 종결어미의 기능을 하는 의존명사 통합체의 문법적 제약에 대해서 선행하는 관형사형 어미의 제약과 보조사와의 통합여부를 살펴보았다. 보조사와의 통합이 자유로울수록 통사적 구성이며, 문법화가 더 진행된 것이다. 또한 시제나 높임을 나타내는 선어말 어미와의 통합의 제약도 살펴보았다. 이 역시 선어말 어미와의 통합의 제약이 적을수록 더 통사적 구성이라고 할 수 있다.

의존명사가 종결어미로 문법화되는 과정에서 나타나는 의미의 변화와 문법적 변화는 다음의 표와 같다.

〈표 3〉 종결어미화에 나타난 의미 변화와 문법 형태 변화 양상

의존 명사	용언 통합	종결어미 구성체	양태 의미	선어말어미 제약	보조사 통합 여부
법	'이다'통합	[[ ]-는 # 법]이-]	당위성	미래 시제 '겠' 통합 불가	보조사 통합 불가
	'하다'통합	[[ ]-ㄹ # 법]하-]	추측	미래 시제 '겠' 통합 불가	보조사 통합 가능

　어휘소가 문법소로 기능이 바뀌면, 어휘소로 쓰일 때에는 보이지 않던 문법적 제약들이 나타나게 되는데 이때 형태·통사적 제약이 많을수록, 그리고 그 구성의 문법적 의미가 본래 어휘의 의미에서 멀어질수록 문법화가 더 진행된 것이라 볼 수 있다. 따라서 문법화의 진행 정도는 다음과 같이 나타낼 수 있다.

[그림 2] 종결어미화의 구성 양상

'이다 통합형'　〉　'하다' 통합형
형태적 구성　⇐　형태·통사적 구성　⇨　통사적 구성

4. 결론

　지금까지 한자어 자립명사 '법'이 문법화하는 과정을 분석한 결과 '자립명사'에서 의존명사로 또한 의존명사에서 '종결어미'로의 문법화 과정에서 나타난 어휘 의미와 문법 형태의 변화를 살펴볼 수 있었다.
　따라서 첫째, 의존명사화에서는 자립명사로 쓰이던 '법'의 형태가 의존명사로 문법화되는 과정에 대해 살펴보았다. 자립명사에서 의존명

사로의 문법화의 출발은 자립적 어휘소가 의존적 어휘소로 변화하는 것인데 이것은 의미의 확장과 담화에서 한자어 '법(法)'의 탈한자화에서 비롯된다고 보았다. 즉, 자립명사에서 의미가 추상화되고 이것으로 인한 형태·통사적 제약을 받는다는 것을 확인하였다.

둘째, 종결어미화에서는 자립명사에서 문법화한 의존명사 '법'이 선행 문법요소와 통합해서 문장의 종결 부분에서 통사적인 구성으로 의존명사 통합체를 구성하여 종결어미의 기능을 하는 것으로 살펴보았다.

셋째, 현대국어에서 [[ ]−는 # 법이−]의 구성과 [[ ]−ㄹ # 법]하−] 구성은 완전한 문법소는 아니지만 형태·통사적으로 종결어미 기능을 한다고 보았다. 이 과정에서는 문법화의 '재분석'과 '유추'의 기제가 작용하여 문법화가 이루어진다. '관형사형 어미 + 의존명사 + 용언의 활용형' 구성의 의존명사 통합체는 종결어미의 기능을 하므로 이들 역시 의존명사가 문법소인 종결어미로 문법화하는 과정에서 나타나는 의미의 변화와 문법화를 보인다고 보았다. 이런 종결어미화에서 나타나는 의미적 특징으로는 의존명사가 '객관적인 상황'을 나타내는 의미에서 '주관적 신념'이나 '주관적 태도' 등의 양태 의미를 갖는 것으로 변화한다는 것이다.

동사 '찾다'의 의미망 구축
- 말뭉치 예문 분석을 중심으로 -

1. 서론

최근 인간의 인지 구조를 밝히기 위한 방안의 하나로 인간의 언어를 지식 베이스화 하여 컴퓨터에 도입하려는 노력이 계속되고 있다. 이러한 노력 중 하나가 어휘 의미망의 구축인데, 어휘 의미망(semantic network)은 인간의 두뇌에 저장된 어휘들을 그물망처럼 구조화시킨 것으로, 자연언어 처리에서 대용량의 어휘를 어휘 간의 연상 관계나 의미 관계로 보여주는 지식 베이스이다.

국내외 어휘 의미망 구축은 다양한 시각에서 여러 방법으로 이루어져왔는데,[1] 어휘 의미망의 구축을 포함하여 자연언어 처리가 주로 명사에 한정되어 왔다. 하지만 여러 가지 의미나 사건 등에서 자연언어의 종합적이고 체계적인 처리가 어렵다는 한계점을 극복하기 위해서는 문장에서 사건을 기술하는 중심이 되는 동사 의미망 구축도 필요한 부분이라고 할 수 있다.

동사 의미망을 구축하기 위해서는 동사의 다의성에 주목해야 한다.

---

1) 어휘 의미망은 어휘가 하나의 개념을 중심으로 연결되어 있는 망인데, 국외에는 워드넷, 유로워드넷 등이 있으며, 국내에는 울산대학교의 한국어 의미망, 한국전자통신연구원의 어휘 개념망, 한국과학기술원의 다국어 어휘 의미망, 국립국어원의 세종 의미 부류 체계 등이 구축되어 있다.

동사는 한 형태가 다양한 환경에서 각기 다른 의미를 나타내고 있는 다의성으로 인하여 하나의 사건 기술에서 그 의미를 파악할 때 다른 논항과의 관계가 고려되어야 한다. 이러한 관계 속에서 한 형태의 동사는 그 관계에 따라 각기 다른 의미를 가질 수 있으며, 각 의미별 개념과 속성 등은 독립적으로 다르게 나타날 수 있다. 즉 동사 의미망에서 한 형태의 동사가 갖는 각각의 의미는 독립된 하나의 개념으로 판단해야 하고, 각 개념별로 그 속성을 밝혀야만 양질의 동사 의미망을 구축할 수 있게 된다.

이 글에서는 개별 어휘는 독립적인 존재이며 다른 어휘들과의 관계 속에서 그 속성을 표상할 수 있다는 전제하에, 동사 '찾다[2]'를 독립적인 존재로 인식하고 동사 의미망 구축에서 각 개념별로 가질 수 있는 속성을 체계화해 보겠다. 이를 위해서 말뭉치에서의 의미를 분석하고 개념명을 설정하여 각 개념별로 동사 의미망 구축에 쓰일 수 있는 속성을 체계화하겠다.

2. 최근의 연구 및 이론적 배경

2.1. 최근의 연구

최근 동사 의미망 구축 연구들은 체계의 정립이나 구축의 실례 등과 관련하여 다양하게 진행되고 있다.[3] 그런데 정제된 동사 의미망 구축

---

2) 동사 '찾다'는 국립국어원(2005)에서 발간한 『현대 국어 사용 빈도 조사2』에서 2,020의 빈도(순위 181위)로 그 사용 양상을 보였으며, 강범모·김흥규(2009)의 『한국어사용빈도』에서는 빈도가 11,214로 57순위의 비교적 높은 사용 양상을 보이는 동사이다.

3) 최근 동사 의미망과 관련한 연구는 도원영 외(2004), 이동혁·이봉원(2005), 최경봉·도원영(2005), 한정한·도원영(2005), 이봉원 외(2005), 이숙의(2006), 김혜경(2007), 정병철(2009) 등이 있다.

에 필요한 개별 동사의 속성에 관한 연구들은 방대한 양의 의미 분석과 각 의미별 개념, 각 개념 간의 관계 등을 모두 고려해 체계화해야 하기 때문에 연구에 많은 어려움이 있다. 따라서 동사 의미망 구축과 관련한 연구들도 많아야 하겠지만 동사 자체에 관한 연구들도 계속되어야 할 것이다.

개별 동사의 의미와 관련한 최근의 연구로는 이기동(2000), 정주리(2005), 이민우(2008), 오현정(2010), 박보연(2011), 박종호(2012), 이수련(2013) 등이 있다.

이기동(2000)에서는 동사 '가다'의 의미 확장에 대하여, 은유 6가지와 함께 의미 확장에 쓰이는 기제 환유와 주관적 이동 등을 분석하여 논의하였으며, 정주리(2005)에서는 구문문법과 틀의미론적 방법론으로 동사 '가다'의 'NP을/를' 명사구가 실현되는 구문과 그 외의 다양한 구문에 대해 논의하였다. 이민우(2008)에서는 사전과 코퍼스 분석으로 동사 '지다'를 분석하여 다의적 의미를 추출하고 문맥을 이용하여 분석했으며, 오현정(2010)에서는 동사 '걸다'의 기본 의미를 살피고 그 의미 확장의 양상과 유형을 의미양상의 근원과 범위에 따라 나누어 도식화한 논의를 하였다. 박보연(2011)에서는 동사 '열다'를 대상으로 논항구조, 각 논항의 의미역, 의미부류 그리고 계열관계와 통합관계에 있는 어휘들의 대응관계를 중심으로 다의를 분석했으며, 박종호(2012)에서는 동사 '알다'의 개념 체계 중 '인식'의 하위 개념을 '감지', '간파', '관심' 등으로 구분하고 각 개념별 메타속성에 관하여 논의하였다. 이수련(2013)에서는 동사 '보다'를 대상으로 시각 동사와 인지동사로서의 차이점을 의미적, 통사적 특징으로 나누어 논의하였다.

앞서 살펴본 것처럼 최근 개별 동사에 관한 연구가 여러 관점에서 시도되어 왔지만 동사 의미망 구축에 실용적으로 사용할 수 있기 위한 개별 동사의 속성에 관한 논의는 아직까지 많지 않으며, 특히 이 연구의 대상인 '찾다'와 관련한 연구 역시도 거의 없는 실정이다.[4]

그 이유는 동사 의미망에서 대상이 되는 동사의 수도 상당한 양일뿐만 아니라 각 동사의 세분화된 의미별 속성의 분석도 쉬운 일이 아니기 때문이다. 따라서 여기에서는 동사 의미망 구축에 기여할 수 있도록 실제 언어 사용 양상을 보여주고 있는 자료인 말뭉치 예문을 분석하여 동사 '찾다'의 다양한 의미별 속성에 대해 살펴보겠다.

2.2. 이론적 배경

자연언어 처리에서 지식 베이스로 많이 이용되고 있는 것 중 하나인 온톨로지[5]는 인간과 컴퓨터 간 개념 표현을 공유하기 위한 개념화의 명시적인 규약이다. 온톨로지는 본래 철학에서 존재의 본질을 연구하는 형이상학의 한 갈래인 '존재론'으로 인식되어 왔지만 최근 자연언어 처리에서는 다양한 관점에서 쓰이고 있다.

어휘 의미망 구축에서 쓰이는 온톨로지는 개념화된 체계로서 어휘와 그 어휘들 간의 관계를 나타낸다. 온톨로지를 기반으로 동사 의미망을 구축할 때 가장 먼저 해야 하는 것은 개념 체계의 구축과 개념명의 설정이다. 개념 체계는 큰 틀에서의 동사 의미망 구축과 관련이 있으며, 개념명의 설정은 설정된 개념 체계 속에서 각 개념별로 개별 동사의 각 의미별 속성을 표상할 수 있는 원소적 개념의 기반이 되기 때문이다.

동사 의미망 구축에서 개별 동사를 분석하여 개념 체계와 개념명을

---

4) 개별 동사 '찾다'와 관련한 연구에는 유세진·최윤희·이정민(2008)에서 '찾다'의 상적 의미를 분석한 것이 있지만 전체적인 분석 내용과 논의 자체가 상적 의미에 한정되어 있다.

5) 온톨로지에 관해 Gruber(1993)는 "An ontology is an explicit specification of a conceptualization(온톨로지란 어떤 관심 분야를 개념화하기 위해 명시적으로 정형화한 명세서)"라 정의하고 있다. 또한, 최호섭·옥철영(2002:307)에서 "자연언어 처리에서 온톨로지는 실세계에 존재하는 모든 개념들과 그 개념들의 속성, 그리고 개념들이 상호 간 의미적으로 어떻게 연결되어 있는가에 대한 정보를 가지고 있는 지식 베이스"라 정의하고 있다.

설정하는 방법은 사전 정의문을 이용하는 방법, 연구자의 직관이나 전문 지식을 이용하는 방법, 기 구축된 의미망을 이용하는 방법 등이 있다.

그런데 이런 방법 이외에 말뭉치의 예문을 분석하여 그 사건에서의 의미를 기반으로 개념명 더 나아가 개념 체계를 설정하고 이를 바탕으로 동사 의미망을 구축하게 되면 실제 사용 언어를 객관적이면서도 세밀하게 분석한 동사 의미망의 구축이 가능할 것이다. 이를 위해 다음과 같은 과정이 필요하다.

우선 행위나 작용을 서술하는 역할을 하는 동사는 다의성으로 인하여 그 자체로 다양한 의미가 나타날 수 있어서 간결한 개념으로 표현하기 어렵다. 따라서 동사 의미망 구축에서 선행되어야 할 것은 말뭉치 예문 분석을 통해 명사 개념명을 설정하는 것이다. 이렇게 하면 동사의 다의성과 관련한 문제도 어느 정도 해소가 되며, 향후 많은 동사를 대상으로 의미망을 구축하는 경우 같은 의미를 갖는 다른 형태의 동사도 각각의 개념명에 소속시킬 수 있는 군집화도 가능한 장점이 있다.

다음으로, 설정한 개념명별로 동사 '찾다'의 개별 속성을 체계화해야 한다. 개별 속성에는 기본 의미와 격틀 구조, 논항 정보 등이 속할 수 있으며, 이와 함께 상황 유형과 상황 성분 또한 속성으로 설정할 수 있다. 상황 유형과 상황 성분은 동사의 시간적 특징과 의미적 특징을 보여줄 수 있는 요소이다.

상황(situation)이란 하나의 사건이 되어가는 과정이나 형편을 의미하는데, 상황 유형은 동사의 내적 시간 특성과 관련이 있다.[6] 이호승(1997:19)에서는 동사의 내적 시간 특성은 상적 특성들의 자질 결합인데, 이 상적 자질의 결합은 동사가 지시하는 상황이 어떠한 내적 시

---

6) Gunter Radden·Rene Driven(2007)/임지룡·윤희수역(2009:276)에서 상황의 구성 원소로 개념핵, 시간도식, 고정화, 배경 등을 제시하고 있는데, 이 가운데 시간도식과 관련된 원소가 상황 유형이다. 여기에서는 상적 특성으로 칭하겠다. 이 연구에서는 개념 체계의 설정이 논의의 목적이 아니기 때문에 개념 체계의 설정과 관련한 논의는 논외로 하겠다.

간 구조를 갖는가를 뜻한다고 밝히고 있다. 즉 상황 유형은 단순히 동사가 문법적 결합에 의해서 나타나는 상적 자질의 문제가 아니라 하나의 사건 속에서 갖게 되는 시간 구조이며, 이는 동사가 다른 논항과 결합하여 만드는 상황 속에서 어떠한 내적 시간 구조를 갖게 되는지를 판단해야 하는 속성인 것이다.[7] 내적 시간 구조를 상적 특성으로 도식하면 다음과 같다.

(1) 시간 구조에 따른 상적 특성

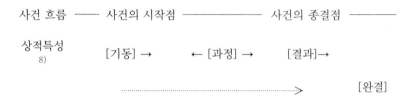

상적 특성과 함께 동사의 속성이 될 수 있는 것으로는 상황 성분이 있다. 유로워드넷에서는 의미적 특성을 토대로 사건의 유형과 관련이 있는 상황 성분을 제시하고 있는데[9], 최경봉·도원영(2005:236~237)은 이 상황 성분을 기반으로 하여[10], 사건의 유형을 '사건에서의

---

7) 상황 유형은 상 자질들의 결합으로 동사의 시간적 특성을 지식하는 것이다. 여기에서는 상적 특성으로 칭하겠다.

8) 상적 특성에서 사건의 시작이자 원인의 특성은 [기동]이고, 사건의 흐름을 나타내는 특성은 [과정]이다. 사건이 끝났음을 나타내는 특성은 [결과]이고, 어떤 행위나 사건 장면이 결과에 도달할 때까지 멈추지 않고 그 과정을 포함하면서 완결점에서 사건 행위가 완성되는 특성은 [완결]이다.

9) 유로워드넷에 대해서는 김현권(2000), Vossen, P.(ed)(1998)/한정한 외 공역(2004) 등을 참고할 수 있다.

10) 유로워드넷에서 의미적 특성을 기반으로 제시하고 있는 상황 성분은 '용도(Usage)', '시간(Time)', '사회성(Social)', '수량(Quantity)', '목적(Purpose)', '소유(Possession)', '물리적(Physical)', '양태(Modal)', '정신(Mental)', '방식(Manner)', '처소(Location)', '경험(Experience)', '존재(Existence)', '외적상태(Condition)', '의사소통(Communication)', '원인(Cause)', '작

변화'와 '사건에서의 작용'으로 분류하였다.

'사건에서의 변화'는 '양, 질, 소유, 존재, 장소' 등의 변화이며, '사건에서의 작용'은 '자연 작용, 상호 작용, 정신 작용, 지각 작용' 등인데, 상황 속성을 기반으로 하여 분류한 사건의 유형은 하나의 사건에서 동사가 지시하는 의미와 동사와 함께 나타나는 논항의 특성, 동사 자체의 성격 등을 보여줄 수 있는 요소이기 때문에 개별 동사의 속성으로 제시될 수 있다.

이제 동사 '찾다'가 동사 의미망에 활용될 수 있는 속성을 체계화하기 위해서 말뭉치 예문을 분석하여 개념명을 설정하고, 설정된 개념별로 기본 의미, 상적 특성, 상황 성분, 격틀, 논항 등의 속성들을 제시하겠다.

3. 동사 '찾다'의 의미 분석

3.1. 말뭉치에서의 '찾다' 의미 분석을 통한 개념명의 설정

양질의 동사 의미망을 구축하기 위해서는 각 동사별로 개별 의미에 따라 그 속성을 분류해야만 한다. 이를 위해서 우선 말뭉치 예문을 분석하여 각 예문에서 동사 '찾다'가 쓰이는 의미에 따라 어떤 개념에 소속될 수 있는지를 살펴보겠다.[11]

다음은 말뭉치 예문 2,899개를 분석한 결과[12], '찾다'와 관련하여

_____

인성(Agentive)', '자극(Stimulating)', '현상(Phenomenal)' 등이다.

11) '찾다'의 의미를 분석하여 기술하는 명사형 개념명은 기 구축된 카이스트의 다국어 어휘 의미망 개념 체계를 검색하여 각 의미에 부합하는 명사 개념명을 예비로 선정하였다. 이렇게 선정한 명사 개념명을 사전에 등재된 명사 의미 기술과 비교하여 가장 적절한 개념을 최종적으로 선정하였다. 여기에서 말뭉치 예문을 분석하여 표상한 개념명과 그 의미 기술은 모두 국립국어원(1999)에서 편찬한 『표준국어대사전』을 기반으로 하겠다.

공통적인 의미를 보이는 9개의 예문을 추출한 것이다.[13]

예1) ㄱ. 고객은 나보다 젊고 세련된 영업사원을 찾아 야속하게 떠났다.

ㄴ. 나토군의 개입이 코소보의 인권상황을 개선했는가라는 의문
에 아직 국제사회는 명확한 해답을 찾지 못하고 있다.

ㄷ. 유족을 만나기 위해서 국군수도병원을 찾았다.

ㄹ. 아빠는 가족을 위해 몸에 덜 해로운 저공해식품을 찾아 시장
을 헤맸다.

ㅁ. '보다'의 의미를 사전에서 찾으면 다음과 같이 14가지가 된다.

ㅂ. 6번홀까지 드라이브가 흔들렸지만 홀인원 이후 자신감을 찾
았다.

ㅅ. 오늘 오후 (은행에서) 돈을 찾아 그 값을 지불할 것이다.

ㅇ. 건조한 날씨 탓에 목감기로 병원을 찾았다.

ㅈ. 준호 대입 문제로 원장 선생님께서 선생님을 찾으십니다.

동사 '찾다'는 예1ㄱ)에서 고객이 어떤 목적을 갖고 영업사원을 만나
기 위한 행위를 나타내기 때문에 '살피어 찾음'의 뜻이 있는 '탐색'의
개념명에 소속될 수 있다.

예1ㄴ)은 나토군이 코소보의 사태에 개입하여 인권 상황을 개선했는
가에 대한 답을 밝히려는 노력과 관련한 행위를 나타내는 것이기 때문
에 '어떤 사실을 자세히 따져서 바로 밝힘'의 뜻이 있는 '규명'의 개념명
에 소속될 수 있다.

---

12) 국립국어원의 언어정보나눔터(http://ithub.korean.go.kr)

13) 말뭉치 예문 2,899개는 수작업으로 그 개념을 분류하였는데, 우선 전체 말
뭉치 예문 중 500개의 예문을 대상으로 카이스트 어휘의미망에서 예비로 선
정한 개념명과 사전 의미 기술을 이용하여 그 개념명과 사용 수를 헤아렸다.
이렇게 선정한 개념명의 큰 틀을 대상으로 다시 나머지 2,399개의 예문을
각 개념별로 분류하였다. 이 과정에서 500개의 예문을 대상으로 선정하였던
개념명에 포함되지 않은 것들은 다시 예비로 선정한 개념명과 사전 의미 기
술을 이용하여 그 개념명을 설정하였다. 위 9개의 예문은 각 개념명에 속한
예문을 추출한 것이다.

예1ㄷ)은 어떤 행동주가 국군수도병원이라는 장소로 이동하여 유족을 만나기 위한 행위를 나타내기 때문에 '어떤 사람이나 장소를 찾아가서 만나거나 봄.'의 뜻이 있는 '방문'의 개념명에 소속될 수 있다.

예1ㄹ)은 아빠가 저공식품을 자기 것으로 확보하여 갖기 위한 행위를 나타내기 때문에 '자기 것으로 만들어 가짐.'의 뜻이 있는 '취득'의 개념명에 소속될 수 있다.

예1ㅁ)은 동사 '보다'의 의미를 검색하여 밝히는 행위를 나타내는 것이기 때문에 '어떤 사실을 밝히기 위한 단서나 증거를 찾기 위하여 살펴 조사함.'의 뜻이 있는 '검색'의 개념명에 소속될 수 있다.

예1ㅂ)은 골프 경기에서 홀인원을 한 후에 자신감을 회복한 것이기 때문에 '원상태로 회복하다.'의 뜻이 있는 '회복'의 개념명에 소속될 수 있다.

예1ㅅ)은 은행에 맡겼던 돈을 다시 거두어들이는 행위이기 때문에 '도로 거두어들임.'의 뜻이 있는 '회수'의 개념명에 소속될 수 있다.

예1ㅇ)은 어떤 행동주가 목감기에 걸려 병원에 가서 해결하려고 하는 행위를 나타내기 때문에 '필요한 어떤 일이나 행동을 청함.'의 뜻이 있는 '요청'의 개념명에 소속될 수 있다.

예1ㅈ)은 준호의 대학 입학 문제로 인하여 원장 선생님이 선생님과 이야기를 하기 위해서 불러들이는 행위를 나타내기 때문에 '어떤 일을 위하여 불러들임.'의 뜻이 있는 '부름'의 개념명에 소속될 수 있다.

이상 말뭉치 예문을 분석하여 공통으로 추출한 개념명은 '탐색, 규명, 검색, 회수, 방문, 취득, 요청, 회복, 부름' 등 총 9개인데,[14] 말뭉

---

14) 9개의 개념명은 단순히 어떤 현상에 대한 일반적인 지식을 나타내는 것이 아니라, 일정한 의미 성분들을 공유하는 의미집합 혹은 의미 이해의 외형적 틀인 의미 영역(semantic domain)을 말한다. 본고에서 개념명은 동사 의미망과 관련하여 동사 '찾다'의 속성을 밝히기 위한 외형 틀의 역할을 하는 것이며, 나아가 동사 전체의 의미망 구축에서는 어휘의 군집화를 위한 기본 그릇이다.

치에서 '찾다'가 각 개념별로 쓰인 사용 수와 그 백분율, 빈도순 등을
정리하여 나타내면 다음 〈표 1〉과 같다.

〈표 1〉 '찾다'의 각 개념별 사용 빈도수

개념명	사용 수	백분율	빈도순
탐색	1,596	55.1%	1
규명	492	17%	2
방문	465	16%	3
취득	127	4.4%	4
검색	62	2.1%	5
회복	55	1.9%	6
회수	47	1.6%	7
요청	31	1.1%	8
부름	24	0.8%	9
합계	2,899	100%	

동사 '찾다'의 경우 2,899개의 예문에서 1,596회(55.1%) 사용된 '탐
색'의 개념이 가장 높은 사용 빈도를 보였다. 그 다음으로 '규명'은 492
회(17%), '방문'은 465회(16%), '취득'은 127회(4.4%), '검색'은 62회
(2.1%), '회복'은 55회(1.9%), '회수'는 47회(1.6%), '요청'은 31회
(1.1%), '부름'은 24회(0.8%) 등의 사용 빈도를 보이고 있다.[15]

---

15) '찾다'의 개념명 설정을 위해 각 의미별로 분류하는 과정에서 사용 수에 따른
분류는 자연스러운 결과물이었다. 이러한 결과물은 동사 어휘 의미망의 개념
명이나 개념 체계 설정에서 그 토대가 될 수 있으며, 한편으로 향후 한국어
사전이나 외국인을 위한 한국어 어휘 교육 등에서 사용될 수 있는 자료로써
기여할 수도 있다.
익명의 심사자께서 '찾다'의 개념이 더 다양하게 나타날 수 있다는 고견을 주

지금까지 말뭉치 예문을 분석하여 동사 '찾다'의 개념명을 설정하였다. 이제 고빈도 개념부터 동사의 의미망 구축에서 그 요소가 될 수 있는 개별 속성을 분석하여 기술하겠다.

3.2. 개념별 '찾다'의 의미 분석

이 장에서는 동사 '찾다'가 각 개념명 속에서 어떠한 속성을 갖는지를 분석하기 위해 각 예문을 통해 상황을 구성하고, 그 상황 속에서 상적 특성, 상황 성분, 격틀 정보, 논항 정보 등의 개별 속성을 분석하여 기술하겠다.

3.2.1. '탐색' 개념에서 '찾다'

예2) 고객은 나보다 젊고 세련된 영업사원을 찾아 야속하게 떠났다.

예2)에서 행동주(agent)인 '고객'은 어떤 목적(purpose)을 위한 최종 결과 이전에 그 선행 사건으로 대상(theme)인 '영업사원'을 만나는 '탐색'의 행위를 하고 있는 것이다. 예2)를 기반으로 사건 상황을 재구성해 보면 다음과 같다.

예3) 개념명 '탐색'에서의 상황
① 행동주(agent)인 '고객'이 대상물(theme)과 관련한 어떠한 목적(purpose)이 생겨남.
② 행동주(agent)인 '고객'은 이 목적(purpose)을 해결하기 위해 대상(theme)인 '영업사원'을 탐색하는 행위를 함.
③ 목적(purpose) 달성을 위한 대상(theme)을 만나게 됨.

신 데 대해 동의한다. 그런데 본고에서의 개념은 2,899개의 말뭉치 예문의 분석에 한정한 것임을 밝혀둔다.

위 예3)의 상황에서 '목적(purpose) 발생-탐색-해결'의 사건 순서를 확인해 볼 수 있다. ①의 경우 목적이 발생하는 [기동]의 상적 특성을 갖게 된다면, ②에서의 '찾다'는 사건의 해결로 가는 흐름을 나타내기 때문에 [과정]의 상적 특성을 갖게 된다.

다음으로 '찾다'의 속성으로 논항과 격틀 구조를 살펴볼 수 있다. '탐색' 개념명에서의 '찾다'는 행동주(agent), 대상(theme) 등의 논항이 속성으로 나타난다. 행동주(agent)는 [인간] 자질의 명사 논항이고, 대상(theme)은 [인간], [인공물], [장소], [추상적 존재] 자질의 명사 논항이 된다. 또한, 격틀 구조는 'N이/가 N2을/를 Vst-'가 된다.

'탐색'에서의 '찾다'는 인간의 행위가 지각에 의해 나타나는 작용이기 때문에 [지각 작용]의 상황 성분을 갖게 된다.

3.2.2. '규명' 개념에서 '찾다'

예4) 나토군의 개입이 코소보의 인권상황을 개선했는가라는 의문에
   아직 국제사회는 (나토군의 개입에서) 명확한 해답을 찾지 못하
   고 있다.

예4)에서 사건의 시작은 행위주(agent)인 '나토군'이 사건인 '코소보의 사태'에 개입하여 인권상황을 개선했는가 하는 의문점에서 출발한다. 이 의문에 대하여 행위주(agent)인 '국제사회'는 착점(goal)인 '해답'을 밝히려 노력하고 있으나 결론에 도달하지 못하였다는 사건을 구성하게 된다. 예4)를 사건 상황으로 재구성하면 다음과 같다.

5) 개념명 '규명'에서의 상황
   ① 코소보 사태가 발생함.
   ② 행동주(agent) '나토군'이 자극(stimulus) '코소보의 사태'에
      개입함.

③ 행동주(agent) '국제사회'가 자극(stimulus) '나토군의 행위'
에 대해 의문을 갖게 됨.
④ 행동주(agent) '국제사회'가 처소(location)인 '나토군의 행위'
에서 인권상황을 개선했는가에 대한 답을 '규명'하는 행위를 함.

위 예5)의 상황은 '코소보의 사태-해결을 위한 나토군의 개입-국제
사회가 나토군 행위에서 그 정당성을 탐색'의 사건 순서를 보인다. ①
은 코소보 사태가 발생한 것은 사건의 시작으로 [기동]의 상적 특성을
갖게 되고, ②와 ③의 경우 사건의 해결 과정을 위한 [과정]에 해당하
며, ④에서 '규명'의 행위가 이루어진 것은 비록 명확한 답을 내놓은
것은 아니지만 이미 일어난 사건의 마무리에 해당하기 때문에 [결과]
의 상적 특성을 갖게 된다.

'규명'의 개념명에서 '찾다'는 행동주(agent), 처소(location), 착점
(goal) 등의 논항이 속성으로 나타난다. 행동주(agent)는 [인간]이나
[단체] 자질의 명사 논항, 처소(location)는 [인간활동] 자질의 명사
논항이 되며 착점(goal)은 [정신], [인과], [논리] 자질의 명사 논항이
된다. 이 논항을 바탕으로 한 격틀 구조는 'N이/가 N2에서 N3을/를
Vst-'가 된다.

'규명'에서의 '찾다'는 사건 상황에 대해서 인간이 사실 판단을 하여
밝히는 행위를 나타내기 때문에 [정신 작용]의 상황 성분을 갖게 된다.

3.2.3. '방문'의 개념에서 '찾다'

예6) 유족을 만나기 위해서 국군수도병원을 찾았다.

예6)에서 사건은 이미 일어난 어떤 사건에 의해서 죽은 사람이 발생
한 후에 행동주(agent)가 죽은 사람들의 가족인 유족을 만나기 위해
'국군수도병원'이라는 처소(location)로 이동한 사건으로 구성할 수

있다. 예6)을 사건 상황으로 재구성하면 다음과 같다.

예7) 개념명 '방문'에서의 상황
　　① 사람이 죽는 어떤 사건(a)이 이미 발생함.
　　② 이미 발생한 사건(a)로 인하여 유족들이 생겨나게 됨.
　　③ 행동주(agent)는 유족을 만나기 위해 처소(location)인 '국
　　　군수도병원'으로 이동하여 만남.

위 예7)의 상황은 '죽음과 관련한 사건 발생(a)-유족이 생김-유족과의 만남'의 사건 순서를 보인다. 우선 행동주(agent)가 병원을 방문하도록 한 ①의 사건(a)은 행동주 행위의 이유이자 사건의 시작이기 때문에 [기동]의 상적 특성을 갖는다고 할 수 있다. ②는 사건(a)에 따른 행위의 과정에서 나타나기 때문에 [과정]의 상적 특성이며, ③에서 '찾다'는 ①과 ②에 의해서 행위로 나타났기 때문에 [결과]의 상적 특성을 갖게 된다.

'방문'의 개념명에서 '찾다'는 행동주(agent), 처소(location) 등의 논항이 속성으로 나타난다. 행동주(agent)는 [인간]이나 [단체] 자질, 처소(location)는 [장소] 자질의 명사 논항이 된다. 이 논항을 바탕으로 한 격틀 구조는 'N이/가 N2을/를 Vst-'가 된다.

'방문'에서의 '찾다'는 한 장소로의 이동에 의해 그 행위가 나타나기 때문에 [장소 변화]의 상황 성분을 갖게 된다.

3.2.4. '취득'의 개념에서 '찾다'

예8) 아빠는 가족을 위해 몸에 덜 해로운 저공해식품을 찾아 시장을 헤맸다.

예8)에서 사건의 시작은 행동주(agent)인 '아빠'가 '공해식품'의 유

해성을 인지한 것이다. 수혜주(benefactive)인 가족을 위해서 대상(theme)인 '저공식품'을 취득하기 위한 행위를 한 것으로 사건을 구성할 수 있다. 예8)을 사건 상황으로 재구성하면 다음과 같다.

예9) 개념명 '취득'에서의 상황
　① 행동주(agent)가 '공해식품'의 유해성을 인지함.
　② 행동주(agent)는 수혜주(benefactive)인 가족을 위해 대상(theme)인 '저공해식품'을 확보하려 함
　③ 행동주(agent)는 처소(location)인 '시장'을 돌아다니는 행위를 함.

위 예9)의 상황은 '유해성 인지-대체 식품 확보 의지-확보를 위한 행위'의 사건 순서로 나타낼 수 있다. ①에서는 '저공해식품'을 확보하기 위한 행위를 하도록 하는 '공해식품'의 유해성을 인지하는 것이기 때문에 사건의 시작으로 [기동]의 상적 특성을 갖게 되며, ②와 ③은 수혜주를 위해 '저공해식품'을 확보하고자 하는 의지와 실제 행위의 과정에 있기 때문에 [과정]의 상적 특성을 갖는다.[16]
'취득'의 개념명에서 '찾다'는 행동주(agent), 대상(theme) 등의 논항이 속성으로 나타난다. 행동주(agent)는 [인간] 자질의 명사 논항이 되며, 대상(theme)은 [인공물]과 윤리, 종교, 감정 등의 [정신] 자질의 명사 논항이 된다. 이 논항을 바탕으로 한 격틀 구조는 'N이/가 N2을/를 Vst-'가 된다.
'취득'에서의 '찾다'는 소유하지 않았던 것을 소유하도록 만들어 가지는 행위를 나타내기 때문에 [소유 변화]의 상황 성분을 갖게 된다.

---

16) '취득'에서의 '찾다'는 실제로 '취득'까지 이루어져서 자기 것으로 완전히 갖는 행위로 끝난 것이 아니라 '취득'이라는 개념 속에서 그 행위를 완결하기 위한 과정 속에서의 의미로 해석할 수 있다.

3.2.5. '검색' 개념에서 '찾다'

예10) '보다'의 의미를 사전에서 찾으면 다음과 같이 14가지가 된다.

예10)에서 사건의 시작은 '보다'의 의미에 대해 의문을 갖는 것부터이다. 이 의문이 있는 행동주(agent)가 대상(theme)인 '보다의 의미'를 처소(location)인 '사전'에서 검색하여 '보다'의 의미를 밝히게 되는 사건으로 구성된다. 예10)의 사건 상황을 재구성하면 다음과 같다.

예11) 개념명 '검색'에서의 상황
　① 행동주(agent)가 '보다'의 의미에 대해 의문을 가짐.
　② 행동주(agent)는 처소(location)인 사전에서 대상(theme)
　　　인 '보다'의 의미를 탐색하는 행위를 함.
　③ 탐색의 결과로 '보다'의 의미 14가지를 밝히게 됨.

위 예11)의 상황은 "'보다'의 의미에 대해 의문을 가짐 사건에서 그 의미를 탐색-'보다'의 의미를 밝히게 됨"의 사건 순서를 보인다. ① '보다'의 의미에 의문을 갖게 된 것은 사건의 시작으로 [기동]의 상적 특성이며, ②는 사전에서 '보다'의 의미를 탐색하는 것은 [과정]의 상적 특성이다. 또한 ③은 탐색의 결과 '보다'의 의미를 밝히게 된 것은 [완결]의 상적 특성이라 할 수 있다.

'검색'의 개념명에서 '찾다'는 행동주(agent), 처소(location), 대상(theme) 등의 논항이 속성으로 나타난다. 행동주(agent)는 [인간], [단체] 자질의 명사 논항이며, 처소(location)는 사전, 간행물, 신문 등의 [출판물]이나 인터넷과 같은 [하이퍼텍스트] 자질의 명사 논항이 된다. 또한 대상(theme)은 의미, 정보 등 [지적생산물] 자질의 명사 논항이 된다. 이 논항을 바탕으로 한 격틀 구조는 'N이/가 N2에서 N3을/를 Vst'가 된다.

'검색'에서의 '찾다'는 어떤 사실을 밝히기 위해 어떤 매개체를 이용하여 살피고 조사하는 인간 혹은 단체의 행위를 나타내기 때문에 [지각작용]의 상황 성분을 갖게 된다.

3.2.6. '회복'의 개념에서 '찾다'

예12) 6번홀까지 드라이브 흔들렸지만 홀인원 이후 자신감을 찾았다.

예12)에서 사건은 골프 경기의 시작에서 출발한다. 행동주(agent)는 6번홀까지 오는 과정에서 드라이브가 잘 되지 않은 것이며, 자극(stimulus)인 홀인원이라는 계기 이후 대상(theme)인 자신감을 회복한 것으로 구성할 수 있다. 예12)를 사건 상황으로 구성하면 다음과 같다.

예13) 개념명 '회복'에서의 상황
① 행동주(agent)가 골프 경기를 시작함.
② 행동주(agent)는 6번홀까지 잘 못하다가 자극(stimulus)인 홀인원이라는 계기를 거치게 됨.
③ 행동주(agent)는 홀인원 이후 대상(theme)인 자신감을 다시 갖게 됨.

위 예13)의 상황에서는 '골프 경기의 시작-경기가 안 풀림-홀인원이라는 계기-자신감 되찾음'의 순서를 갖는다. ①은 이 사건의 시작으로 [기동]의 상적 특성을 갖게 되며, ②는 골프 경기가 계속되고 있으며 사건이 진행되고 있기 때문에 [과정]의 상적 특성을 갖는다. ③은 ②의 결과로 홀인원이라는 계기를 통해서 자신감을 다시 갖게 된 것으로 [결과]의 상적 특성을 갖게 된다.

'회복'의 개념명에서 '찾다'는 행동주(agent), 대상(theme) 등의 논항이 속성으로 나타난다. 행동주(agent)는 [인간]이나 [단체] 자질의 명사 논항이며, 대상(theme)은 명예, 자신감, 활기 등 [정신] 자질의 명사 논항이 된다. 이 논항을 바탕으로 한 격틀 구조는 'N이/가 N2을/를 Vst-'가 된다.

'회복'에서의 '찾다'는 상실했던 정신적 부분을 다시 되찾는 행위를 나타내기 때문에 [정신 작용]의 상황 성분을 갖게 된다.

3.2.7. '회수'의 개념에서 '찾다'

예14) 오늘 오후 은행에서 돈을 찾아 그 값을 지불할 것이다.

예14)에서 사건의 시작은 행동주(agent)가 어떤 거래 행위를 시작하면서부터이다. 이 거래에서 거래물에 대응되는 대상(theme)인 '돈'을 은행에서 거두어들여 지불하는 행위를 한 것으로 사건을 구성할 수 있다. 예14)를 사건 상황으로 재구성하면 다음과 같다.

15) 개념명 '회수'에서의 상황
 ① 행동주(agent)가 어떤 거래의 행위를 함.
 ② 행동주(agent)는 거래에서 거래된 거래물에 대응하는 대상
   (theme)인 '돈'을 처소(location)인 '은행'에서 거두어들임.
 ③ 행동주(agent)가 회수한 '돈'으로 거래물에 해당하는 액수를
   지불하는 행위를 함.

위 예15)의 상황에서는 '거래-은행에서 돈을 거두어들임-거래물에 대한 액수를 회수한 돈으로 지불함'의 사건 순서를 보인다. ①은 어떤 거래의 시작으로 [기동]의 상적 특성을 갖게 되고, ②는 은행에서 돈을 거두어들이는 행위로 [과정]의 상적 특성을 갖는다. 또한 ③은 회수한 '돈'으로 액수를 지불하는 행위로 이 사건에서 [완결]의 상적 특성을

갖게 된다.

'회수'의 개념명에서 '찾다'는 행동주(agent), 대상(theme), 처소(location) 등이 속성으로 나타나는 논항이다. 행동주(agent)는 [인간], [단체] 자질의 명사 논항이며, 대상(theme)은 돈이나 옷, 가방 등 구체물인 [인공물], 권리, 운영권 등의 [제도], 국가 등의 [조직]과 같은 자질의 명사 논항이 된다. 또한 처소(location)는 은행, 기업 등의 [단체], 옷장, 데스크, 보관소 등의 [인공 건조물], 일본, 대주주, 채권자 등의[조직], [소유주] 등과 같은 자질의 명사 논항이 된다. 이 논항을 바탕으로 한 격틀 구조는 'N이/가 N2에서 N3을/를 Vst-'가 된다.

'회수'에서의 '찾다'는 기존에 소유했던 것을 맡겼다가 다시 거두어들이는 행위를 나타내기 때문에 [소유 변화]의 상황 성분을 갖게 된다.

3.2.8. '요청'의 개념에서 '찾다'

예16) 건조한 날씨 탓에 목감기로 병원을 찾았다.

예16)에서 사건은 건조한 날씨로부터 시작한다. 이로 인해 행동주(agent)는 목감기라는 원인(cause)으로 처소(location)인 병원에 이르러 해결을 요청하는 사건을 구성하게 된다. 예16)을 사건 상황으로 재구성하면 다음과 같다.

예17) 개념명 '요청'에서의 상황
    ① 날씨가 건조함.
    ② 행동주(agent)는 건조한 날씨로 목감기에 걸리게 됨.
    ③ 행동주(agent)가 원인(cause)인 목감기로 인해 처소(location)
       인 병원에 방문하여 목감기를 제거하기를 청함.

위 예17)의 상황은 '건조한 날씨-목감기 걸림-병원 방문'의 사건 순서를 보인다. ①은 건조한 날씨는 사건의 시작으로 [기동]의 상적 특성을 갖게 되고, ②는 행동주가 목감기에 걸리는 것은 사건에서 [과정]의 상적 특성을 갖는다. ③은 행동주가 목감기를 제거하기 위해 병원에 가는 것은 [결과]의 상적 특성을 갖게 된다.

'요청'의 개념명에서 '찾다'는 행동주(agent), 원인(cause), 처소(location) 등의 논항이 속성으로 나타난다. 행동주(agent)는 [인간], [단체] 자질의 명사 논항이며, 원인(cause)은 병과 관련된 [생명현상] 혹은 분쟁과 관련한 [인간활동] 자질의 명사 논항이 된다. 또한 처소(location)는 병원, 의원, 복지센터 등의 [기관] 혹은 [인간] 자질의 명사 논항이 된다. 이 논항을 바탕으로 한 격틀 구조는 'N이/가 N2에서 N3을/를 Vst-'가 된다.

'요청'에서의 '찾다'는 해결할 수 없는 어떤 상황에 대해 해결을 위하여 어떤 행동을 상대에게 청하는 것이기 때문에 [상호 작용]의 상황 성분을 갖게 된다.

3.2.9. '부름'의 개념에서 '찾다'

예18) 준호 대입 문제로 원장 선생님이 국어 선생님을 찾는다.

예18)에서 사건은 자극(stimulus)인 준호의 대학 입시가 그 출발이 된다. 행동주(agent)인 원장 선생님은 대상(theme)인 선생님과 준호의 문제를 상의하기 위해서 불러들이는 행위한 것으로 구성할 수 있다. 예18)을 사건 상황으로 재구성하면 다음과 같다.

예19) 개념명 '부름'에서의 상황
  ① 준호가 대학 입학 시험을 보아야 함.
  ② 행동주(agent)는 준호 대입 문제를 인지함.
  ③ 행동주(agent)는 인지한 문제를 상의할 대상(theme)인 선생님을 불러들이는 행위를 함.

위 예19)의 상황은 '준호의 대학 입학 시험-원장 선생님의 인지-국어 선생님을 불러들임.'의 사건 순서를 보인다. ①에서는 최종적으로 원장 선생님이 국어 선생님을 불러들이는 행위의 원인이 준호의 대학 입학 시험 문제가 나타난 것으로 [기동]의 상적 특성을 갖게 되고, ②에서는 ①의 사실을 인지한 것으로 사건에서 [과정]의 상적 특성을 갖는다. ③에서는 행동주인 원장 선생님이 인지한 문제를 상의할 대상인 국어 선생님을 불러들이는 것으로 [결과]의 상적 특성을 갖게 된다.

'부름'의 개념명에서 '찾다'는 행동주(agent), 대상(theme) 등의 논항이 속성으로 나타난다. 행동주(agent)는 [인간] 자질의 명사 논항이며, 대상(theme)도 [인간] 자질의 명사 논항이 된다. 이 논항을 바탕으로 한 격틀 구조는 'N이/가 N2을/를 Vst-'가 된다.

'부름'에서의 '찾다'는 어떤 일을 위해 상대방을 불러들이는 행위를 나타내기 때문에 [상호 작용]의 상황 성분을 갖게 된다.

3.3. '찾다'의 개념별 속성

앞서 말뭉치 분석을 통해 동사 '찾다'의 개념명을 설정하고 각 개념명별로 상적 특성, 상황 성분, 격틀 구조, 논항 등의 속성을 체계화하였다. 이를 정리하면 다음 〈표 2〉와 같다.

〈표 2〉 '찾다'의 개별 속성

동사	개념명	속성
찾다	탐색	• 기본 의미: 살피어 찾음. • 상적 특성: [과정]/상황 성분: [지각 작용] • 격틀 구조: N이/가 N2을/를 Vst- • 구성 논항: 　N1: 행동주(agent)- [인간] 자질 　N2: 대상(theme)- [인간], [인공물], [장소], [추상적 존재] 자질
	규명	• 기본 의미: 어떤 사실을 자세히 따져서 바로 밝힘. • 상적 특성: [과정]/상황 성분: [정신 작용] • 격틀 구조: N이/가 N2에서 N3을/를 Vst- • 구성 논항: 　N1: 행동주(agent)- [인간], [단체] 자질 　N2: 처소(location)- [인간활동] 자질 　N3: 착점(goal)- [정신], [인과], [논리] 자질
	방문	• 기본 의미: 어떤 사람이나 장소를 찾아가서 만나거나 봄. • 상적 특성: [결과]/상황 성분: [장소 변화] • 격틀 구조: N이/가 N2를 Vst- • 구성 논항: 　N1: 행동주(agent)- [인간], [단체] 자질 　N2: 처소(location)- [장소] 자질
	취득	• 기본 의미: 자기 것으로 만들어 가짐. • 상적 특성: [과정]/상황 성분: [소유 변화] • 격틀 구조: N이/가 N2을/를 Vst- • 구성 논항: 　N1: 행동주(agent)- [인간] 자질 　N2: 대상(theme)- [인공물]이나 윤리, 종교, 감정 등의 [정신] 자질
	검색	• 기본 의미: 어떤 사실을 밝히기 위한 단서나 증거를 찾기 위하여 살펴 조사함. • 상적 특성: [과정]/상황 성분: [지각 작용] • 격틀 구조: N이/가 N2에서 N3을/를 Vst- • 구성 논항: 　N1: 행동주(agent)- [인간], [단체] 자질 　N2: 처소(location)- 사전, 간행물, 신문 등의 [출판물]이나 인터넷과 같은 [하이퍼텍스트] 자질 　N3: 대상(theme)- 의미, 정보 등 [지적생산물] 자질

동사	개념명	속성
찾다	회복	• 기본 의미: 원상태로 회복하다. • 상적 특성: [결과]/상황 성분: [정신 작용] • 격틀 구조: N이/가 N2을/를 Vst- • 구성 논항: 　N1: 행동주(agent)- [인간], [단체] 자질 　N2: 대상(theme)- 명예, 자신감, 활기 등 [정신] 자질
	회수	• 기본 의미: 도로 거두어들임. • 상적 특성: [결과]/상황 성분: [소유 변화] • 격틀 구조: N이/가 N2에서 N3을/를 Vst- • 구성 논항: 　N1: 행동주(agent)- [인간], [단체] 자질 　N2: 대상(theme)- 돈, 옷, 가방 등 구체물인 [인공물], 권리, 운영권 등의 [제도], 국가 등의 [조직]과 같은 자질 　N3: 처소(location)- 은행, 기업 등의 [단체], 옷장, 데스크, 보관소 등의 [인공 건조물], 일본, 대주주, 채권자 등의[조직], [소유주] 등과 같은 자질
	요청	• 기본 의미: 필요한 어떤 일이나 행동을 청함. • 상적 특성: [결과]/상황 성분: [상호 작용] • 격틀 구조: N이/가 N2에서 N3을/를 Vst- • 구성 논항: 　N1: 행동주(agent)- [인간], [단체] 자질 　N2: 원인(cause)- 병과 관련된 [생명현상] 또는 분쟁과 관련한 [인간활동] 자질 　N3: 처소(location)- 병원, 의원, 복지센터 등의 [기관]이나 [인간] 자질
	부름	• 기본 의미: 어떤 일을 위하여 불러들임. • 상적 특성: [결과]/상황 성분: [상호 작용] • 격틀 구조: N이/가 N2을/를 Vst- • 구성 논항: 　N1: 행동주(agent)- [인간] 자질 　N2: 대상(theme)- [인간] 자질

4. 결론

이상으로 동사 '찾다'를 대상으로 말뭉치 예문을 분석하고 각 의미별 개념명을 설정하여 동사 의미망에 활용할 수 있는 속성에 대해 살펴보았다.

이 글에서의 결과물이 갖는 성과를 제시하면 다음과 같다.

첫째, 동사 '찾다'의 개념명과 기본 의미, 격틀, 논항 등에 대한 정보 등을 제공해 줌으로써 기존 사전에서의 의미 기술로는 파악하기 어려웠던 각 의미들의 개념 영역을 보다 쉽게 접근할 수 있으며, 사전의 의미 기술을 이해하는 데에도 도움이 된다.

둘째, 개별 동사의 분석을 통해서 동사 의미망 구축에서 개념 체계를 설정하고 각 동사를 연결하는 데 기여할 수 있다.

셋째, 동사가 한 사건에서 갖는 내적 시간 구조와 논항과의 관계에서 나타나는 의미 특성들을 이해할 수 있는 기반이 된다.

넷째, 어휘 사전이나 언어 교육 등에서 개별 동사의 교수-학습에 도움을 줄 수 있는 자료로 활용될 수 있다.

현대국어 '-는 터이다' 구문 형성에 관한 연구

1. 들어가며

한국어의 '-는 터이다/테다' 구문의 속성을 밝히는 방법으로 목적이다. 자립명사인 '터'가 문법화 과정을 거치면서 형성된 '-는 터이다'[1]의 구문에 나타난 변화 양상에 초점을 두고자 한다. 한국어 명사의 문법화(Grammaticization)[2]의 양상은 자립명사에서 의존명사로 또 어미나 조사의 과정을 거치게 된다. 이러한 과정을 거치면서 명사는 의미가 확장되기도 하고 기존에 없던 통사적 제약이 생기기도 한다. 이 연구에서는 자립명사인 '터'의 문법화 과정에서 의미와 문법 형태의 변화

---

1) 자립명사 '터'의 문법화 과정을 초점으로 '터'가 최종적으로 종결어미로 사용되는 양상까지 밝히고자 '-는 터이다'의 구문을 대표로 삼았으며 세부적으로는 '-ㄴ/는/ㄹ/을 터이다'의 구문까지 포함한다. 물론 종결어미 형태인 '-을 테다' 또한 설정할 수 있다. 하지만 이 연구는 종결어미화까지의 형태 변화에만 초점을 둔 것이 아닌 의존명사화, 연결어미화, 종결어미화에서의 의미변화까지 총체적 변화를 다룰 것이므로 대표형을 '-는 터이다'로 설정하였다.
2) 이성하(1998:23)에서는 문법화의 용어를 'Grammaticalization', 'Grammaticization'으로 정리하고 있다. 두 용어는 의미의 차이는 없으나 'Grammaticalization'은 통시적으로 주로 변화의 결과에 주목할 때 사용하고, 'Grammaticization'는 공시적으로 변화 과정을 주목할 때에 사용하는 등, 두 용어를 구별하여 사용하기도 하나 본 연구에서는 공시적 관점에서 지속적으로 의미가 변화하고 있음을 밝히기 때문에 공시적 의미 변화를 더 강조하는 'Grammaticization'의 용어를 사용하고자 한다.

과정을 살펴 '-는 터이다' 구문 형성 양상을 알아보는 것이 목적이다.

한국어는 실질적 의미를 가진 자립명사에서 출발하였으나 통시적 변화 과정에서 형식적 의미를 획득함으로써 문법화되는 예들이 있다.[3] 그러나 자립명사가 구체적인 의미에서 추상적인 의미를 획득하는 과정을 거치는 동안 그 추상화된 정도는 다르다. 그렇기 때문에 본래의 의미와 연관성을 파악하기 어려울 정도 완전한 의존명사로 문법화가 진행된 것이 있는 반면 완전한 문법소는 아니지만 본래의 의미와 멀어져 다른 문법적인 기능을 하는 것도 있다. 이렇게 동일한 형태를 취하는 명사가 통시적으로 의미 변화를 가져와 현대국어에서 어휘기능과 문법기능을 모두 담당하는 어휘 중에서 명사 '터'를 대상으로 하여 자립명사의 의존명사화 과정과 의존명사의 종결어미화 과정에서의 의미 변화와 문법 변화의 측면을 살펴보고자 한다.

  (1) ㄱ. 이곳에 터를 잡아왔다.
      ㄴ. 마포나루에 사시는 터에 그만한 일 알아내기야 손바닥 뒤집기
          보다 쉬운 일……
      ㄷ. 길이 멀어 서둘러야 할 터이다.

위 예문의 '터'를 살펴보면 동일한 단어인 '터'가 쓰였지만 (1ㄱ)에서는 구체적 지시 대상인 '基, 地'의 의미로 구체적인 공간을 지시하는 의미로 쓰였으며 (1ㄴ)에서는 '-는 터에'의 형태로 심리적 상황인 '처지', '형편'의 의미로 표현되었다. 반면 (1ㄷ)에서는 '-ㄹ 터이다'의 형태로 '예정', '작정'의 의미로 쓰였음을 알 수 있다.

이와 같이 동일한 언어 형식으로 나타나는 '터'는 쓰임에 따라 서로 다른 의미를 가지고 있으며, 본래의 의미에서 점점 멀어져 구체성을

---

3) 겸(兼), 길, 김, 녘, 노릇, 동안, 리(理), 마련, 모양, 바, 바람, 법(法), 서슬, 셈, 수(數), 양(樣), 즈음, 지경(地境), 차(次), 참(站), 터, 턱, 통(通), 폭(幅), 판, 품(品) 등 이다.

잃고 추상화되는 방향으로 의미 변화가 이루어졌다.

문법 관계의 변화를 살펴보면 자립성을 가지고 문장에서 자유롭게 쓰이던 (1ㄱ)의 '터'는 (1ㄴ)에서는 '사시는'처럼 관형사절을 취해서 의존적으로 쓰이게 되며 (1ㄷ)에서는 관형사형 어미 '-ㄹ + '터' + '이다'의 형식으로 문법적 상황이 더 제한됨을 알 수 있다. 즉, (1ㄱ)에서 (1ㄷ)으로 갈수록 본래 의미는 약화되고 문법적 제약이 커진다는 사실을 통해 문장 안에서도 본래 의미가 크면 문법적 제약이 그만큼 적어지고, 문법적 제약이 커지면 그만큼 본래 의미가 축소된다는 사실을 판단할 수 있다.

현대 문법화 연구 방법은 통시적 방법과 공시적 방법의 연구를 종합하여 적용한다. 통시적인 연구 방법에서는 문법화의 '-화(化)'에 초점을 두어 문법화가 완성되어 문법소로 쓰이는 것들만 대상으로 삼고 있다.[4] 이 방법은 언어사에서 관찰되는 문법화의 전반적인 방향에 대해서 효과적으로 설명할 수 있다. 그러나 화자와 청자가 실제 나누는 의사소통 과정에서 변화가 시작되어 담화·화용론적 측면에서부터 변화가 발생한다는 사실을 간과하게 만든다. 그리고 문헌으로 기록된 과거의 언어만을 대상으로 삼는 편향성을 띠게 된다. 통시적 연구방법으로는 언어의 변화 현상, 즉 문법화가 진행되고 있는 형태들에 대해서 설명할 수 없다. 그러나 공시적 연구는 이러한 점을 보완해줄 수 있다. 하지만 공시적 연구만으로는 역사적인 선상에서 언어변화가 이루어진

---

4) 문법화의 개념은 본래 의미를 가지고 자립적으로 기능을 하던 것이 문법기능을 하는 것으로 바뀌는 것을 '문법화'라고 볼 것이다. 그러나 '문법화'라는 범위 안에 완벽하게 문법 기능을 하는 것으로 바뀐 것만이 아니라 '주로 어휘적 기능을 하는 요소에서 문법적 기능을 하는 요소'로 바뀌는 과정에 속한 형태까지 포함한다. '결과로서의 문법화'만을 연구 대상으로 삼았던 기존의 문법화 연구와 다른 관점에서 살펴보고자 한다. 문법화는 역사적인 흐름으로도 살필 수 있지만 현재에도 끊임없이 일어나고 있는 현상이다. 여기에서는 한국어 명사 '터'가 자립명사와 의존명사 이외에 다른 문법 항목과 결합하여 사용되는 종결어미의 쓰임까지 문법화 현상으로 밝히고자 한다. 언어는 유동적인 성격을 가지고 있어서, 고정된 형식으로 완성된 문법이란 존재할 수 없다.

다는 점을 제대로 포착하지 못한다.

  그러므로 자립명사의 형태로 쓰였던 '터'가 자립성을 가진 어휘소에서 문법소로 변화하는 과정에서 나타나는 '-는 터이다' 구문에서의 의미 변화와 문법 형태의 변화를 통시적 방법과 공시적 방법으로 분석할 것이다.

2. '-는 터이다'의 구문 형성 양상

2.1. 자립명사 '터'의 의존명사화

  자립명사의 문법화의 첫 번째 단계는 대상을 지시하던 구체적인 의미가 확장되어 본래의 의미에서 멀어지며 그것으로 인하여 어휘로서의 자립성을 잃어간다. 이 경우 문법적 기능에도 변화가 생기고 전반적인 문법적 체계에도 변화가 생긴다.

  의존명사화 단계에서의 의미 변화의 유형은 '구체적 의미'에서 '추상적 의미'로 확장되어 가는 것이 일반적이다. 특히 자립명사인 '터'는 '구체적 대상'에서 '추상적 대상'으로 의미 영역이 확장됨을 알 수 있다.

  자립명사 '터'는 구체적인 공간을 나타내는 말로서, 중세국어시기에는 자립명사로 쓰이다가 후기 근대국어시기에 '처지, 상황'과 같은 추상적 상황의 의미를 나타내는 의존명사로 쓰이기 시작했다. 그러나 현대국어에서는 자립명사, 의존명사로 모두 활발하게 사용된다.

  (2) ㄱ. 宮殿을 도로 드러다가 아랫 터헤 노ᄒ니라 (釋譜 24:32a)
      ㄴ. 터 닷가든 집 지우믈 지즈루 이저ᄇ릴가 앗기노라. (杜詩 16:9a)
      ㄷ. 이 구유 터히 ᄀ장 너르니 ᄢㅣ워 멀즈시 ᄆㅣ라 (老乞諺 上:34a)
      ㄹ. 이곳은 예전에 절이 있던 터이다.

ㅁ. 막떠나려던 터에 전화가 걸려 왔다.

ㅂ. 서로 알고 지내는 터에 야박하게 굴 거 뭐 있어?

ㅅ. 내일 갈 터이다.

ㅇ. 우리도 걸맞는 분풀이를 해줄 테다.

(2ㄱ~ㄹ)의 '터'는 중세국어, 근대국어, 현대국어에서 '地, 基, 境'의 의미로 '구체적 대상'이나 '물리적 공간'을 나타내는 자립명사로 사용된 예이다. '구체적 공간'을 나타내던 '터'의 의미가 은유의 기제에 의해 확장 되어서 (2ㅁ, ㅂ)에서와 같이 '처지, 형편'을 나타내는 의존명사로 문법화가 진행되었다. 또한 (2ㅅ, ㅇ)의 '터'와같이 관형사형 어미 '-ㄹ'과 통합할 경우 '처지, 형편'을 나타내는 의미에 '미래'의 의미가 덧붙게 되며 이때는 화자의 주관적 '심리 상황'이라는 양태적인 의미를 갖으며, 주로 '의지, 예정'의 의미를 갖는 의존명사로 문법화가 이루어졌다.

현대국어에서도 '터'는 자립명사로 문장에서 단독으로 쓰일 수 있다. 이것이 의미 확장으로 인해 구문에서 자립성을 잃고 의존성이 확대되면 (2ㅁ, ㅂ)에서처럼 관형절의 수식을 받아야하는 의존명사로 문법화가 이루어진다. 그 결과 '터'가 '처지, 형편'을 뜻하는 의존명사가 되면 관형사형 어미는 '-ㄴ/는/던'과 함께 쓰일 수 있으며, (2ㅅ, ㅇ)과 같이 의미가 더욱 주관적이고 추상적인 대상으로 확장되면 관형사형 어미 '-ㄹ'만 쓰일 수 있다.

'-는 터이다'의 구문 형성의 시작은 자립명사인 '터'가 문법화가 이루어져서 나타남을 알 수 있다. '터'의 문법화는 자립적 어휘소가 의존적 어휘소로 변화하는 것을 알 수 있다. 이것은 의미의 확장에서 비롯된다. 자립명사에서 의미가 추상화되고 이것으로 인한 형태·통사적 제약을 받는다. 또한 문법화의 정도에 따라 의미의 차이가 나는데, 어휘 의미로부터 가장 추상화된 의미에 이르기까지에는 중간 단계들이 존재

한다. 문법화 과정들에 있는 형태들 중에는 본래 어휘와 의미의 연관성으로 다의어로 구분되거나 자립명사와 분리하여 동음이의어로 볼 수 있는 것도 있다. 그러나 이러한 어휘의 의미들 사이에는 매우 미세한 중간 단계들이 있어서 어디까지를 분리시켜 동음이어어로 볼 것인가를 규정하기는 쉽지 않다. 이처럼 의미만으로는 의존명사인지 자립명사인지를 파악할 수 없으므로 형태·통사적인 제약들도 함께 살펴보아야 한다.

이상의 내용을 바탕으로 '터'가 자립명사에서 의존명사로 문법화되는 과정을 의미의 변화와 문법 형태의 변화 양상을 간략히 나타내면 다음과 같다.

〈표 1〉 '터'의 의존명사화에 나타난 의미 변화와 문법 형태 변화 양상

기본 의미	문법화 과정			형태·통사적 제약	변화된 의미
	자립명사	〉	의존명사		
구체적 대상	터 [基]/공간		[상황]	-ㄴ/는 터 [상황]	추상적 대상
			[목적]	-ㄹ/ 터 [목적]	

2.2. 의존명사 '터'의 연결어미화

의존명사는 문법화 과정을 통해 의미와 기능의 변화를 겪는다. 의존명사는 통사적으로 의존성이 크다. 문장에서 단독으로 쓰이지 못하며 대부분 추상적이고 집합적인 대상을 의미하기 때문에 의미상으로도 의존성이 크다. 그러므로 반드시 관형어의 수식을 받으며 선행 요소와 후행 요소의 제약을 받는다.

자립명사에서 문법화의 결과로 나타난 의존명사 중에는 선행요소로

관형절을 취하며 후행요소와의 통합에도 제한적인 구성을 이루는 경우가 있다. 이때 선·후행 문법요소와 통합한 의존명사는 그 의미가 더욱 추상화되고 기능도 단일 방향으로 나가게 된다. 현대국어에서 '관형사형 어미 + 의존명사 + (조사)'의 구성인 의존명사 통합체5)는 그 분포와 기능에 있어서 연결어미와 비슷한 양상을 보이기도 한다.

의존명사에서 연결어미로 문법화하는 과정의 첫 번째는 의존명사와 통합해 있는 통사적 구성이 부사구와 같은 기능을 하는 것으로 인식하는 재분석이 이루어지고, 다음으로 기존의 연결어미의 구성 방향과 같아지려는 유추를 통해 연결어미화로 이루어진다. 본고에서 다룰 의존명사 통합체는 현대국어에서 완전하게 연결어미로 분류되지 못하고 있는 구성이지만 선행절과 후행절을 연결하는 명사에 조사나 활용형이 통합되어 하나의 통합체가 구성된 경우로 이러한 의존명사 통합체를 의존명사가 연결어미로 문법화하는 구성으로 분석한다.

'터'는 구체적인 공간을 나타내는 '地, 基'의 의미에서 '처지, 상황'과 같은 추상적 의미를 나타내는 의존명사로 문법화가 이루어졌다. 자립명사 '터'에 부사격 조사 '-에', '-로'가 통합되어 '상황·설명'을 나타내며 '예정·짐작'의 확장된 의미로 쓰인다. 이때는 [[ ]-ㄴ/는 # 터에], [[ ]-ㄹ # 터(이니/ㄴ데)]와 같은 구성을 이룬다.

(3)ㄱ. 사날을 굶은 터에 찬밥 더운밥 가리겠느냐?
　　ㄴ. 그는 자기 앞가림도 못하는 터에 남 걱정을 한다.

자립명사 '터'는 구체적 공간을 나타내던 의미가 '처지'나 '형편'의 의미까지 확장되어 (3)과 같이 의존명사로 문법화한다. 그 결과 문법소와 통합하여 [[ ]-ㄴ/는 # 터에]와 같이 의존명사 통합체를 이루어

---

5) 의존명사로서의 쓰임인지, 어미로서의 쓰임인지 칼로 자르듯 분류하기 어렵기 때문에 사용한 용어이다.

'상황·설명'의 의미로 확장되어 쓰인다.

의존명사 '터'에 선·후행 문법소가 통합한 [[ ]-ㄴ/는 # 터에]는 형태가 고정되어 쓰이며 연결어미의 기능을 하게 된다. 또한 (4)처럼 관형사형 어미 '-ㄹ'이 통합할 경우 '예정·짐작'의 뜻을 나타내는 연결어미 기능을 하게 된다.

(4)ㄱ. 집에 있을 터이니 전화해라.
  ㄴ. 시장할 터이니 어서 들어라.

의존명사 '터'는 [[ ]-ㄴ/는 # 터에]와 [[ ]-ㄹ # 터(이니)]구성의 의존명사 통합체를 이루어 연결어미의 기능을 한다. 즉, 자립명사인 '터'의 의미가 확대되어 의존명사로 문법화 했고 다시 선·후행 요소와 통합체를 이루어 연결어미로 문법화하는 과정에서 나타나는 형태·통사식 구성으로 볼 수 있다.

이처럼 자립명사에서 의미의 확장으로 사용된 의존명사는 손새글 명확히 인식할 수 있는 통사적 구성이었던 것에서 재분석, 유추의 과정을 거쳐 형태적 구성으로 문법화가 진행되어 가는 과정이라고 볼 수 있다. 그 결과 관형사형 어미, 의존명사, 후행 문법 요소인 조사 사이의 경계가 점점 사라지고 새로운 형태가 점차 연결어미의 기능을 갖는 문법화의 과정에 있다고 볼 수 있다.

현대국어에서는 이 의존명사 통합체를 연결어미 범주로 분류하지는 않는다. 그 이유는 통합체 안에서의 의존명사는 아직도 구체적인 대상의 의미가 부분적으로 남아있고 형태적으로도 융합을 거치지 못했기 때문이다. 따라서 이들을 의존명사가 연결어미로 문법화하는 중간 과정에서 나타나는 형태·통사적 구성이라고 할 수 있다.

의존명사의 '터'의 연결어미화 과정에서 나타나는 의미의 변화와 문법적 특징을 다음과 같이 정리할 수 있다.

〈표 2〉 의존명사의 '터'의 연결어미화 과정에서 나타나는 의미·문법 형태의
변화 양상

기능	의존명사	조사의 통합		의존명사 통합체	의미
		통합 여부	통합 내용		
상황· 설명의 연결어미	터	필수	-에/로	[[ ]-ㄴ/는 # 터에]	선행절에 전제된 상황
			이니	[[ ]-ㄹ # 터(이니)]	선행절의 예정, 짐작

2.3. 의존명사 '터'의 종결어미화

자립명사 '터'에서 문법화가 이루어져서 나타난 의존명사 '터'는 선
행요소로 관형사의 수식을 받으며 특정한 요소와 통합함으로써 의미가
더욱 추상화되어 다음 단계로 문법화가 이루어진다. 즉, 자립명사에서
문법화한 의존명사가 '관형사형 어미'와 의존명사 그리고 '용언의 활용
형'과 통합하여 의존명사 통합체를 이루어 종결어미의 기능을 하는 경
우이다.

한국어의 종결어미는 문장을 이루는 필수 요소로서 청자에 대한 화
자의 의향 태도를 나타내며 그 의향 태도는 화자가 청자에 대한 높임의
정도와 함께 문장의 종류를 결정짓는 변인으로 작용하므로 문장을 구
성하는 중요한 요소이다. 따라서 의존명사 '터'가 문법소인 종결어미로
문법화하는 과정에서 나타나는 형태·통사적 의미 변화와 함께 양태
적6) 의미 변화까지 분석하고자 한다.

---

6) 양태란 '화자의 발화 태도'를 나타내는 용어다. 고영근(1995:247)에서는 '굴
절형에 의해 표시되는 감정 표현이나 이와 관련되는 형용사, 부사, 감탄사 들
이 어휘적 수단에 의해 표시되는 감정도 크게 보면 양태성의 관점에서 처리될
수 있다'라고 하고 국어의 양태성은 관형사형과 형식 명사의 통합체인 '-는

의존명사에서 종결어미로 문법화가 이루어지는 의존명사 '터'는 '이다'와만 통합하여 종결어미의 기능을 수행한다.

자립명사로 사용되었던 '터'는 의미가 확장되어 '처지, 형편'을 의미하는 의존명사로 문법화되었다. 또한 주어가 1인칭일 경우에는 '의지, 예정'의 의미를 갖는다. 의존명사 '터'는 [[ ]-ㄴ/는/던 # 터]이-], [[ ]-ㄹ # 터]이-]의 구조로 쓰인다.

  (5) ㄱ. 기차는 이미 떠나고 없는 터였다.
      ㄴ. 마침 그들이 막 떠나려던 터였다.
      ㄷ. 나는 내일 꼭 극장에 갈 터이다.
      ㄹ. 나는 이번 가을엔 꼭 새 차를 한 대 뽑을 테다.

위의 예문에서 '터'는 구체적 장소의 의미에서 심리적 공간의 의미로 변화되어 가는데, 특히 주어가 1인칭인 (5ㄷ, ㄹ)의 경우는 화자의 의지를 나타낸다. 또한 (5ㄱ, ㄴ)의 '-ㄴ/는/던 터이다'는 '주관적 상황'의 의미를 덧붙여 준다.

  (6) ㄱ. 기차는 이미 떠나고 없다.
      ㄴ. 마침 그들이 막 떠나려고 했다.

(6)의 예문과 같이 '-ㄴ/는/던 터이다'를 생략해서 비교해 보면 화자가 판단하는 주관적인 상황의 의미를 지니고 있음을 알 수 있다.

문법적 제약으로는 화자의 의지를 나타내는 '-ㄹ 터이다'의 경우에는 (7ㄱ, ㄴ)과 같이 형용사나 심리동사와는 통합이 불가능하다. 화자의 의지로 결과가 달라지지 않기 때문이다.

것이다'와 같은 구성에서도 확인된다고 한다. 따라서 국어에서 양태 범주로 설정할 수 있는 것은 어휘소에 의한 것과 의존명사구, 서법과 관련된 선어말어미 등으로 구분할 수 있다.

(7) ㄱ. *이 옷을 입으면 나도 예쁠 테다.
    ㄴ. *네가 돌아오면 나는 매우 기쁠 테다.
    ㄷ. *마침 그분들이 막 떠나려던 터셨다.

이밖에도 (7ㄷ)같이 주체높임 선어말어미 '-시-'와도 통합할 수 없다. 이는 1인칭 주어의 문장은 주체 높임법의 대상이 되지 않기 때문이다. 또한 의지를 나타내는 경우는 완료가 되지 않은 미정의 양태를 가지므로 과거 완료를 나타내는 선어말어미 '-었-'과도 통합하지 못한다.

한국어 자립명사 '터'를 대상으로 종결어미의 기능을 하는 의존명사 통합체의 문법적 제약에 대해서 선행하는 관형사형 어미의 제약과 시제나 높임을 나타내는 선어말 어미와의 통합의 제약을 살펴보았다. 이를 통해 선어말 어미와의 통합의 제약이 적을수록 더 통사적 구성이라고 할 수 있다.

의존명사 '터'가 종결어미로 문법화되는 과정에서 나타나는 의미의 변화와 문법적 변화 양상은 다음과 같다.

〈표 3〉 의존명사 '터'의 종결어미화의 의미·형태 변화 양상

목록	용언 통합	종결어미 구성	양태 의미	선어말어미 제약	보조사, 부사 통합 여부	서법의 제약
터	'이다' 통합	[[ ]-ㄴ/는/던 # 터]이- [[ ]-ㄹ # 터]이-]	상황, 목적	1인칭 주어 경우 높임의 '시', 과거시제 '었' 통합 불가	보조사, 부사 통합 불가	청유문, 명령문 불가

어휘소가 문법소로 기능이 바뀌면, 어휘소로 쓰일 때에는 보이지 않던 문법적 제약들이 나타나게 되는데 이때 형태·통사적 제약이 많을수

록, 그리고 그 구성의 문법적 의미가 본래 어휘의 의미에서 멀어질수록 문법화가 더 진행된 것이라 볼 수 있다.

3. 나오며

지금까지 한국어의 자립명사 '터'가 '-는 터이다'의 구문으로 사용되는 양상을 문법화의 관점에서 분석하였다. '-는 터이다'의 구문 형성은 자립명사인 '터'의 문법화에서 시작되었다. '터'의 문법화는 자립적 어휘소가 의존적 어휘소로 변화하였으며 이것은 의미의 확장에서 비롯된다. 자립명사에서 의미가 추상화되고 이것으로 인한 형태·통사적 제약을 받게 된 것이다.

또한 '터'는 [[ ]-ㄴ/는 # 터에]와 [[ ]-ㄹ # 터(이니)] 구성의 의존명사 통합체를 이루어 연결어미의 기능을 한다. 즉, 자립명사이 '터'의 의미가 확대되어 의존명사로 문법화가 이루어졌고 다시 선·후행 요소와 통합체를 이루어 연결어미로 문법화가 이루어졌다. 즉, 구체적인 공간을 나타내는 '地, 基'의 의미에서 '처지, 상황'과 같은 추상적 의미를 나타내며 '터'에 부사격 조사 '-에', '-로'가 통합되어 '상황·설명'을 나타내며 '예정·짐작'의 확장된 의미로 쓰인다. 의존명사에서 연결어미로 문법화하는 과정의 첫 번째는 의존명사와 통합해 있는 통사적 구성이 부사구와 같은 기능을 하는 것으로 인식하는 재분석이 이루어지고, 다음으로 기존의 연결어미의 구성 방향과 같아지려는 유추를 통해 연결어미화로 이루어진다.

마지막으로 현대국어에서 [[ ]-ㄴ/는/던 # 터]이-]의 구성과 [[ ]-ㄹ # 터]이-] 구성은 완전한 문법소는 아니지만 형태·통사적으로 종결어미 기능을 한다고 보았다. 이 과정에서는 문법화의 '재분석'과 '유추'의 기제가 작용하여 문법화가 이루어진다. '관형사형 어미 + 의존명사

+ 용언의 활용형' 구성의 의존명사 통합체는 종결어미의 기능을 하므로 이들 역시 의존명사가 문법소인 종결어미로 문법화하는 과정에서 나타나는 의미의 변화와 문법화를 보인다고 보았다. 이런 종결어미화에서 나타나는 의미적 특징으로는 의존명사가 '객관적인 상황'을 나타내는 의미에서 '주관적 신념'이나 '주관적 태도' 등의 양태 의미를 갖는 것으로 변화한다는 것이다.

신어 접미사 고찰
- '-족(族)'의 의미 결합 유형을 중심으로

1. 서론

2004년부터 2007년까지의 신어에서 '사람'과 관련된 파생어 구성 요소로서의 한자어 접미사 '-족(族)'의 어근 의미 결합 유형을 살펴보 았다.

그동안 사람 관련 접미사에 대한 논의는 대부분 고유어 접미사와 한 자어 접미사로 구분하여 진행되어 왔다. 그러나 그동안의 논의에서는 주로 '-이, -개, -장이, -보, -꾼' 등의 사람 관련 접미사들 중 고유 어 접미사 연구에 집중되어 왔다. 그러나 이에 비해 사람 관련 한자어 접미사 연구에 관한 논의는 많지 않았다. 또한 사람 '-가(家), -자(者), -사(師), -수(手)'에 집중되어 있는 것을 볼 수 있으며, 이러한 한자어 접미사의 소개와 쓰임 정도만을 나열한 것에 그치고 있다.[1]

새로운 단어가 만들어지는 과정에서 형태와 형태가 어떤 방식으로 결합하는가 하는 문제도 중요하지만, 신어의 형성에 있어 의미와 의미 의 결합이라는 관점에서 파생어에서 접미사가 어떤 의미를 가진 어근 들과 결합하여 새로운 의미를 나타내는 제3의 언어로서 기능하는가에

---

[1] 한자어 접미사에 대한 대표적인 연구로 노명희(2005)에서는 명사성 접미한자 어 중 사람 관련 접미한자어로 '-자(者), -가(家)'류, '-수(手), -사(師)'류로 구분하여 어기가 명사인 경우와 어근인 경우로 나눠 살펴보았다.

대해 살펴볼 필요가 있다. 특히 신어가 형성되는 과정은 언중들의 접사 인식 정도가 파생어 형성에 기여하는 바가 크다고 볼 수 있다. 따라서 하나의 접미사에 다양한 의미 유형의 어근이 결합되는 모습을 분석해 봄으로써 앞으로 신어에서 접미사가 담당하게 될 생산성 등에 관한 연구에도 도움이 될 수 있을 것이라 판단된다.

2004년부터 2007년까지 사전에 등재되지 않은 신어를 대상으로 사람 관련 파생어를 형성하는 접미사들 중 생산성에서 가장 높은 비율을 차지하고 있는 '-족(族)'을 대상으로 선행 어근의 의미 유형을 분류해 보고자 한다.[2] 이를 통해 이미 새로운 의미를 가지고 형성된 파생어를 기반으로 접미사 '-족(族)'과 결합하는 의미 유형을 살펴보고, 나아가 이러한 신어의 단어 형성에 참여하는 의미 유형이 새로운 조어 현상과 어떤 관련이 있는지를 살펴볼 것이다.

2. 신어에서 한자어 접미사 '-족(族)'의 위치

신어에 나타난 인칭 접사 중 생산성이 가장 높은 한자어 접미사는 '-족(族)'으로 원래의 접미사가 가진 의미를 더하며 다양한 의미 유형의 선행 요소와 결합하여 새로운 의미를 나타내는 말로 매우 활발하게 사용되고 있다.

2004년부터 2007년까지 나타난 신어들 중 한자어 접미사 '-족(族)'은 가장 생산성이 높은 인칭접미사이나 기존의 인칭접미사 연구에서 선행 어기의 의미 특성에 따른 연구가 된 적이 없다.

지금까지 접미사의 분류에 대한 대부분의 논의는 어간의 품사를 바꿈으로써 문법적 기능을 바꾸는 지배적 접사와 문법적 기능은 바꾸지

---

2) 한자어 접미사 '-족(族)'은 '-제(制)'와 함께 2004년~2007년에 나타난 신어 접미파생어들 중 약 65%를 차지하며 매우 활발한 생산성을 보이고 있다.

않고 의미만 첨가하는 한정적 접사로 분류해왔다. 그러나 '-보'와 같이 동사의 어간과 결합하기도 하고, 명사 또는 어근과 결합하기도 하는 접사의 경우 지배적 접사와 한정적 접사로 분류하는 방식은 적절하지 않다고 볼 수 있다.[3]

또한 한국어 한자어 인칭접미사는 '-자(者), -가(家), -인(人), 사(師)' 이외에도 '-도(徒), -광(狂), -수(手), -원(員), -사(士)' 등의 '개체'를 나타내는 것과 '-족(族), -파(파)'와 같이 '집단이나 무리'를 나타내는 것들이 존재한다. 그러나 대부분의 한자어 인칭 접미사는 그 출현 빈도와 의미 친근도 및 언어습득의 난이도 등을 고려해 봤을 때, '-자(者), -가(家), -인(人), 사(師)'의 네 가지 정도를 가장 보편적으로 연구하는 경향이 있다.[4]

그러나 2004년부터 2007년 신어에서는 사람과 관련된 접미사에서 '-자(者), -가(家), -인(人), 사(師)' 등은 거의 나타나지 않았으며, 오히려 '-족(族)', '-녀(女), -사(師)' 등이 활발하게 나타남을 알 수 있다. 이처럼 그동안 자주 언급되었던 인칭접미사가 쓰이지 않고 사회적 변화에 따라 새로운 의미를 나타내는 신어가 등장하며 사람 관련 접미사의 사용도 변화되는 양상을 보인다는 것을 알 수 있다.

특히 신어의 형성에 사용된 접미사 '-족(族)'은 기존의 한자어 접미사에서 특정적으로 다루어지지 않았으나, 현대 신어에서 그 생산성이 매우 높게 나타나고 있어 주목할 만하다. 이는 신어 파생어에서 인칭접미사로서 선행 어근에 어휘적인 의미를 더하고, 의미의 다양성을 보여

---

3) 이석주(1996)에서도 의미 차이를 통어 범주로 확인할 수 없는 경우가 있을 뿐 아니라 '-꾸러기'와 같이 통어 범주를 바꾸지 않는 파생접사의 경우도 있어 '통어 범주 변환 가부'가 파생접사와 굴절접사(어미)의 구별 방법으로 문제가 있음을 지적하고 있다.

4) 박형익(2003)은 7개 국어사전 모두 '-자(者), -가(家), -인(人), 사(師)'를 접미사 표제항으로 선정하였다. 또한 강두철(1989)은 《국어대사전》에 나타난 총 26개 인칭접미사의 빈도 통계를 통해 '-자(者), -가(家), -인(人)'이 각각 1위, 2위, 3위를 차지하고 '-사(師)'가 7위를 차지한다고 밝힌 바 있다.

주고 있어, 후행하는 접미사가 한정적이더라도 선행하는 어근에 따라 매우 다양한 의미를 지닌 신어 파생어가 형성된다는 것을 알 수 있다.

따라서 접미사 '-족(族)'과 합쳐져 형성된 신어 파생어들 중 유사한 의미 관계를 갖는 것끼리 공통적인 의미 영역으로 분류하여 어떤 의미를 형성할 수 있는지를 파악할 수 있다.

또한 오늘날 우리말에서 한자어는 고유어보다 더 많은 비중을 차지하며 활발하게 사용되고 있다. 특히 접미사에 있어 고유어 접미사는 그 모습을 찾아보기 어려운 실정이며 한자어 접미사는 매우 활발하게 사용되는 양상을 보이고 있다. 특히 신어에서 또한 사람관련 한자어 접미사가 높은 생산성을 보이며 사용되고 있는 것을 볼 수 있다.

3. 신어 '-족(族)'의 의미 유형 분류

파생접미사는 크게 어휘적인 의미를 갖는 것과 문법적 의미를 갖는 것으로 나눌 수 있다. 이때 인칭접미사는 어근에 어휘적인 의미를 더해 주는 역할을 하며, 의미의 다양성을 나타내 주는 파생접미사 역할을 한다. 이러한 인칭접미사들은 대부분 비슷비슷한 의미가 있어 의미 차이를 쉽게 파악할 수 없다는 점이 아쉽다. 비단 이러한 현상은 인칭접미사뿐 아니라 대부분의 접미사가 가진 일반적인 현상이라고 파악된다. 따라서 파생어를 형성하는 데 있어 다양한 접미사를 사용하는 것은 미묘한 의미 차이를 나타내게 된다. 언어생활에서 많은 사람들은 이러한 의미를 판단하고 선택하여 사용하게 되는 것이다.

인칭접미사는 선행 어기와 결합하여 [사람]의 의미를 갖는 파생어를 형성할 때 특별한 특징을 가진 사람에 관한 정보를 반영하여 새로운 의미를 형성하게 된다. 이는 대부분 어떤 사람의 행동, 심리적인 성격, 어떤 상태 등을 나타내게 된다. 이 과정에서 대상이 되는 '사람'이 보여

주는 행동, 성격, 상태에 대해 주관성이 개입되는 경우와 '사람'과 관련
된 사실적 정보를 담아 객관성을 갖게 되는 경우가 있는데, 신어는 의
미 형성에 있어 대부분 사회적인 현상을 언중들이 받아들이는 데 있어
새로운 사실을 나타내는 어휘로서 형성되기 때문에 주관적이기 보다는
객관적인 특성을 가지는 것으로 판단하고자 한다.5)

3.1. [동작성]의 특성을 갖는 의미 유형

(1) [가족+나들이]족, 리필(refill)+족), 수그리+족, 말짱+족, 멍+족

(2) ㄱ. 장소: 고공+족, 등산로+족, [녹차+카페]족, 손박닥+족
     ㄴ. 도구: 디카+족, 셀카+족, 부츠+족

(3) 끌뱅이+족, 몰보시+족, [무한+폭격기]족
     뷔페+족, [새벽+닭]족

(4) [먹고+ 튀는]족

(1~4)의 예들은 [동작성]을 갖는 선행어기와 접미사 '-족(族)'이 결
합되어 새로운 제3의 의미를 형성해 낸 경우를 보여준다.6) 이는 사람

---

5) 신어의 의미 유형 분류 기준으로 삼은 '동작성', '상태성', '인간의 생활 특성'
   은 다소 포괄적으로 범위를 지정하여 어휘 분류 면에서 많은 어려움이 있다
   고 판단된다. 그러나 천정아(2010)에서 현대 국어의 인칭 접미사의 의미 유형
   을 분류함에 있어 행동, 성격, 상태, 나이, 존비, 직업, 출신 등을 기준으로
   의미 자질을 설정하여 설명한 바 있듯 앞으로 좀 더 세분화된 의미 분류를 통
   해 의미 자질 설정이 가능할 것으로 보인다.
   – [동작성]: 어떤 행위를 하는 사람, 또는 무리를 가리킬 경우
   – [상태성]: 특정한 사람이 특정 상태에 있음을 나타낼 경우
6) 서정수(1975)에서는 명사류의 의미자질을 크게 [+실체성]과 [실체성]으로 분
   류하고 [-실체성]은 다시 [+상태성]과 [-상태성]으로 나누었고, [-상태성]은
   다시 [+동작성]과 [-동작성]으로 분류하였다. [-실체성]을 나타내는 인칭접

이 보여줄 수 있는 특정한 행위를 바탕으로 'X을/를 하는 사람' 또는 'X을/를 하는 사람들의 무리'의 의미를 갖는 파생어를 형성하였다. 특히, 신어에서는 선행어기들이 한자어, 외래어, 줄임말 등으로 매우 다양하게 나타난다는 것이 특징이다. 그러나 다양한 형태의 선행어기가 가지는 의미는 대부분 어떠한 행위를 하는 사람들을 일컫는 말로 일관되게 나타나는 것을 볼 수 있다.

천정아(2010)에서는 [동작성]의 의미자질을 갖는 접미사로서 고유어 접미사 '-개, -꾸러기, -꾼, -데기, -보, -이, -쟁이', 한자어 접미사 '-家, -人, -者'를 예로 들고, 이들은 대개 선행 어기와 결합한 파생어의 행위, 즉 동작성명사가 오고, '어떤 행위를 하는 사람'이라는 뜻을 더해준다고 논의하였다. 그러나 한자어 접미사의 예로든 '개혁가, 운동가, 만능인, 방관인' 등은 특정 행동을 하는 사람이라고 보기보다는 보편적인 행동을 하는 사람을 가리키는 표현으로서 포괄적으로 쓰이는 단어들로, [+동작성]을 가진 접미사라고 판단하는 데 한계가 있어 보인다.

그러나 신어에서 나타난 예들을 살펴보면 매우 구체적인 행위를 한 경우 이러한 성향의 사람들을 한꺼번에 나타내기 위해 접미사 '-족(族)'을 사용하고 있다. 예를 들어 '골뱅이족'은 '술에 만취한 여성과 성행위를 갖는 남성 또는 그런 무리'를 가리키는 말로 '성행위를 갖다.'라는 행위에 대해 일상생활에서 가장 보편적인 술안주로 생각하는 '골뱅이'라는 용어로 나타내고 있다. 또한 '디카족'은 '디지털 카메라를 늘 가지고 다니면서 사진을 찍는 사람. 또는 그런 무리'를 가리키는 말로 디지털카메라라는 도구를 단순히 가지고 다니는 것이 아니라 사진을 찍는 행위를 하는 사람들을 일컫는 구체적 의미를 드러내고 있다.

(2)의 예들은 특정한 장소에서 특정한 행위를 하는 사람들이란 무리

미사 중 파생 범위가 넓게 나타나는 것은 행위[동작성]을 나타내는 것이다.

를 일컫는 의미로 형성된 것이다. 따라서 어떤 행위를 가리키는 말 대신 '고공, 카페, 등산로' 등의 장소를 가리키는 언어 요소를 선행요소로 선택하여 '~에서~를 하는 사람'이라는 의미가 형성되었다. 또한 (2ㄴ)은 어떤 행위를 함에 있어 특정한 도구를 사용하는 사람 또는 무리를 가리키는 어휘들로 도구를 활용하여 다양한 동작이나 행위를 구사하는 사람들을 가리키는 의미의 단어들이다.

특히 (4)는 신어에서 나타날 수 있는 재미 있는 단어 구성으로 '먹고 튀다.'라는 문장을 줄인 형태로 '먹튀'에 한자어 접미사 '-족(族)'이 붙어 형성되었다. 이때 음식을 먹고 돈을 내지 않고 도망가는 행위를 의미하는 것으로 새로운 의미를 가진 어휘가 형성되었음을 알 수 있다.

3.2. [상태성]의 특성을 갖는 의미 유형

한자어 인칭 접미사 '-족(族)'과 결합하여 파생어로 형성된 신어들 중 [상태성]을 갖는 어휘들은 대개 어떠한 사람이 어떤 상태에 처해 있음을 나타내는 경우가 많다. 특히 기존의 [상태성]을 가진다고 논의된 바 있는 인칭 접미사들과는 달리 접미사 '-족(族)'과 연결되는 선행어기들을 살펴보면, 특정한 상황에 처해 있는 상태나 개인적으로 특정한 것에 지속적으로 관심을 가지고 있는 상태와 같이 다양한 인간의 모습과 관련된 의미를 형성한다.

(5) 가제트+족　　　　　　날씬+족
　　달팽이+족　　　　　　배터리족(battery)+족
　　베지밀족(Vegemil)+족　베타족(beta)+족
　　봄맞이+족

(6) [공(공무원)+시(시험 준비)]족　　[금융+얌체]족

　　[김치+도시락]족　　　　　　[나오미(not+old+image)]족

　　[나우(New Older Women]족　[대학+둥지]족

　　[더블(double)+라이프(life)]족

　　[더블(double)+엘(L(Leports+Luxury)]족

　　[디지털(digital)+코쿤(cocoon)]족

　　[멀티(multi)잡스(jobs)]족

　　[면(面)+창(窓)]족

(5~6)의 예들을 살펴보면, 한자어, 외래어, 고유어 등의 다양한 어종을 선행어기로 하여 접미사 '-족(族)'과 활발하게 결합하고 있음을 알 수 있다. 이는 대부분 하나의 단어가 나타내는 의미를 선행어기로 하여 'X의 상태에 있는 사람 또는 그런 사람들의 무리'라는 의미를 형성한다.

이선영(2007)은 사회의 변화에 따라 새로운 단어들이 계속 생겨나고 있는데, 접미사 '-족(族)'은 새로운 집단의 출현에 대해 이들을 한꺼번에 지칭하기 위해 생산적으로 사용되는 접미사라고 설명하고 있다. 이때 접미사에 선행하는 '가제트, 달팽이, 배터리'와 같은 단어는 기존에 많은 사람들이 보편적으로 인식하고 있는 의미를 가지고는 생각해 낼 수 없는 새로운 의미를 가지며 'X와 같은 상태에 있는 사람 또는 그런 무리'의 의미를 나타낸다.[7]

특히 '달팽이족'의 경우 대개 '속도가 느린 사람 또는 그런 무리'를 나타낼 것이라는 추측이 가능하다. 그러나 이는 최근 노숙자들이 짐을 등에 전부 짊어지고 다니는 모습을 형상화 하여 그러한 상태를 표현하는 의미로 '달팽이'를 사용하였다. 이는 천정아(2010)에서 [상태성]을

---

7) 신어에서 '가제트'는 '전문적인 일을 하는 사람', '달팽이'는 '생활용품을 짊어지고 다니는 노숙인', '배터리'는 '직장을 잃고 재충전의 시간을 가진 사람들의 상태'를 의미하는 표현으로 사용되었다.

갖는 인칭접미사는 인간의 특징 중 모습과 관련된 파생어를 형성한다는 점에 부합한다. 이처럼 신어에서 [상태성]의 의미를 가지고 특정 접미사와 결합하는 의미 유형은 대개 인간의 특징 중 행동, 성격 이외에 인간의 외적인 모습을 형상화하여 나타낸 것이 대부분이다.[8]

　(6)은 두 개 이상의 단어가 결합하여 'X의 상태에 있는(처한) 사람 또는 그런 무리'를 의미하는 것으로 볼 수 있다. 이처럼 신어는 특별한 관계가 없는 단어들이 합쳐져 의미를 형성하고 거기에 구체적인 의미를 더하는 접미사가 결합하여 다양한 의미를 한 번에 나타낼 수 있다는 장점을 가지고 형성된다. 이는 신어의 특징 가운데 새로운 개념의 도입으로 어휘가 형성된다는 점에서 앞으로도 새로운 단어들이 적극적으로 생겨날 수 있음을 의미한다고 볼 수 있다.

3.3. 인간의 생활 특성을 나타내는 의미 유형

　(7) [구석방+폐인]족　　　　　　[독생자녀+동거]족
　　　[듀크(Dual Employed With Kids)족
　　　[비투비족[Back To Bedroom]족
　　　[순간]족　　　　　[시혼]족　　　　　[신선]족
　　　싱커[Two Healthy Incomes, No Kids, Early Retirement]족

　(8) [기펜(Giffen)]족　[매스티지(masstige[←mass+prestige]족
　　　[명품]족　　[꽁]족
　　　[신명품]족　[실속파]족

---

8) 천정아(2010)는 [상태성]을 갖는 인칭접미사는 대개 신체적 특징 중 신체적 결함을 의미하는 경우가 많다고 설명하고 '꺽다리, 앉은뱅이, 곰보, 뚱뚱이, 안경잡이, 대갈쟁이' 등의 예를 들고 있다. 한자어 접미사 '-족(族)'에 선행하는 의미 유형에서는 인간의 신체적 결함 등을 다루기보다는 어떤 사람들의 무리에서 나타나는 특정한 외향적 모습만을 의미하는 신어가 형성되었다.

(9) [노블리안(noblian)+레저(leisure)]족
　　　[도심+호텔+휴양]족
　　　문화+족　　[문화+피서]족　　　반딧불+족=밤도깨비족
　　　[밤+도깨비]족,　　　　[밤+스터디(study)]족
　　　[밥+터디(←+study)]족
　　　[수상+스포츠]　　　[숍(←shopping)+캉스(←vacance)]족
　　　스노(snow)+족

(10) [디지털(digital)+스쿨(school)]족　　　　[렉(←recording)]족
　　　리플(←reply)+족　　모잉(moeng[←mobile english]족
　　　[슈퍼+댓글]족　　　아날로그+족　　　　[악(惡)+플(reply)]족

　그동안 인간의 특징을 나타내는 접미사들은 대부분 인간의 버릇이나 특정한 성격 등을 나타내는 의미와 결합하는 접미사 유형들을 다루어 왔다. 그러나 신어에서 '-족(族)'과 결합하는 의미 유형을 살펴보면, 인간의 성격이나 신체 유형, 버릇과 같은 의미가 아닌 인간의 생활 특성을 나타내는 어휘가 다양하게 형성된 것을 볼 수 있다.9) 특히 '-족 (族)'은 다른 인칭접미사와는 달리 'X라는 특성을 가진 사람들의 무리'를 나타내는 접미사로 개인이 아닌 '무리'를 나타낼 수 있다는 점에서 의미가 더욱 확장될 수 있었던 것으로 보인다.

　현대 생활에서 많은 사람들의 생활 모습이 달라짐에 따라 기존에 볼 수 없었던 새로운 생활 패턴이 등장하게 되었다. 이러한 생활 모습을 가진 사람들을 나타내기 위한 말로 '-족(族)'이라는 접미사가 활발하게 사용되기에 이르렀다.

　(7)의 예들은 인간이 살아가는 기본적인 생활에서 특별한 특성을 가

---

9) 송혜진(2007)에서는 인간의 특징에 해당하는 접미사로 '-과니, -깨비, -깽이, -둥이, -부리- 송이, -어리, -이, -웅이, -자기, -잡이, -쟁이, -짜, -짜리, -추기, -추니, -충이' 등을 예로 들고, 인간의 특징은 버릇이나 성격을 포함하는 접미사로 정의한 바 있다.

진 사람들의 모습을 의미하는 것이다. '구석방 폐인'은 '정상적인 사회 생활을 거부한 채 밀폐된 공간에서 폐쇄적으로 생활하는 사람을 이르는 말'로 보편적인 사람들의 생활과는 다른 모습으로 살아가는 사람들을 의미하는 단어이다. 그리고 기본적인 삶에서 독신자로 살아가는 사람, 자기 생활을 하며 아르바이트를 하며 살아가는 사람 등 기존의 생활 특성을 나타내는 어휘가 없었다는 점에서 신어로서 새로운 의미를 나타내는 데 매우 생산성이 높은 인칭 접미사인 '-족(族)'이 사용된 것을 볼 수 있다.

특히 (8)의 예들은 'X를 즐기는 사람들의 무리'라는 의미를 가진 어휘들로 최근 휴가나 여가 생활을 특별하게 즐기고자 하는 사람들이 많아지면서 이러한 인간의 생활 모습을 나타내기 위한 어휘가 형성된 것이다. 또한 이러한 의미 유형에 속하는 어휘들은 대부분 '특정 시간이나 기간 동안 X를 즐기는 사람들의 무리'를 나타내는 것으로 지금까지 보편적인 취미나 여가 활동으로 나타나지 않았던 것들이 현대 사회에서 사람들의 생활 패턴이 변화하면서 생겨나게 된 특정한 생활을 나타내는 말로 [무리]라는 의미적 속성을 강하게 나타내는 접미사 '-족(族)'과 결합하여 다양한 의미 양상을 보이며 활발한 생산성을 보이는 것으로 파악된다.

(9)은 많은 사람들이 살아가는 데 꼭 필요한 기본 생활 중 '소비 생활' 패턴을 나타내는 의미 유형을 나타낸다. 이는 '물건을 사고 팔다.'라는 기본적인 소비 개념에 특정한 상품만을 골라서 사거나, 공짜로 주는 경품이나 사은품만을 쫓아다니는 사람들의 무리 등을 표현하는 것으로 과거에는 없었던 인간 생활에서의 소비 유형을 나타내는 어휘들로 활발한 생산성을 보이고 있다.

또한 (10)의 예들을 보면 신어의 의미를 해석하는 데 있어, '디지털, 인터넷, 댓글' 등 흔히 인터넷과 관련된 용어를 자연스럽게 사용하고 있는 것을 볼 수 있다. 이러한 의미 유형 또한 전자기기와 인터넷 등이 발달하면서 이들을 생활에서 자연스럽게 사용하는 사람들이 늘어난 점을 알 수 있다. 따라서 이런 생활 패턴을 가진 사람들을 나타내기 위한 어휘들이 점차 생겨나게 된 것이다.

'아날로그족'의 경우 현대인들이 무조건 인터넷, 전자기기 등에 의지하여 획일화된 사람을 살아가는 모습을 지양하고 컴퓨터 대신 노트에 일기를 쓰는 사람들을 가리키는 의미로 생산된 어휘이다. 이는 특정 어휘와 접미사만을 활용하여 새로운 의미를 나타내는 어휘가 자유롭게 생겨날 수 있음을 보여주며, 그 의미 또한 매우 신선한 느낌을 준다는 것을 알 수 있다.

특히 신어에서 주목할 점은 외래어와 고유어, 한자어 등이 자유롭게 결합되어 새로운 의미를 지닌 신어로 탄생된다는 것이다. 또한 이러한 선행 어기의 결합에 다시 그 의미를 구체화 시켜 주는 접미사가 결합되어 신어의 생산성을 더욱 높여주고, 하나의 접미사에 결합될 수 있는 다양한 의미 유형을 분류 가능하게 해 준다는 것이다.

이러한 점에서 송혜진(2007)는 접미사가 갖는 다양한 의미가 국어 어휘 형성에 크게 기여하며, 접미사가 국어 어휘를 늘리는 데 중요한 역할을 하는 생산적인 형태소라고 논한 바 있다. 이처럼 비슷한 의미를 갖는 다양한 접미사가 비슷한 의미를 가진 선행 어기와 만나 새로운 어휘를 형성하기도 하지만, 오히려 하나의 접사가 다양한 의미 유형의 선행 어기와 결합할 때 훨씬 활발한 생산성을 보이며 어휘를 생산해 낼 수 있다는 것을 알 수 있다.

특히 신어는 하나의 의미가 생겼을 때, 그 의미에 유추하여 새로운 의미를 나타내는 어휘를 매우 유기적으로 생산해 낼 수 있다는 장점을 가지고 어휘가 생산된다. 따라서 현재 가장 활발한 생산성을 보이는 '−족(族)'이라는 인칭 접미사 또한 생활 패턴의 변화에 따라 새로운 어휘를 형성하는 데 매우 활발하게 참여할 수 있을 것이라 생각된다.

4. 결론

신어에 나타난 접미사 인칭 접미사로서 '~을 하는, ~의 특성을 갖는 사람 또는 무리'라는 의미가 있는 한자어 접미사 '-족(族)'과 결합하는 다양한 의미 유형에 대해 살펴보았다.

이를 위해 먼저 현대 신어 파생어에서 생산성이 높은 인칭접미사들 중 다양한 의미로 형성되는 '-족(族)'의 의미 형성 과정에 대해 알아보고, 이를 토대로 접미사의 선행 요소로서 결합되는 다양한 의미 유형을 '동작', '상태', '생활' 등의 인간이 살아가면서 나타날 수 있는 다양한 특성으로 분류하였다.

현대 신어에서 고유어 인칭접미사는 생산성이 다소 낮아 거의 소멸 단계에 있다고 볼 수 있다. 그에 비해 한자어 인칭 접미사가는 높은 생산성을 보이며 다양한 의미의 파생어를 형성하고 있다. 그 중에서도 한자어 접미사 '-족(族)'은 다양한 한자어 인칭 접미사 중에서도 다양한 선행 의미와 결합하여 새로운 어휘들을 활발하게 생산해 내고 있다는데 의미가 있다. 또한 그동안 연구되어 온 몇몇 한자어 인칭 접미사들에 비해 거의 다루어지지 않았으나, 현대 신어에서 '집단 또는 무리'의 의미를 더하고, 현대인들의 다양한 특성을 나타내 주는 접미사로서 매우 활발하게 사용될 수 있다는 것을 확인할 수 있었다.

참 고 문 헌

강범모·김흥규(2009), 『한국어사용빈도』, 한국문화사,

강영세(1986), "Korean syntax and Universal Grammar", 미국 하버드대학
　　　　교 박사학위논문.

강청희(2015), "제주방언 종결어미 '-계'의 양태성에 대하여?", 『영주어
　　　　문』 제29집, 영주어문학회, pp. 13~44.

강진식(1990), "국어의 접미파생법에 대하여", 『국어국문학연구』.

고려대학교 민족문화연구원(2009), 『한국어대사전』, 고려대학교 민족
　　　　문화연구원.

고영근(1974), "현대국어 존비법에 대한 연구", 『어학연구』10-2

고영근(1989), 『국어 형태론 연구』, 서울대학교 출판부.

고영근(1995), 『단어, 문장, 텍스트』, 한국문화사.

고영진(1997), 『한국어의 문법화 과정』, 국학자료원.

고창수(1992), "국어의 통사적 어형성", 『국어학』.

과학, 백과사전출판사(1979), 『조선문화어문법』, 평양.

국립국어원(1999), 『표준국어대사전』, 두산동아.

국립국어원(2005), 『현대 국어 사용 빈도 조사2』, 국립국어원,

김계곤(1969), "현대 국어의 뒷가지 처리에 대한 관견", 『한글』.

김계곤(1996), 『현대 국어의 조어법 연구』, 박이정.

김남길(1985), "the use of personal Pronouns and Terms for self-reference
　　　　and Address in Korean", 『말』10, 연세대 한국어학당.

김명운(1996), "현대국어 청자 대우법에 대한 사회언어학적연구-드라
　　　　마 대본(78-94)을 대상으로", 『국어연구』137, 서울대학교
　　　　석사학위논문.

김미영(1996), "국어 용언의 접어화에 관한 역사적 연구", 동아대학교
　　　　박사학위논문.

김민수 외(1991), 『국어대사전』, 금성출판사.

김봉국(2013), "국어사 지식을 고려한 표준어 선정", 『영주어문』제25 집, 영주어문학회, pp. 5~18.

김영선(1996), "국어 인칭접미사 연구", 전북대학교 석사학위논문.

김유범(2004), "언어변화 이론과 국어 문법사 연구", 『국어학』, 43집, 국어학회, pp. 429~460.

김인균(2005), 『국어의 명사 문법 I』, 역락.

김정은(1995), 『국어 단어 형성법 연구』, 박이정.

김태엽(2000) "국어 종결어미화의 문법화 양상", 『어문연구』33, 어문연 구학회, pp. 47~68.

김현권(2000), "EuroWordNet의 구성원리와 설계", 『언어학』27, 한국언 어학회, pp. 145-177.

김혜경(2007), "사전정의문의 중심어를 이용한 동사 어휘의미망 구축 및 활용 평가", 부산대학교 박사학위논문

김희숙(1990), "현대국어 공손표현연구", 숙명여자대학교 박사학위논문.

김희숙(1998), "먼상 '요'의 사회언어학적 용법", 『한국어 의미학』3, 한 국어의미학회.

김희숙(2000), "'두루높임'의 한 사회언어학적 해석", 『숙명어문논집』3, 숙명어문학회.

김희숙(2010), "Evolution of the politeness marker'-si-" from its Honorific marker from in Korean: NP[animate]_____V '-si-'", 『Harvard studies in Korean Linguistics XIII』. eds. Kuno,s. Ik-hwan Lee, Harvard-Yenching Institute.

나은미(2004), "의미를 고려한 접미사의 결합 관계", 『한국어학』33, 한 국어학회.

나은미(2004), "접미사의 의미론적 존재 분류", 『한국어의미학』14, 한 국어의미학회.

나은미(2005), "파생 접미사의 의미 패턴 연구", 『이중언어학』28, 이중 언어학회.

남경완(2008), 『국어 용언의 의미 분석』, 태학사,

남승호(2007), 『한국어 술어의 사건 구조와 논항 구조』, 서울대학교 출판부,

노명희(2003), "구에 결합하는 접미한자어의 의미와 기능", 『한국어의 미학』 13, 한국어의미학회.

노명희(2007), 『현대국어 한자어 연구』, 태학사.

도원영·이봉원·최경봉·한정한(2004), 「온톨로지에 기반한 한국어 동사 의미망 구축 시고- <싸움>온톨로지를 중심으로」, 『한국어학』 24, 한국어학회, pp. 41-65.

박보연(2011), "한국어 다의어 동사 '열다'의 사전 의미 기술", 『열린정신 인문학 연구』 12, 원광대학교 인문학연구소, pp. 41-66.

박영순(1976), "국어 경어법의 사회언어학적 연구", 『국어국문학』 72-3, 국어국문학회.

박종호(2012), 「인식 동사 '알다'의 속성 분석」, 『언어사실과 관점』 30집, 연세대학교 언어정보연구원, pp. 81-105.

서정섭(2009), "사람 관련 한자어 접미사 연구", 『국어문학』 pp. 107-130.

서정수(1983), 『존대법 연구』, 한신문화사.

성기철(1985), 『현대국어 대우법 연구』, 개문사.

손세모돌(1996), 『국어 보조용언 연구』, 한국문화사.

손호민(1983), "Power and Solidarlity in Korean Language, 『Korean Linguistics』, 3, the international circle of Korean Linguistics

손호민(1989), "Linguistic devices of Korean Politeness", PSU/REED Honorific Conference에서 발표.

손호민(1990), "Politeness and Linguistic reanalysis", 서울대학교 어학연구소 발표, 6, 21, 1990.

송대헌(2013), "한국어 명사의 문법화 양상 연구", 청주대학교 박사학위논문.

송대헌·김희숙(2014), "한자어 명사 '법'의 문법화 양상 연구", 『언어학 연구』 제33호, 한국중원언어학회, pp. 175~197.

송철의(1992), "국어의 파생어 형성 연구", 『국어학회』.

시정곤(1994), "국어의 단어 형성 원리", 『한글』.

시정곤(1997), "'밖에'의 형태-통사론", 『국어학』.

시정곤(2010), "국어 명사의 문법화 과정에 나타난 특이 유형에 대하여", 『언어연구』 제26권, 한국현대언어학회, pp. 105~27.

신창순(1984), 『국어문법연구』, 박영사.

안신혜(2011), "국어 의존명사의 문법화 연구, 건국대학교 석사학위논문.

안주호(1997), 『한국어 명사의 문법화 현상 연구』, 한국문화사.

안주호(2004), "'-는 법이다'류의 양태표현 연구", 『국어학』 제44집, 국어학회, pp. 185~210.

오현정(2010), "동사 '걸다'의 인지 의미 연구", 『한국어의미학』 32, 한국어의미학회, pp. 141-168.

유세진·최윤희·이정민(2008), 「한국어 동사 '찾다'의 상적 의미- 사건 구조를 통해 본 언어 표현의 인지 문제」, 『국어학』 52, 국어학회, pp. 153-264.

유송영(1994), "국어 청사 내우법에서의 힘과 유대", 『국어학』 24, 국어학회.

유창돈(1962), "허사화 考究", 『인문과학』, 연세대학교 인문과학연구소, pp. 1~23.

유현경(2003), "연결어미의 종결어미적 쓰임에 대하여", 『한글』 제261호, 한글학회, pp. 123~148.

이경우(1998), 『최근세국어 경어법연구』, 태학사.

이광호(2007), "국어 파생 접사의 생산성에 대한 계량적 연구", 서울대학교 박사학위논문.

이기갑(1997), "대우법 개념체계에 대한 연구", 『사회언어학』 5권 2호, 한국 사회언어학회.

이기동(2000), "동사 '가다'의 의미", 『한글』 247, 한글학회, pp. 133-158.

이동혁·이봉원(2005), "영역 온톨로지에 기반한 동사 어휘망 구축에 대하여", 『한국어의미학』 17, 한국어의미학회, pp.1-20.

이민우(2008), "국어 동사 '지다'의 다의적 의미 관계 분석", 『한국어의미학』 27, 한국어의미학회, pp. 127-150.

이봉원·이동혁·도원영(2005), "의사소통 영역 온톨로지에 기반한 동사 의미망 구축",『어문논집』 52, 민족어문학회, pp. 67-96.

이성하(1998),『문법화의 이해』, 한국문화사.

이성하(2007), "문법화 연구의 현황과 전망",『우리말글』제21집, 우리 말글학회, pp. 35~50.

이수련(2013), "동사 '보다'의 연구-시각 동사와 인지 동사로서의 특성 을 중심으로",『한민족어문학』 65, 한민족어문학회, pp. 89-113.

이숙의(2006), "한국어 동사 의미망 구축 연구", 충남대학교 박사학위 논문,

이양혜(2000),『국어의 파생접사화 연구』, 박이정.

이영자(2009), "한·중어 한자 인칭접미사 대조 연구", 경북대학교 석사 학위논문

이원표(1988), "Politeness Features in Korean", !988 Internatioal Circle of Korean Linguistics에서 발표.

이익섭(1994),『사회언어학』, 민음사.

이정민(1973),『Abstract Syntax and Korean with Reference to English』, 범한 서적.

이정복(1996), "국어 경어법의 말 단계 변동현상",『사회언어학』 4-1, 한국 사회언어학회.

이주행(1994), "현대국어 청자대우법의 화계 구분",『선청어문』 2, 서울 대 국어교육과.

이지양(2003), "문법화의 이론과 국어의 문법화",『정신문화연구』, 제 26권, 한국학중앙연구원, pp.211~239.

이태영(1988),『국어 동사의 문법화 연구』, 한신문화사.

이호승(1997), "현대 국어의 상황유형 연구", 서울대학교 석사학위 논문

이호승(2003),『형태론적 문법화의 특성과 범위』,『어문연구』, 31권 3호, 어문연구학회, pp. 97~120.

임홍빈(1989), "통사적 파생에 대하여", 『어학연구』 25.

전혜영(1998), 『한국어에 반영된 유교문화의 특징 ; 한국문화와 한국인』, 사계절출판사.

정병철(2009), "시뮬레이션 의미론에 기초한 동사의 의미망 연구", 한국문화사,

정언학(2007), "보조용언 구성의 문법화와 역사적 변화", 『한국어학』 제35호. 한국어학회, pp. 121~165.

정재영(1996), 『의존명사 ᄃ의 문법화』, 태학사.

정주리(2005), "'가다' 동사의 의미와 구문에 대한 구문문법적 접근", 『한국어의미학』 17호, 한국어의미학회, pp. 267-294.

조남호(1988), "현대국어의 파생접미사연구-생산력이 높은 접미사를 중심으로", 국어연구회.

조준학(1980), "화용론과 공손의 규칙", 『어학연구』 16-1, 서울대학교 어학연구소.

조준학(1982), 『A Study of Korean Pragmatics: Deixis and Politeness』, 한신문화사.

진정정(2007), "한·중 인칭 파생접미사연구", 인천대학교 석사학위논문.

천정아(2010), "현대 국어 인칭접미사 연구", 충북대학교 석사학위논문.

최경봉·도원영(2005), "한국어 동사 의미망 구축을 위한 상위 온톨로지 구성에 관한 연구", 『한국어학』 28, 한국어학회, pp. 217-244.

최규일(1989), "한국어 어휘형성에 관한 연구", 성균관대학교 박사학위논문.

최기선 외(2005), 『어휘의미망 구축론』, 한국과학기술원 전문용어언어공학연구센터 KAIST PRESS,

최선미(2009), "국어 파생 접미사 연구-의사 파생 접미사 검증을 중심으로", 계명대학교 교육대학원 석사학위논문.

최준식(1997), 『한국인에게 문화는 있는가』, 사계절.

최현배(1937, 1971), 『우리말본』, 정음사.

최형용(1997), "형식명사, 보조사, 접미사의 상관관계", 서울대학교 석사학위논문.

최호섭·옥철영(2002), "한국어 의미망 구축과 활용-명사를 중심으로", 『한국어학』 17, 한국어학회, pp. 301-329.

하지선(2006), "한국어교육을 위한 종결기능 연결어미 연구", 한양대학교 석사학위논문

하치근(1988), "국어 파생접미사의 유형 분류", 『한글학회』 199.

한글학회 편(1992), 『우리말 큰사전』, 어문각.

한정한·도원영(2005). "한국어 동사 의미망 구축을 위한 어휘의미관계 유형", 『한국어학』 28, 한국어학회, pp. 245-268.

황적륜 외 공역(1994), 『사회언어학: Fasold, R. (1990), Sociolinguistics of Language』, 한신문화사.

황적륜(1975), "Role of Sociolinguistics in foreign Language Education to Korean and English terms of Address and Levels of Difference", Ph. D Dissertation, Univ. of Texas, Austin.

Bach& Harnish, R.M.(1984), "Linguistic Communication and Speech Acts". NIT Press.

Brown, P. & Levinson, S. (1987), "Politeness: Some universals in Language Usage", Cambridge University Press.

Coats, J. (1986), 『Women, Men and Language』, Longman, London & New york.

Dawkins, Richard (2006), "The Selfish Gene"(30th anniversary edition). Oxford, Oxford University Press.

Grice, H.P.(1975), "Logic and Conversation", 『Syntax and Semantics』, New York: Academic Press.

Gruber, T. R(1993)., "A translation approach to portable ontology specifications", Knowledge Acquisition 5-2, pp. 199-220.

Gunter Radden·Rene Dirven(2007). 『*Cognitive English Grammar*』, (임지룡·윤희수 옮김, 『인지문법론』, 박이정, 2009).

Heine, Bernd, Ulrike Claudi, & Friederike Hunnemeyer.(1991), Grammaticalization : A Conceptual Framework. Chicago University Press.

Hopper, Paul J. & Traugott, Elizabeth.(1993), Grammaticalization. Cambridge University Press. 김은일 외 역.(1999), 문법화. 한신문화사.

Kuno,S.(1979), "On the interaction between syntactic rules and Discourse Principle". In Bedell et al.(eds.), Explorations in Linguistics.

Kurylowicz, Jerzy.(1975), The evolution of grammatical categories. In Coseriu. Esquisses Linguistiques Ⅱ. Munich: Fink. 38~54.

Labov, W. (1971), "Variation in Language in Reed", C.E.(ed), 『The Learning of Language』, National Council of Teaches of English, New york.

Labov, W.(1972), "Language in the Inner city", Univ. of pennsylavanea Press, Philadelphia.

Levinson, S. (1987), "Politeness", Cambridge University Press.

Mcluhan, Marshall (1994), "Understanding Media, Cambridge", MA, The MIT Press.

Meillet, Antoine.(1912), L'evolution des formes grammaticales. Scientia 12, No. 26.

Morgan,J.L.(1975), "Some Interactions of syntax and pragmatics", 『Syntax and Pragmatics』3, New York: Academic press.

Trudgill, P (1972), "Sex, Covert Prestige and Linguistic Change in the Urban British English of Norwich", 『Language in Society』1.

Vossen, P.(ed)(1998), 『EuroWorNet: A Multilingual Database With Lexical Semantic Networks』, The Kluwer, Acadimic Publishers.(한정한 외 공역, 『유로워드넷』, 한국문화사, 2004.)

제 3 부
한국어교육의 실제 연구

인터페이싱(interfacing) 언어를 이용한
새로운 한국어교육

1. 문제의 제기

우리는 생활의 모든 분야가 세계화되는 시대를 살고 있다. 이전에 오마에(Ohmae, 1995)가 말했던 것처럼 시간이 갈수록 전통적인 국가 간의 경계가 낮아져 궁극적으로 사라지고 그 자리를 다양성이 채우리라고 기대할 수 있다.

그러나 언어적인 측면에서는 그와 다른 현상이 발생하고 있다. 우리는 세계의 많은 사람들이 이전보다 다양하고 많은 언어를 자유롭게 구사할 수 있게 되기보다는 영어가 명실상부한 세계어의 반열로 등극하는 것을 목격하고 있다. 물론 영어가 21세기 이전에도 중요한 국제어 가운데 하나였다(Edwards, 1994)는 것은 사실이다. 그러나 세계화는 영어를 그이상의 기능을 하도록 만들고 있는 것 같다. 일부에서는 영어를 바벨탑의 붕괴 이후, 다시 나타난 새로운 인류 공통의 언어(the new common tongue after Babel)라고 명칭하기 시작하였다(Economist, Aug 7, 2004). 또 다른 일부는 영어가 세계 모든 언어를 통합하여 진정한 세계어가 될 가능성을 제기하기도 한다(Newsweek, Mar 7, 2005).

이러한 급변하는 언어적 환경이 최근 전반적인 외국어 교육에 심각한 도전이 되고 있다는 것을 쉽게 발견할 수 있다. 영어를 모국어로 사용하지 않는 사람들에게는 이전보다 영어를 모국어로 사용하지 않는 사람들에게는 이전보다 영어를 더 열심히 배워야할 이유가 생긴 셈이다. 이들에게 닥친 현실적인 문제는 그들의 귀중한 시간을 영어와 다른 외국어 학습에 어떻게 배분하느냐 하는 것이다. 이 때, 분명한 것은 모든 언어가 똑같이 가치 있고 또 그렇게 취급되어야 한다는 이상주의(idealism)는 더 이상 판단 기준이 되지 못한다는 것이다. 갈수록 강해지는 영어의 영향력은 영어를 유일하게 비용을 들여 배울 가치가 있는 외국어로 만들 것이기 때문이다.[1] 한국어를 배우고자 하는 일본인이나 일본어를 배우고자 하는 한국인들 모든 학습자가 이와 같은 딜레마에 직면하고 있다.[2]

이는 다시 말해서 이러한 학습자의 현실을 반영하지 않는다면, 한국어를 일본에서 그리고, 영어를 학습하고자 하는 노력이 시간이 갈수록 그 효과가 떨어지고 실망스러울 것이라는 점을 시사한다.

---

1) 학습자의 요구에 따라 개별적으로 성공을 위한 도구로서의 언어를 세계어로 선택할 것인가? 곧, 영어만 배울 것인가? 또는 영어와 한국어를 배울 것인가? 영어와 일본어를 배울 것인가? 등 학습자는 고민이 아닐 수 없다. 여기서 영어만 우선 배운다고 가정하면, 세계어로 말미암아 고비용과 많은 시간을 투자하여야하기 때문에 학습자의 비용과 시간을 고갈시킬 우려가 심각하다. 따라서 학습자는 한국어에 관심이 있다 하더라도 영어를 포기하지 않는 한, 갈등의 문제가 크게 대두할 것이다.
2) 한국어 사회와 일본어 사회는 지리적, 경제적, 정치적으로 매우 가깝다. 그럼에도 불구하고 언어의 측면에서는 국제적으로 영어와 다르게(지리적, 정치적으로 멀다.) 외국어로서 경쟁과 견제의 대상이다. 이러한 양 사회에서 한국어를 어떻게 하면, 더욱 전파시킬 것에 대한 전략을 세계어인 영어와 대응시키어 새롭게 세우는 것이 필요하다고 생각한다.

〈표 1〉 일본에서 영어 교육과 아시아 언어와의 관계

의 견	직위
학생교류 프로그램을 한국의 여러 대학과 하고 있으나 대부분 '영어'가 공통언어이다. 특히 대학원생 레벨의 학구적인 교류는 '영어'만으로 충분하다.	국립대 교무과
영어 능력 향상에 보다 더 힘써야 한다.	사립대 사무부
영어로 의사소통이 되도록 해야 한다.	사립단대 사무
영어조차도 불충분한 상황이다.	국립대 전임(타교과)
역시 대학입시를 생각하면 영어다.	사립대 교무과
영어교육의 실패(독해 중심으로 몇 년을 공부해도 말할 수 없고 제대로 된 문장을 쓸 수 없다)를 되풀이 하지 않기 위해서 '말하기, 듣기, 쓰기, 읽기' 기능을 균형 있게 신장시키는 교육방향성을 제시하고 실천해야 할 것이다. 의사소통의 도구가 한국어라는 인식이 필요.	국립대 비상근
영어 일변도의 외국어 교육의 문제를 타개하기 위해서는 한국어와 한국어교육이 더욱 보급되어야 한다. 더욱 가까운 아시아에 관심을 갖기 위해서도.	사립단대 전임
영어를 포함한 외국어 속에서 한국어도 선택이 가능하면 좋겠다.	국립대 전임(타교과)
이유가 있어서 스스로 영어 이외의 외국어를 공부하는 것은 좋은 것이다.	사립대 교무과
영어보다도 친근감이 있다.	사립대 전임
희망하는 것을 배우는 것이 좋다. 영어의 대신으로썬 좋지 않다.	국립대 전임
영어도 중요하지만 기회가 된다면 영어 이외의 언어도 배우는 편이 좋다.	사립대 사무
한국어가 아니라도 영어 이외의 외국어이수는 바람직하다.	사립대 전임
한국어가 아니라도 영어 이외의 외국어를 이수하는 것은 바람직하다.	사립대 전임(타교과)
영어이외에 1-2개 언어.	사립대 비상근 국립대 전임
영어 외에 한 가지 언어라면 무엇이라도 좋다. [복수 회답]	국립대 전임 사립대 교무과 사립대 전임
영어+1개의 아시아언어	사립대 전임

- 일본어 교육자만 대상으로 한 조사(2005)[3]

  따라서 지금이야말로 얼마나 한국어 교육자들과 일본어 교육자들이 이런 현실을 감안하여 언어교육에 임하였는지? 그리고 앞으로 그 소기의 목적을 달성하려면, 무엇을 어떻게 해야 하는지를 점검해야할 시기라고 할 수 있다.

2. 세계어의 등장

  언어학적으로 보았을 경우, 어떤 언어도 다른 언어에 비하여 더 우수하다거나 못하다고 말할 수 없다.[4] 어떤 언어이건 그 사용자의 필요에 충분히 부응한다는 것에 대하여 지금까지의 언어학, 인류학, 그리고 다른 학문분야에서의 연구는 동의하고 있다. 하지만 모국어를 제외하였을 경우, 모든 외국어를 같은 정도로 선호하는 것은 분명 아니다. 현시점에서 보았을 때, 영어는 압도적으로 배우기 원하는 외국어로서 선택되는 듯이 보인다. 따라서 당연한 의문은 이러한 경향이 얼마나 지속될 수 있는지 여부이다. 만약 영어가 일부 낙관론자들의 말처럼, 다른 외국어와 다른 길을 걷는다면, 우리는 외국어교육 전반에 걸친 수정을 요구받게 될 것이다.

---

3) 〈표 1〉은 일본어 교육자들의 경우이다. 학습자의 경우를 대상으로 조사를 첨가하였더라면 더욱 과학적인 문제의 제기가 될 수 있었을 것이다.

4) It is quite clear that no language can be described as better or worse than another on purely linguistics (Edwards 1995:90)

2.1. 지금까지 밝혀진 영어가치

일단 특정 외국어가 선호되는 이유가 그 언어가 배울 가치가 있기 때문이고, 이는 그 언어 사용국가의 국력에 비례한다고 생각할 수 있다. 따라서 언어 사용 국가들의 인구수나 국민총생산과 같은 경제력을 나타내는 양적인 지표들을 이용하여 영어를 구별하고자하는 시도들이 있었다.

〈표 2〉는 그동안 심심치 않게 접할 수 있었던 언어사용자 통계를 비교하고 있다. 그 사용자수의 측면에서 영어보다 중국어를 사용하는 사람들이 월등히 많다는 것을 알 수 있다. 이 언어 사용자 통계는 단지 영어가 다수의 중요한 언어 중 하나라는 것을 시사해줄 뿐이다.

〈표 2〉 세계의 주요 언어

언어	모국어(primary)	제2언어(secondary)	총계 (명)
중국어	1,100,000,000	20,000,000	1,120,000,000
영어	330,000,000	150,000,000	480,000,000
스페인어	300,000,000	20,000,000	320,000,000
러시아어	160,000,000	125,000,000	285,000,000
프랑스어	75,000,000	190,000,000	265,000,000
힌디어/우루드어	250,000,000		250,000,000
아랍어	200,000,000	21,000,000	221,000,000
포르투갈어	160,000,000	28,000,000	188,000,000
벵갈어	185,000,000		185,000,000
일본어	125,000,000	8,000,000	133,000,000
독일어	100,000,000	9,000,000	109,000,000

출처: Weber (1997)

그러나 언어의 질적인 면에 초점을 맞추면 영어가 다른 언어들보다
월등히 우월하다는 것을 쉽게 알 수 있다. 대표적으로 Weber(1997)는
세계의 주요언어들의 영향력을 보다 개관적으로 비교할 수 있는 방법
을 고안하였다. 그는 6가지 요소들을 구별하고 점수를 부여하였다.

1) 모국어로 사용하는 사람들의 수
2) 제2 언어로 사용하는 사람들의 수
3) 해당 언어가 사용되는 국가수와 언어사용자 숫자
4) 국제적으로 해당 언어가 사용되는 분야의 숫자
5) 해당 언어를 사용하는 국가들의 경제력
6) 해당 언어가 가지고 있는 사회 문화적인 지위가 기준이 되었다.[5]

이 검증방식을 통해 보았을 때, 영어가 37점으로 1위를 차지하였고,
반면 중국어는 독일어아 별루 차이가 없는 수치 13점을 기록한 것을
알 수 있다.

---

5) Number of primary speakers, number of secondary speakers, number
   and population of countries where used, number of major fields using
   the language internationally, economic power of countries using the
   languages, and socio-literary prestige가 그것이다.

〈표 3〉 의사소통 영향력으로 본 세계의 주요 언어

언어	점수(score)
영어	37
프랑스어	23
스페인어	20
러시아어	16
아랍어	14
중국어	13
독일어	12
일본어	10
포르투갈어	10
힌디어	9

출처: Weber (1997)

또한 각 국의 언어가치를 화폐단위로 측정하고자 하는 시도도 적지 않게 있어 왔다. 〈표 3〉은 영국의 BBC(Mar 23, 2001)가 Interbrand 의 자료를 인용한 것으로 영어가 약 78억 달러, 일본어가 42억 달러, 독일어가 25억 달러 그리고 스페인어가 17억 달러의 가치가 있는 것으로 조사되었다.

〈표 3〉 언어의 화폐적 가치

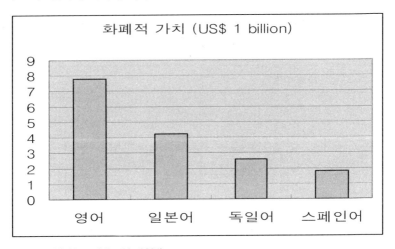

Source: BBC News (Mar 23, 2001)

여전히 영어의 화폐가치는 다른 언어보다 많다. 그 다음, 이번에는
중국어가 아닌 일본어가 2위를 잇는다. 여기서 넝어와 일본어의 화폐
가치 차이가 과연 3조 5천 7백 5십억 달러 정도인지? 그리고 이 정도
의 차이만 극복하면, 일본어 또한 세계어로 인정받기에 충분한지? 등
등을 의심하지 않을 수 없다. 이에 더해 〈표 3〉에서는 언급되지 않았던
독일어가 세 번째 위치하고 있다는 것도 설득력이 떨어져 보인다.[6]
   지금까지의 "양적"인 비교 연구들은 영어가 다른 언어들을 압도한다
는 것을 보여주기에는 충분하지만, 그 밖의 다른 언어들과 어떤 차이를
보이는지? 그리고 지금까지 있었던 여러 국제어들 곧, "lingua franca"
들과는 어떤 차이를 보이는지? 이를 설명하기에는 〈표 2〉, 〈표 3〉의
분석으로 부족하다는 것을 알 수 있다.

---

6) 〈표 3〉의 화폐적 가치의 통계는 그 기준이 "brand"의 상품가치로 측정하였기
   때문에 언어의 경우, 불분명하다. 이는 사용가치로만 분석한 것이 아니고, 질
   적인 측면도 첨가하였으므로, "양적/질적"의 혼합분석에 지나지 않아 비과학
   적이다.

2.2. 언어 가치와 시장원리

영어가 다른 주요 언어와 어떤 차이를 보이는지를 알기 위하여 언어 가치를 평가하는 새로운 방법을 찾을 필요가 있다. 여기서, 그 출발점을 가치(value)에 대한 과학적인 이해를 시도했던 막스(Marx, 1976)의 분석으로 기준을 삼을 필요가 있다.

주지하다시피, 막스는 일반론에서 가치(value)를 '사용가치(use-value)'와 교환가치(exchange-value)로 분류하였다. 그에 따르면, '사용가치'는 어떤 물건이나 서비스가 인간에게 획득할 의미가 있게 만드는 기본적인 조건이라고 하였다.

반면에 '사용가치'가 있다고 해서 시장에서 그 '사용가치'만큼 다른 물건이나 서비스와 교환될 수 있는 것은 아니라고 설명하고 있다. 다시 말하면, 경우에 따라서 사용가치는 아주 큰 데, 교환가치는 아주 작은 경우도 있고, '사용가치'는 소유주 입장에서 보았을 경우, 거의 없지만 아주 큰 가치로 시장에서 교환될 수 있다고 하였다. 그래서 예를 들면, 생물의 생존에 꼭 필요한 공기는 '사용가치'가 크지만 누구도 시장에서 사고팔려고 하지 않는 교환가치가 없다. 자본가에게는 더 이상 쓰임새가 없는 곧, '사용가치'가 없는 잉여생산물인 상품은 시장에서 교환된다는 곧, 교환가치가 있다는 예로서 위의 괴리를 설명한 바 있다.

이 시장원리를 언어적 현상에 적용시켜 본다면, 모든 언어는 '사용가치'의 측면에서 보았을 경우, 차이가 없으며, 한 특정 언어권 안에서 대상 언어는 사용자들에게 '사용가치'만 있고, 교환 가치는 없는 마치, 공기와 같은 존재라는 것을 알 수 있다. 모든 언어는 그 사용자들에게 모두 같은 크기의 '사용가치'를 가지고 있는 것으로 보이지만 다른 언어권에서 한정된 시간을 투입하여 배우려고 시도하는 경우, 한정된 시간과 교환하려고 하는데 있어서는 모두 같은 크기로 언어사용자들에게 다가오지 않을 가능성이 높다.

따라서 한 언어의 가치를 평가하는데 있어서 〈표 2〉와 같이 그 언어의 '사용가치'만을 기준으로 분석하거나, 또는 〈표 3〉처럼 '사용가치'와 교환가치를 혼합한 분석은 그 진정한 가치와 특성을 나타내기에 부족하다는 것을 알 수 있다.

그러면, 언어의 가치를 진정하게 비교할 수 있는 방법은 바로 대상 언어를 다른 언어권에서 얼마나 많은 언어사용자들이 여러 가지 물질적, 곧 대표적으로 화폐 또는 비물질적 수단과 교환(exchange)하여 습득하고자 노력하는가? 이는 목표 언어의 교환가치로 말해야 한다는 뜻이 된다.

2.3. 한국어의 교환가치 측정

통상적으로 외국어의 습득은 비용을 필요로 한다. 만약, 습득비용이 낮다면 그 언어의 가치가 낮은 것이고, 습득비용이 높다면 그 언어의 가치가 높다는 것을 의미한다.[7] 물론 외국어의 양—수요량(Demand)과 공급량(Supply)—이 영향을 미치는 것은 당연하다.

이때, 특정한 언어에 대한 수요와 공급을 결정하는 요인은 무엇인가? 만약, 한국어의 가격-한국어를 배우기 위해 투자해야 하는 시간을 화폐가치로 표시한 것-이 낮다면, 한국어를 배우려는 시도 곧, 수요가 증가할 것이지만 한국어의 가격이 높다면, 대상 한국어에 대한 수요가 감소할 가능성이 크다고 말할 수 있다.[8] 곧, 한국어 수요는

---

7) 언어의 사용가치(use-value)와 교환가치(exchange-value)를 명시적으로 구별하여 언어의 가치를 논의하지 않았지만 이를 많은 사람들이 인식하고 있었다는 것을 발견할 수 있다. 대표적으로 Inoue(2000)를 들 수 있다. 그는 일본에서의 외국어가치를 교육방송에서 방송되는 시간과 교재 판매량, 외국어학원 수, 외국어사전 등의 출판물의 양으로 평가하려고 하였다. 이는 다름 아닌 교환가치(exchange-value)의 구성요소들이다.

8) 일본 언어학자 Inoue(2000)에 따르면, 일본인들에게 있어 가장 습득하기 쉬

한국어 가격과 부정(negative)의 관계를 보인다.

이때, 한국어의 공급은 교육을 통하여 이루어진다. 언어시장에서 공급자인 외국어 교육기관은 이를 수행하는 기관이다. 만약, 한국어의 가격이 낮다면, 한국어교육기관의 숫자는 적을 것이고, 한국어 가격이 높다면, 한국어 교육기관이 많을 것이다. 곧, 외국어 교육기관에 의한 한국어 공급은 한국어 가격과 긍정(positive)의 관계를 보인다.

그렇지만, 가격뿐만 아니라 다른 요소도 외국어량에 영향을 준다. 우선 한국어 수입국의 수용반응을 보면, 수요는 해당 정부가 한국어의 사용을 장려하거나, 방관하는 정책을 실시하거나, 무슨 이유로든 더 많은 사람들이 한국어를 배우고자 할 경우, 해당 외국어에 대한 수요는 증가할 것이다. 그래서, 외국어 공급과 외국어 수입국의 수용방식과 한국어의 수요는 긍정(positive) 관계가 있다고 할 수 있다.

한편, 언어 공급의 경우, 한국어 수출국의 정책이 당연히 긍정적인 영향을 끼친다고 볼 수 있다. 곧, 한국이 자국의 언어를 확산시키고자 하는 정책을 채택한다면, 당연히 한국어의 공급이 증가할 것이다. 따라서 한국어 수출국의 정책과 한국어 공급도 역시 긍정(positive)의 관계에 있다.

운 곧, 가장 저렴하게 배울 수 있는 외국어는 한국어라고 한다. 하지만 그가 밝혔듯이 일본에서 가장 인기 있는 외국어는 한국어가 아닌 한국어보다 더 습득하기 어려운 곧, 습득하기에 비용이 드는 영어이다. 그러나 이러한 사실이 이 연구에서 언급한 외국어 수요와 모순되는 것이 아니다. 외국어 수요는 외국어간의 습득비용과 수요의 관계를 나타낸 것이 아니고 한외국어의 습득비용이 변할 때 그 외국어의 수요가 어떻게 달라지는지를 설명하는 것이기 때문이다.

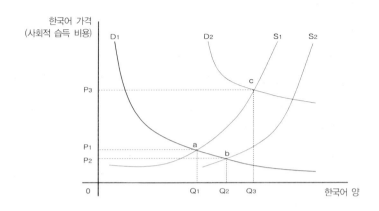

[그림 1] 한국어의 '교환 가치' 변화

만약, 한국이 과거 제국주의 시대처럼 정책적으로 한국어의 공급을 증가시키고자 한다면 어떤 현상이 일어날까?

이는 곧, 언어 공급곡선이 'S₁'에서 'S₂'로 우측으로 이동하는 것을 의미하며, 균형점은 [그림 1]에서 보는 바와 같이, a에서 b로 이동하게 된다. 이는 한국어량이 'Q₁'에서 'Q₂'로 증가한다. 반대로 언어습득비용인 한국어 가격은 언어자체가 단순히 'lingua franca'인 경우, 습득 비용에서 'P₂'로 하락하는 것을 볼 수 있다.9) 가격'P₂'와 한국어량 'Q₂'는 인위성이 포함되었을 때만 도달 가능하다. 이는 해당언어사용국가들이 의도적으로 그들의 언어를 전파시키고자 하였다면, 그 언어의 영

---

9) 이를 한국어사회의 경험을 통해 확인할 수 있다. 무엇보다 한국에서 일본의 강점 통치기간동안 일본이 공교육을 통하여 수행한 언어침식 정책을 들 수 있다. 나아가, 제2차 세계대전의 발발과 더불어 창씨개명까지 강제한 행위는 일본어의 전파를 가속화시키기 위한 의도에서 비롯된 것임을 잘 알 수 있다. 이러한 언어정책이 한국인의 일본어 습득비용을 b에서처럼, 한국에서 일본어가격을 낮추는 원인으로 작용했으리라는 것을 쉽게 짐작할 수 있다. 김영명 (2000)은 식민지 개척시대에 다른 제국주의국가들도 자국의 언어를 공교육을 통하여 식민지에 보급시키고자 노력했음을 밝히고 있다. 여기서 균형점 a와 b가 상징하는 언어적 현상은 이미 lingua franca의 보급이나 식민지 시대를 통해서 겪었던 것들이라고 볼 수 있다.

향력의 증가와 함께 다른 언어 사용국가에서 그 언어의 습득비용, 그 언어 가격의 하락현상이 관찰될 수 있어야 한다는 것을 의미한다.

그러면, 지금까지 경험한 이런 시장원리현상과 다른 목격이 가능한 새로운 현상은 공급 측면에서는 변화가 없지만 한국어에 대한 수요가 lingua franca의 경우보다 크게 증가할 때이다. [그림 1]에서 공급 측면에서 변화 없이 'la' 변수의 변화인 특정 외국어의 수요증가로 수요곡선이 'D$_1$'에서 'D$_2$' 로 이동하고, 그에 따라 한국어량이 'Q$_2$'에서 'Q$_3$'로, 그리고 그 습득비용이 곧, 그 언어가 단순히 'lingua franca'인 경우의 가격 'P$_1$'에서 'P$_3$'로 상승함을 확인할 수 있다. 균형점 'c'는 그 외국어의 공급국은 이를 의도적으로 전파시킬 계획이 없지만 다른 나라에서 실제 해당 외국어가 필요 없는 사람까지도 비싼 가격으로 습득하려하는 상황을 상정한다고 볼 수 있다.

논리적으로 만약, 어떤 언어가 과거에 경험하지 못했던 형태로 그 영향력을 증가 시켜가기 시작하였다면, 해당 언어권 밖에서 그 언어에 대해 'c'가 의미하는 현상을 목격할 수 있어야 한다는 말이 된다.

여기서, 이 언어를 세계어라고 부를 수 있다면, (4)의 가설에 따르면, 추정치 'c'는 그 특징 곧, 많은 언어량과 이를 익히기 위해 많은 사회적 비용을 지불하는 현상의 언어를 지시한다고 할 수 있다.

이때, 추정치는 구체적인 수치를 제시하지 못한 수치이다. 그러나 [그림 1]에서처럼, lingua franca와 제국주의언어, 세계어를 비교하여 차이를 입증한 것이다. 기존에는 국제어와 세계어의 차이를 설명하는데 의견이 불일치하여 여기서 분명하게 차이를 제시하는 그래프는 진보이다.

2.4 세계어와 한국어 교육의 상관성

외국어로서의 한국어 교육의 효과를 높이기 위한 교수법의 원칙을 손호민(2002) 교수에 의하면 다음과 같이 제시하고 있다.

1) 학습자 중심원칙(learner centeredness),
2) 맥락의존원칙(context basis)
3) 실제언어원칙 (authenticty basis)
4) 능력수준 원칙(level basis)
5) 과제 원칙 (tack/function basis)
6) 정확성 원칙 (accuracy concerns)
7) 문화 통합원칙 (cultural integration)
8) 기능통합원칙 (skills integration)
9) 평가지향원치(assesment orientedness)
10) 다매체 활용원칙(use of mass-media)
11) 다양성원칙(multi-dimensionality)
12) 전문성 원칙 (professionalism)

[그림 1]로부터 세계어의 큰 특징 중 하나가 높은 사회적 비용을 치르면서 다수가 습득하기 위해 노력하는 외국어라는 것을 발견할 수 있다. 이러한 세계어의 출현이 다른 외국어 학습 소위, 외국어로서 한국어 학습에 미치는 영향은 아무리 소호민(2002) 교수가 제시한 것처럼 교육을 실시하였다 하더라도 당연히 부정적이다.

이제, 과연 세계어가 그동안 국제적으로 전파되었던 주요한 언어들과 어떤 차이를 보여야 하는지에 대해 논의할 수 있다.

다음 [그림 2]는 앞의 2.3에서 한 논의로부터 이끌어 낸 것으로, 곧 언어 습득비용이 국제어나 세계어가 어떻게 상관하는가를 보여준다.

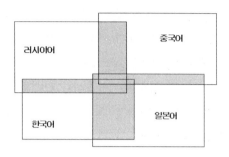

■ : Interface 언어 (영어)

러시아어   중국어

한국어   일본어

[그림 2] 한국어 vs. 일본어 vs. (중국어)vs. 세계어

첫째, 사회적으로 세계어를 배우고 익히는데 많은 비용을 사용하는 관계로 다른 외국어에 투자할 여력을 위의 [그림 2]에서처럼 고갈시킬 가능성이 높다. 곧, 습득 비용의 포섭관계가 전제되므로 비용의 여유가 없다. 다만 국제어의 경우에는 단지 필요한 사람들만 이를 배우려 하기 때문에 곧, 한, 일어 습득비용은 한자를 바탕으로 하는 중첩관계로 해당사회는 다른 외국어를 수용할 여유가 없다.

둘째, 이에 더해 '복잡계(complex systems)' 모델은 세계어의 출현과 이를 학습하는 사람들의 증가가 다른 외국어를 배웠을 경우, (예를 들어, 일본사회에서 한국어 습득 또한, 한국어사회에서의 일본어습득 등) 얻을 수 있는 상대적인 이득을 시일이 지나갈수록 더욱 감소시킬 것이라는 점을 지적한다. 세계어와 같이 국제적으로 충분히 큰 언어공동체(language community)를 형성한 언어가 더욱 가속적으로 그 세력권을 확장시켜 그 언어 사용자 수치가 '임계치(critical point)'를 넘어설 정도로 그 언어에 대한 수요가 축적될 경우, 이 언어를 사용하여 얻을 수 있는 이득이 더 크게 증가하기 때문이다.

이때, 언어 공동체는 새로운 개념이 아니다. Hymes(1974)는 Speech Community와 Linguistic Community로 구분하고 SC는 발화자 중

심의 개별적 방언을 포함하는 언어 공동체이며, IC는 보다 포괄적으로 사회의 구성원이 공유하는 언어공동체로 분석한 바 있다.

이에 따라 다른 언어권에 어떤 언어를 전파시키고자 할 경우, 시장원리에 의하면, 목표언어사회의 외국어 수요 공급량이 다르기 때문에 [그림 2]의 교환비용을 고려하는 전략이나 앞서의 손호민(2002) 교수법은 당연히 달라질 수밖에 없다. 그러니까 일본에서의 한국어 교육은 영어가 국제어에서 세계어에 근거를 둔 전략을 전제로 교수해야 한다.

3. 영어 교환가치에 대응하는 한국어·일어

영어의 교환가치가 급격히 상승하고 있다는 손쉬운 증거를 동북아 주요 나라들의 경험으로부터 확인할 수 있다. 여기에서는 세계어가 각각 한국어·일본어 사회에 내응하여 어느 정도의 교환가치를 표시하느냐에 주목할 필요가 있다.[10]

우선 한국의 경우, 매년 전 국민이 영어에 공교육·사교육을 통하여 약 30억 달러까지 지출하고 있는 것으로 추정되고 있다. (중앙일보, 2005년 5월 9일). 또한 다음 〈표 4〉에서 볼 수 있는 것처럼, 2005년

---

10) 예를 들어 최근, 중국이 겪고 있는 영어 열풍이라고 표현할 수밖에 없는 언어적 현상은 그 중 하나다. "영어를 배워 서구를 물리치자"는 Catch phrase는 물론 2008년의 북경 올림픽을 앞두고, 중요한 세계어인 영어를 익힐 필요는 당연히 제기 된다. 특히 〈표 2〉에서처럼, 세계에서 그 사용자수가 두 번째로 많은 중국어권에서 불고 있는 영어바람은 시사하는 바가 크다. 2001년 한해에만 북경 지역에서 영어 가르치기 산업이 시장경제에서 모두 7억 달러의 순수익을 올린 것으로 추정된다는 중국의 신화사 통신의 보도 (Xinhua News Agency, Jan 22, 2005)는 영어가 세계에서 언어사용자 수치가 2위인 큰 언어권에서도 확고한 위치를 차지했다는 것을 알 수 있다. 따라서, 중국과 이외의 소수언어사회에서 영어가 받는 평가가 어떠하리라는 것은 이를 미루어 쉽게 짐작할 수 있다. 예를 들어, 한국과 일본의 현실은 이러한 믿음을 강화시켜 주고 있다.

5월 현재 EBS 라디오를 통해 방송되고 있는 외국어 강좌 중 영어와 관련된 것이 모두 28개로 다른 모든 기타 외국어 강좌들을 수적으로 압도하고 있다. 이는 〈표 2〉나 〈표 3〉과 극명한 대조를 보인다. 이 모든 사실은 영어를 학습하는데, 한국사회가 얼마나 많은 비용을 지불하고 있는지 보여주기에 충분하다. 여기서 주목되는 점은 영어가치가 한국사회에서 위험수준으로 급상승하고 있는 점을 쉽게 입증할 수 있다.

〈표 4〉 EBS 라디오 방송의 외국어 강좌 종류와 수(2005년 5월 현재)

외국어강좌	강좌수	%
영어	28	77.77
일본어	2	5.55
중국어	2	5.55
러시아어	1	2.77
스페인어	1	2.77
독일어	1	2.77
프랑스어	1	2.77

출처 : EBS (http://www.ebs.co.kr)

이명박 대통령이 이끄는 2008 새 정부에서는 이의 심각성을 해결하기 위하여 방안을 내어놓은 상태다. 2011년부터 공교육의 초등, 중등, 고등학교 영어시간의 수업은 영어로 교수할 것에 관한 실천 안을 내놓은 상태이다.(조선일보,1,30 참조)

이러한 현상 곧, 영어에 대한 과도한 사회적 투자는 일본의 경우도 예외가 아니다. 〈도표5〉는 가장 최근, (2005년 6월 1일부터 6월 8일까지) 일본의 NHK 외국어 교육방송의 프로그램 편성을 언어별로 구분한 것이다. 여기서, 영어가 다른 외국어의 추종을 불허하고 있다는 것을 잘 알 수 있다.[11] 이는 다른 외국어에 비하여 우선적으로 영어에

과도한 비용을 투자하는 점을 시사한다.

전체 방송시간에 있어서도 영어는 450분으로 중국어의 6배에 달하며, 한글(한국어)에 대해서는 50분 정도를 배정하여 질적인 면에서도 두 언어 모두 곧, 일본과 지리적 역사적으로 가깝고 물질적, 그리고 인적인 교류가 영어권 국가들과 비교하여 손색이 없는 국가들의 언어 모두 비교가 되지 않는다.

〈표 5〉

언어	일본어	중국어	러시아어	영어	독일어	아랍어	아시아어	이탈리아어	프랑스어	한글	스페인어
시간(분)	70	75	50	450	75	30	20	50	50	50	50 (Total 970분)
%	7.21	7.73	5.15	46.39	7.73	3.09	2.06	5.15	5.15	5.15	5.15

출처 : NHK(2005)
　　　NHK TV의 외국어교육방송 프로그램 편성 예(2005년 6월 1일 ~ 8일 동안)

일본사회 4년제 대학의 경우도 위의 〈표 5〉와 비례적으로 영어를 가장 선호하고 있는 점을 다음 〈표 6〉에서도 관찰할 수 있다. 대학에서 외국어 교육실시율에서 영어가 98.7%를 차지하여 압도적으로 영어교육에 주력하고 있는 점을 보이고 있다.

---

11) 또한 Inoue(2000)에 따르면, NHK 외국어 교육방송용 교재판매 추이, 일본의 사설외국어학원 수, 그리고 외국어사전 수에서 다른 어떤 외국어도 영어에 미치지 못하고 그 차이가 날로 커지고 있다고 보고한다.

〈표 6〉 일본 4년제 대학에서 외국어교육 실시 상황

년도 종별	2002년				2001년				2000년			
종별	사립	국립	공립	합계	사립	국립	공립	합계	사립	국립	공립	합계
전체학교수	512	99	75	686	496	99	74	669	478	99	72	649
영어	509	95	73	677	494	95	73	662	472	94	72	638
	99.40%	96.0%	97.30%	98.70%	99.60%	96.00%	98.60%	99.00%	98.70%	94.90%	100.00%	98.30%
독일어	424	95	58	577	416	95	58	569	406	94	58	558
	82.80%	96.00%	77.30%	84.10%	83.90%	96.00%	78.40%	85.10%	84.90%	94.90%	80.60%	86.00%
중국어	422	88	58	568	397	85	57	539	375	83	56	514
	82.40%	88.90%	77.30%	82.80%	80.00%	85.90%	77.00%	80.60%	78.50%	83.80%	77.80%	79.20%
프랑스어	403	88	52	543	393	88	51	532	380	87	51	518
	78.70%	88.90%	69.30%	79.20%	79.20%	88.90%	68.90%	79.50%	79.50%	87.90%	70.80%	40.50%
한국어	234	58	30	322	204	49	32	285	187	46	30	263
	45.70%	58.60%	40.00%	46.90%	41.10%	49.50%	43.20%	42.60%	39.10%	46.50%	41.70%	40.50%
스페인어	173	44	23	240	173	40	19	232	163	40	19	222
	33.80%	44.40%	30.70%	35.00%	34.90%	40.40%	25.70%	34.70%	34.10%	40.40%	26.40%	34.20%
러시아어	113	54	22	189	114	54	21	189	108	54	20	182
	22.10%	54.50%	29.30%	27.60%	23.00%	54.50%	28.40%	28.30%	22.60%	54.50%	27.80%	28.00%
라틴어	64	33	6	103	57	30	4	91	62	35	4	101
	12.50%	33.30%	8.00%	15.00%	11.50%	30.30%	5.40%	13.6%	13.00%	35.40%	5.60%	15.60%
이탈리아어	72	18	9	99	n/a	n/a	n/a	n/a	n/a	n/a	n/a	n/a
	14.10%	18.20%	12.00%	14.40%								
아라비아어	28	12	4	44	28	9	3	40	27	10	4	41
	5.50%	12.10%	5.30%	6.40%	5.60%	9.10%	4.10%	6.00%	5.60%	10.10%	5.60%	6.30%
그 외	102	33	6	141	143	34	14	191	135	36	12	183
	19.90%	33.30%	8.00%	20.60%	28.80%	34.30%	18.90%	28.6%	28.20%	36.40%	16.7%	28.20%

출처: 2005 일본 국제문화 포럼 조사 참조

그러므로, 영어가 명실상부한 세계어이고 한국과 일본에서 서로의 언어에 대해 관심 있는 많은 발화들이 영어와 한국 또는 일본어를 놓고 갈등을 겪을 수밖에 없다고 주장할 수 있다. 그런 만큼 각각의 언어권에서 상대방 언어의 입지가 좁아지는 추세가 당연하다.

〈표 7〉 일본사회에서 외국어로서의 한국어 교육(2005 국제 문화 포럼 조사 참조)

외국어 교육은 제대로 된 제도가 필요하다. 다른 외국어교육과 비교해 제도상의 문제점이 많다.	국립대
일본어모어화자의 오용분석과 개선방법에 대한 연구를 축적해야 한다.	사립단대 비상근
아시아계 어학으로서 중국어가 압도적인 우위에 서 있으나, 이런 환경 속에서 한국어의 위치를 거론하기는 아직은 어렵다. 한국어의 유용성이 실체화되어 눈에 드러나기를 바란다.	사립대 전임
일본어는 모음이 적고 유성, 무성음의 구별이 없기 때문에 소리의 영역이 몹시 좁다. 자음으로 끝나는 어미 발음이 곤란하다. 가능한 한 어렸을 적에 영어 뿐 아니라 한국어, 중국어의 간단한 회화, 발음연습을 해 둘 필요가 있다.	공립대 비상근
일본어와 한자어를 재인식하는 기회가 된다. 어학교원이 아니라, 원래는 역사교육이 중심이라서 어학당에서 5급까지 연수를 받았다. 언어의 보급, 체계, 일본어와의 비교 등을 시험적으로 가르치고 있으나 아직은 개론에 가깝다.	사립단대 전임 (타교과)
일본어 이외의 2개의 언어를 사용 가능하도록 한다는 목표가 필요하다.	사립대 전임
서양언어 이외의 말을 접하므로써 외국어의 이미지를 다양화한다.	사립대 비상근
외국어 학습은 각 학생의 필요에 의해야만 하는 것으로, 일반적으로 말할 수 없다.	사립대 전임
사람에 따라 인생에서 필요한 언어는 다를 것이다. 한마디로 정리할 수는 없다.	사립대 전임
언어는 가능한 한 빨리 접하는 게 중요하다.	국립대 전임
타 언어학습은 문화학습도 되고, 깊은 이해에도 도움이 된다.	사립대 총무
서구어와 아시아언어를 하나씩.	국립대 전임
현재 외국어의 일환으로서 한국어를 제공할 것을 검토 중	사립대 교무과
어학과 '조선사전'을 세트로 마련해 주었으면 한다.	사립대 비상근

한국어교육은 일본의 외국어교육의 방향을 근본부터 재인식하는 좋은 계기가 되므로 대단히 중요하다. 일본어가 모어인 사람을 대상으로 한 한국어교육 심화, 연구가 요구된다. 한일 대조언어학, 한국어학의 깊이 있는 연구가 필요하다: 사립대 전임

4. 세계어 시대의 한국어(일본어) 교육

세계역사에 있어서 국제어 곧, 'lingua franca'는 보는 이의 시각에 따라 다를 수 있지만 몇몇 언어가 존재하였던 듯하다. 라틴어와 프랑스어 그리고, 20세기까지의 영어가 대표적인 예로 자주 인용된다. 앞에서 언급했던 것처럼, 이런 'lingua franca'들은 그 사용자나 학습자가 이를 필요로 하는 사람들로 그 수요가 한정되었던 것처럼 보인다.

그러나, 21세기에 들어와 불고 있는 영어열풍은 세계 역사상 그 유래가 없는 현상이다. 영어는 앞에서 보았던 것처럼, 'lingua franca'를 넘어 지금까지 세계어 (global language)가 되어버린 세계 유일의 언어다. 영어는 이제 더 이상 선택할 수 있는 대상이 아니고 갈수록 세계 구성원으로 살아가는데 꼭 필요한 생존 수단이 되어 버렸다고 해도 과언이 아니다.

당연히 이런 영어의 변신은 영어권이 아닌 다른 언어권 사회에는 심각한 도전이 되고 있다. 모국어와 영어의 충돌이 현실언어에서 영어 이외의 다른 외국어가 설 자리는 비좁아질 수밖에 없다. 이미 주지하다시피 '복잡계(complex system)'모델에 따르면, 영어 사용자의 증가는 영어를 사용했을 경우, 얻을 수 있는 이득을 증가시킬 뿐만 아니라 그 사회적인 비용, 또한 낮추는 구실을 하기 때문에 더 많은 사용자들이 영어를 수요 확대하도록 요구할 것이다.

반면에 다른 외국어들은 이를 사용했을 때, 얻을 수 있는 이득이나

필요한 비용 면에서 별 차이가 없게 되어 상대적인 수요 감소를 겪을 수밖에 없을 것이다. [그림 3]은 이를 잘 표현하고 있다.

장기적으로 이득이 비용보다 클 가능성이 높은 언어에 투자하는 것은 지극히 합리적이다. 우리는 일본에서의 한국어와(한국에서의 일본어가)바로 이런 상황에 직면하고 말할 수 있다. 또 다른 문제는 일본학생들이 한국어를 보는 시각과 한국학생들이 일본어를 보는 시각이 차이를 보인다는 점이다. 나오키(2005)의 연구에 따르면 일본학생들은 고도의 한국어 능력을 갖추는 것이 장래 도움이 된다고 생각하기보다는 한국어를 안다는 것 자체가 도움이 될 것이라고 생각하고 있는 반면에 한국 학생들은 자신이 고도의 일본어 능력을 갖출 것과 그 일본어가 실무적인 면에서 도움이 될 것이라는 당위성을 상정하고 있다고 한다.

그런데도 불구하고 각각 기존의 외국어 교육은 여전히 영어가 세계어가 아닌 'lingua franca'인 상황을 설정하고 있는 듯이 생각된다. 그 이유와 대안을 함께 의논하면 나음과 같다.

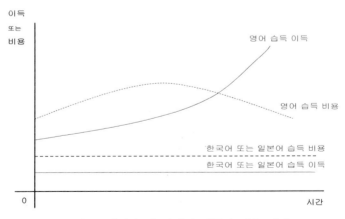

[그림 3] 영어와 한 일어의 이득과 비용 전망
Ga: advantages of Gloval Language
Ge: expense of Gloval Language

[그림 3]에서 시간이 경과함에 따라 이득과 비용이 다르게 될 것이라고 추정할 수 있다. 곧, 세계어인 영어는 교환가치가 다른 외국어와 다르게 그래프 상에서 '교차하기(crossing)' 현상이 나타날 것으로 전망된다.[12]

이때 'Ga' 곡선은 최저치의 비관적 곡선이다. 실제 현실 언어사회에서 더욱 영어의 이득은 높아질 수 있다. 세계어의 습득비용은 'Ge' 곡선을 보면, 처음 습득을 시작하여 가속도가 붙을 때까지는 비용이 엄청나게 들어가고, 따라서 사회적 비용(social cost)이 크게 증가한다고 본다. 그러나, 학습자 다수가 일정한 수준의 영어능력을 성취한 다음에는 'Ge'의 하강 곡선이 출현된다고 예측한다. 이제는 학습자가 쉽게 세계어에 접근할 수 있으므로, 사회적 비용도 떨어지고 당연히 개인 영어습득 비용도 저하하는 소위, '교차하기' 현상이 중요한 현상으로 이득의 극대화가 자리 잡는 것으로 판단된다.

이와 상대적으로 한국어나 일본어는 그래프 상에서 '교차하기' 현상이 나타나기 어렵다고 본다. 한국어는 2000년 이후, '한류' 열풍으로[13] 꾸준히 비용이 상승하고, 이득도 상승세에 있다. 그렇다고 하더라도 '교차하기(crossing)' 곡선의 출현여부는 가능성이 요원하고, 기존처럼 비례적인 곡선이 계속되리라고 전망한다. 이는 다음 〈표 8〉에 근거한다.

---

12) 경향신문의 보도에 따르면(2004.12.9) 2015년까지 세계 인구의 절반에 가까운 30억 명이 영어를 말할 수 있게 될 것으로 영국문화원이 9일 밝힌 것으로 기사를 올린 바 있다. 또한 뜨거운 영어 붐으로 2050년쯤에는 영어를 외국어로 배워야 할 학습자가 거의 사라질 것이라고 전망하고 있다. 영국문화원은 영어의 미래라는 보고서에서 2015년을 기점으로 30억 중 20억 명은 모국어가 아니라 영어를 학습하여 말하는 사람들이라고 진단한 바 있다.
13) 일본의 한류열풍은 주지하다시피, 한국TV드라마에서 비롯한다. 곧, '겨울연가'가 대표적이며, 그 이래로 2005년 7월 경우 동경의 TV드라마에서 한국 드라마를 하루 종일 방영하고 있다.

<표 8> 일본에서 최근 수년간 대학생의 한국어에 대한 관심(일본2005, 국제 문화 포럼)

선택항목	회답총수		대학등의 종류				회답자의 직위					
	대학등전체		4년제		단대 및 기타		전임		비상근강사		기타	
	181	100.00%	155	85.60%	26	14.40%	77	42.50%	58	32.00%	46	25.40%
최근수년간 한국어에 대한 학생의 관심도가 높아지고 있다. 일시적인 유행이 아니다.												
	107	69.0%	96	71.10%	11	55.00%	46	67.60%	46	88.50%	15	42.90%
한일월드컵 공동개최에 따른 현상으로 학습자가 늘어난 것일 뿐, 정착하리라고는 생각지 않는다.												
	4	2.60%	4	3.00%	0	0.00%	1	1.50%	1	1.90%	2	5.70%
한일관계를 포함한 국제 정세의 변화에 따라 인기가 좌우되다. 특별한 경향은 없다.												
	33	21.30%	26	19.30%	7	35.00%	16	23.50%	4	7.70%	13	37.10%
기타	11	71.10%	9	6.70%	2	10.00%	5	7.40%	1	1.90%	5	14.30%
합계	155	100.0%	135	100.0%	20	100.0%	68	100.0%	52	100.0%	35	100.0%

참고: 표의 수치는 회답수이며 %는 각 설문에 대한 항목별 대답률이다. 굵은 글씨는 각 설문의 회답률 30% 이상 항목을 표시했다. 단 고등전문학교는 회답이 2건으로 제외했다.

5. 세계어 시대의 한국어 교육전략

첫째, 한국어와 일본어 교재가 각각 1:1 한 언어로만 제작되어 있다는 점이다. 이는 영어 대신에 한국어와 일본어를 선택할 수 있는 외국어 중 하나로 인식할 때 만들어진 교수법에 기인한다. 영어를 포기할 수 있다면 곧, 영어의 필요성을 느끼지 못한다면 가능하지만 지금처럼 영어가 생존의 필수요소가 된 마당에 이런 방식의 교재 편찬은 일본에서의 한국어 학습자와 한국에서의 일본어 학습자를 지금보다 증가시키기가 불가능해 보인다. 교재 자체도 한국어와 영어 또는 일본어와 영어를 함께 공부할 기회를 제공할 수 있어야 각각의 언어에 대한 잠재적인 수요자들을 개발해 나갈 수 있다.

둘째, 일본에서 한국어를 또는 한국에서 일본어를 교수법의 경우, 한국어와 일본어 이상 다른 언어가 사용되지 않고 있다. 이는 그 만큼 영어를 익힐 기회를 축소시키는 작용을 할 수도 있다. 따라서 영어를 함께 사용하는 이중 내지 다중언어 교육이 필요하다. 같은 시간 안에 영어와 한국어 또는 일본어를 익힐 수 있다는 것은 학습자의 입장에서는 상당히 경제적인 투자로 보일 것이며, 그만큼 한국어에 대한 수요 증가를 가져올 것이다.

셋째, 일본에서 한국어를 가르치는 교사들이나 한국에서 일본어를 가르치는 교사자질 측면에서 영어를 구사한다면 더욱 효과적일 것이다. 이는 어쩌면 영어와 한국어 또는 일본어로 쓰인 교재, 이를 사용하는 수업의 큰 전제 조건일 것이다. 영어가 '세계어'인 시대에는 일본어권에서 교사들은 서로의 언어를 수요하는 사람들만을 상대하면 되었지만 영어가 세계어인 시대에는 학습자들이 한국어나 일본어 외에 영어를 공부하고 있다는 사실을 고려한다면, 교사들 또한 영어를 구사해야 한다는 것이 자연히 요청된다고 보인다.

한국어교육을 위한 초급 교재에서의
어휘장 구축
-'물건 사기' 주제를 중심으로

1. 서론

최근 한국어교육은 의사소통 능력(communication competence) 향상에 핵심적인 목표를 두고 있는데, 이를 위해 우선적으로 교수-학습해야 할 것 중 하나가 어휘 교육이다.[1]

이 어휘 교육과 관련하여, 한국어교육 현장의 교사들은 어떻게 하면 좀 더 효율적이고 체계적인 어휘 교육이 될지, 학습자들이 어떻게 하면 폭넓은 어휘 능력을 가질 수 있게 될지 등에 대해 많은 고민을 하게 된다. 이와 더불어 학습자가 학습해야 하는 어휘의 양과 어휘를 제시하는 방법은 교사로서 항상 고민해야 할 문제들이다.

이러한 어휘 교육에서의 문제들을 해결하기 위해서는 개별 어휘를 각각 제시하는 것보다는 공통적인 특성을 가지고 있는 어휘들을 묶어 제시하거나, 어휘의 영역 혹은 주제에 따라 세부 어휘 목록을 설정해서

---

1) 의사소통을 목표로 하는 제2언어로서의 한국어교육을 위해서는 모든 면의 지식이 기반이 되어야 하겠지만, 그 중 가장 기초는 어휘 능력이라 하겠다. 이는 의사소통 자체가 어휘 없이는 이루어지지 않기 때문이다. 따라서 어휘는 말하기, 듣기, 읽기, 쓰기 등의 기능을 이룰 수 있는 가장 기본적이고 중요한 핵심이며 모든 언어 학습은 어휘 교육의 기초 위에서 이루어진다고 할 수 있다. 이러한 이유로 가장 우선적으로 교수-학습되어야할 교육으로 어휘 교육을 꼽았다.

교육에 활용하는 것이 어휘 교육의 효율성을 높이는 한 방법이 될 수 있다.[2]

여기에서는 효율적인 어휘 교육을 찾기 위한 방안의 하나로 '물건 사기' 주제 단원 내에 제시되어 있는 '물건 사기' 관련 어휘들을 중심으로 어휘장을 구축하려고 한다. 실제 한국어교육에 활용할 수 있는 객관적이고 실제적인 어휘장을 마련하는 일은 매우 중요한 일이다.[3] 무엇보다 이것을 활용하는 방안을 마련하는 것도 한국어 어휘 교육에서 중요한 일이라 할 수 있다.

이를 위해 제2언어로서의 한국어 학습자들이 주로 사용하고 있는 대학 내 한국어교육 기관에서 출판된 한국어 교재에 '물건 사기'와 관련된 주제의 여부를 파악해 보고, 각 교재 내 '물건 사기' 주제 단원에 어휘가 어떻게 제시되어 있는지를 검토해 보겠다. 아울러 교재에 있는 어휘들을 각 학습 단계별로 종합하여 최종 공통 어휘 목록을 품사별로 제시하고, 품사별로 구분된 어휘들을 코어넷 개념 체계를 활용하여 의미별, 층위별로 체계화하여 어휘장과 모형을 제시해 보겠다.

이러한 과정을 통해 최종적으로 '물건 사기' 주제 단원에 체계적이고

---

2) 어휘를 목록화하기 위해 어휘의미망인 카이스트 코어넷(corenet)의 개념 체계를 활용하여 각 개념 체계의 의미 영역에 따라 어휘를 분류하고 체계화하겠다. 이는 어휘장의 형태로 제시될 수 있으며 이를 통하여 공통 어휘 분류가 가능해진다. 신현숙(1999:56)에서는 장이론과 관련하여 국어학계에서는 낱말들이 한 무리를 이룬다고 하는 데에 초점을 두고 '낱말밭' 이론이라고 하거나, 한 의미로 묶어진다는 데에 초점을 두고 '의미장' 이론이라 한다고 하였다. 또, '의미장' 이론을 세분화하여 내적 관계는 '개념장', 외적 관계는 '어휘장'으로 나누기도 한다고 설명하였다. 이러한 하나의 어휘장에 속하는 어휘는 서로 계층적으로 또는 의미적으로 연관을 갖고 있기 때문에 어휘 교육에 활용한다면 학습자들이 좀 더 효과적으로 어휘를 학습할 수 있을 것이다.

3) 문금현(2011:32~33)에서는 교사 80명과 학습자 180명을 대상으로 설문조사를 하였는데, 교사들이 15개의 어휘장 중에서 한국어 어휘장 교육을 위한 주제로서 꼭 필요하다고 생각한 것의 우선순위는 '학교-숫자-가게-신체-식당-음식'의 순서였다. 이중 '가게'에서의 상황이 어휘장 교육을 위한 주제로 3위, 즉 상위에 속한 것으로 드러났다.

명확한 기준에 의해 어휘들이 제시되어 어휘 교육에 활용될 수 있도록 하고자 한다.[4]

2. 대학 기관별 한국어 교재의 어휘 제시 양상

이 장에서는 '물건 사기' 관련 어휘장을 구축하기 위해서 국내 대학 한국어 교재에서 각 단계별 교재 속에 '물건 사기' 관련 단원이 있는지의 여부를 살펴보고 각 한국어 교재 내 '물건 사기' 주제 단원 혹은 주제 관련 항목[5]에 제시되어 있는 어휘들의 제시 양상을 검토해 보겠다.

2.1. 각 기관별 한국어 교재 내 '물건 사기' 주제 단원 검토

한국어 학습자들의 효율적 어휘 학습을 위한 어휘장 구축에 앞서 우선 기존의 대학 한국어 교재에서는 물건을 사는 상황과 관련된 단원이 있는지를 파악해 보기 위해서 6개 대학 기관[6] 총 37권의 한국어 통합

---

4) 한국어 어휘 교육과 관련한 연구들은 그간 다양한 시각에서 많은 결과물들이 있어왔다. 이 가운데에는 어휘장(lexicalfield) 혹은 의미장(semantic field), 의미망(semantic network) 등을 활용하여 한국어 어휘 교육을 위한 방안을 제안한 연구들도 다수 포함되는데, 최근의 연구들을 살펴보면 손지영(2006), 백승희(2009), 신현숙(2011), 문금현(2011a), 문금현(2011b), 문금현(2012), 장안영(2012), 이숙의(2014) 등이 있다.

5) 본 연구에서는 '물건 사기'의 연장선상에 놓여 있는 쇼핑하기, 교환·환불 등과 관련된 주제 단원도 '물건 사기'와 관련된 주제 항목으로 보았다.

6) 이 글에서 대상이 되는 교재는 건국대학교의 『함께 배우는 건국 한국어 1-1~2-2』, 경희대학교의 『외국인을 위한 한국어 초급1~중급2』, 고려대학교의 『재미있는 한국어1~6』, 서강대학교의 『서강 한국어1A~5B』, 서울대학교의 『한국어1~4』, 이화여자대학교의 『이화 한국어1-1~6』 등 총 37권의 한국어 통합 교재이다. 이 교재들을 선정한 이유는 각 기관에서 범용으로 사용되고 있는 교재들이기 때문이다. 무엇보다, 교재의 출판 시기가 기타 한국어 교재에 비해 다소 앞섰다는 것에서 비교적 한국어 학습자들의 사용도 및 활용

교재에서 '물건 사기' 주제의 단원 유무를 분석하였다. 한국어 교재를 검토해 가는 과정에서 한국어 학습 능력, 즉 초급, 중급, 고급 각 단계 가운데 어떤 단계에서 가장 빈번하게 '물건 사기' 주제를 다루고 있는 지 살펴보았는데, 이는 '물건 사기' 주제를 가장 많이 접하는 학습 단계 의 학습자들을 대상으로 어휘 목록과 어휘장 모형을 제시하기 위함이다.

교재 검토 결과를 표로 정리해서 나타내면 다음의 〈표 1〉과 같다.

〈표 1〉 한국어 교재별 '물건 사기' 주제 단원 유무

	한국어 교재	단원 및 주제	유무
1	건국1-1	〈10과〉 물건 사기/사과가 한 개에 얼마예요?	O
2	건국1-2	〈20과〉 쇼핑하기/이거 한번 신어 보세요.	O
3	건국2-1	–	×
4	건국2-2	〈28과〉 쇼핑/들어오자마자 이것부터 보여 달라고 하세요	O
5	경희 초급1	–	×
6	경희 초급2	〈13〉과 이 치마를 입어 봐도 돼요?/쇼핑	O
7	경희 중급1	–	×
8	경희 중급2	–	×
9	고려1	〈3과〉 물건 사기Shopping	O
10	고려2	〈4과〉 물건 사기Shopping	O
11	고려3	–	×
12	고려4	〈3과〉 교환·환불 Exchange·Refund	O
13	고려5	–	×
14	고려6	–	×
15	서강1A	〈준비3〉 지우개 두 개 주세요/〈1과〉 얼마예요?	O
16	서강1B	〈2과〉 이 옷을 입어보세요.	O

도가 높을 것이라고 판단하여 이상의 교재들을 선택하였다.

	한국어 교재	단원 및 주제	유무
17	서강2A	〈7과〉 무슨 색으로 보여 드릴까요?	O
18	서강2B	–	×
19	서강3A	–	×
20	서강3B	〈4과〉 쇼핑	O
21	서강4A	–	×
22	서강4B	〈4과〉 질책하기 변명하기(고객 서비스 센터입니다)	O
23	서강5A	–	×
24	서강5B	–	×
25	서울1	〈12과〉 가게/이 사과는 한 개에 얼마입니까?	O
26	서울2	〈15과〉 헌책방/깎아 드릴 테니까 다음에 또 오세요	O
27	서울3	–	×
28	서울1	–	×
29	이화1-1	–	×
30	이화1-2	〈8과〉 물건 사기	O
31	이화2-1	–	×
32	이화2-2	–	×
33	이화3-1	–	×
34	이화3-2	〈9과〉 문제 해결/상품 교환 요청의 글 읽기	O
35	이화4	〈2과〉 문제와 해결	O
36	이화5	–	×
37	이화6	–	×

이상의 〈표 1〉처럼 국내 한국어교육 기관의 초급부터 고급 단계 교재까지 '물건 사기'와 관련한 주제를 다루고 있는지의 여부를 조사해본 결과, 학습 단계와 학습 단계별 주제 단원에서의 차이가 있었는데, 이

를 수치화하여 나타내면 다음 〈표 2〉와 같다.

〈표 2〉 학습 단계 교재 비율 및 학습 단계별 '물건 사기' 주제 단원 비율

	분석 내용	초급	중급	고급
1	학습 단계 교재 비율 (해당 교재 수/총 교재 수)	43.2% (16/37)	37.8% (14/37)	18.9% (7/37)
2	학습 단계별 '물건 사기' 주제 단원 비율 ('물건 사기' 주제 수/학습 단계 교재 수)	68.75% (11/16)	42.84% (6/14)	0% (0/7)
*	순위	1	2	3

총 37권의 교재 중 초급 16권, 중급 14권, 고급 7권 등에서 '물건 사기' 관련 주제를 다루고 있는데, 그 빈도를 보면 초급 교재가 '물건 사기' 주제를 가장 많이 다루고 있는 것으로 나타났다. 이는 초급 학습자들이 '물건 사기'와 관련한 어휘들을 실생활에서 높은 빈도로 활용하는 어휘로 학습하고 있다는 사실을 보여주는 결과이다.

이 '물건 사기' 주제와 관련한 어휘들은 많은 교재에서 공통으로 다루어지고 있는데, 이는 중요하게 학습되어야 할 어휘이기 때문인 것이다. 중요 어휘는 초급 단계에서 체계적으로 학습해야만 상위 단계에서도 좀 더 심화된 어휘로 확장할 수 있다. 하지만 실제 어휘 교육에서는 초급 단계에서 학습한 어휘는 중급이나 고급 단계에서는 많은 시간을 할애해서 교육되지 않기 때문에 초급 학습자들의 장기 기억에 저장될 수 있는 어휘의 제시는 무엇보다 중요하다고 할 수 있다.

2.2. 한국어 교재별 및 학습 단계별 거래 어휘 제시 양상

여기서는 교재에 제시되어 있는 '물건 사기' 관련 어휘들의 공통성과 차별성을 고려하여 어휘들의 유형을 살피고자 한다. 그리고 그 어휘들이 교재 내에서 어떻게 제시되고 있는지에 대해 분석해 보겠다.

2.2.1. 건국대 교재

건국대 교재는 초급 교재에서 '물건 사기' 주제를 다루었는데, 그중 『함께 배우는 건국 한국어1-1』에서는 주제와 관련된 과제를 수행할 때 필요한 어휘들이 본문에서는 별도로 제시되지는 않았다. 또한 반드시 알아둬야 할 몇몇 어휘들은 단원 말미에 몇 개 나열된 정도였고, 예시를 들거나 연습할 때 활용할 수 있는 정도의 어휘만이 제시되어 있었다.

한편 『함께 배우는 건국 한국어1-2』에서는 '형용사'라는 항목에 몇 개의 어휘들과 함께 학습자들이 '물건 사기'의 구체적 상황을 보고 따라 활동하면서 활용할 수 있을 정도의 어휘들이 제시되어 있었다.[7]

건국대 초급 교재의 경우에는 주로 물건을 살 때 필요한 돈의 단위와 물건의 수량을 나타내는 수 단위, 각종 상품들의 종류인 과일, 음료, 음식, 사무 용품 등에 속하는 어휘들이 단원 내 과제와 함께 예시로써 제시되어 있었다. 한 단계 나아가 물건의 상태를 설명하거나 소개할 때 사용할 수 있는 형용사를 비롯하여 소위 패션과 관련된 어휘들, 가게 이름, 물건의 크기와 관련된 어휘들이 제시되어 있었다.

---

7) 『함께 배우는 건국 한국어1-1』에 "십 원/오십 원/백 원/오백 원/천 원/오천 원/만 원/오만 원/한 개~열 개/명/그릇/잔/권/병/사과/바나나/햄버거/라면/커피/콜라/맥주/우유/주스/과자/자장면/비빔밥/공책/책/연필/지우개/칫솔/치약/수건/비누/샴푸/손님/한국친구", 『함께 배우는 건국 한국어1-2』에 "무겁다/가볍다/두껍다/얇다/넓다/좁다/길다/짧다/높다/낮다/구두/티셔츠/치마/바지/원피스/운동화/부츠/가격/가게/종류/사다/신다" 등이 있다.

건국대 초급 교재의 어휘들을 보면 단계가 올라가면서 변화가 약간 나타난다는 사실을 알 수 있다. 즉, 『함께 배우는 건국 한국어1-1』에서는 구체명사가 집중적으로 나타나고, 『함께 배우는 건국 한국어1-2』에서는 구체명사를 표현할 수 있는 형용사가 집중적으로 배치되어 있다는 것이다. 또한 구매자 측면과 판매자 측면에서 활용하여 사용할 수 있는 어휘들도 함께 제시되어 있었는데, 이러한 교재의 특성은 그 내용이 분석적으로 명확하게 드러나 있지 않았다. 따라서 이 점에 초점을 맞추어 구체명사, 형용사 혹은 돈의 단위, 수량, 각종 상품이나 옷의 종류 등에 따라 기준을 세워 분류하여 재구성해 보여주면 학습자들은 물론 교사들에게도 좀 더 수월한 어휘 학습이 가능해질 것이다.

2.2.2. 경희대 교재

경희대 교재는 초급 교재에서 '물건 사기' 주제를 다루었는데, 이것과 관련된 어휘들은 본문 아래와 '관련 어휘'라는 항목에 치수 관련 표현, 신발 사이즈, 옷 사이즈를 나타내는 어휘를 별도로 보여주고 있으며, 예시 혹은 연습할 때 활용할 수 있는 정도의 어휘를 제시하고 있었다. 한 가지 건국대 교재와 달랐던 점은 동일 단계의 교재인데도 이 교재에서는 '교환/환불'과 관련된 어휘들을 다루었다는 것이다.[8]

경희대 초급 교재인 『외국인을 위한 한국어 초급2』의 어휘들을 보면, 색깔의 명칭과 옷의 종류 등을 나타내는 구체명사와 물품을 표현할 수 있는 형용사, 교환/환불의 어휘 등이 분류되어 제시되고 있었다. 그런데 경희대 초급 교재에서는 한 개의 단원이 모두 '물건 사기'라는

---

8) 경희대 교재 내 '물건 사기' 주제 관련 어휘는 『외국인을 위한 한국어 초급2』에 "회원 가입/계좌 이체/신용카드/결제하다/사이즈/인치/26인치/탈의실/영수증/하얀색/까만색/노란색/빨간색/신발/구두/옷/티셔츠/바지/원피스/소매/가게/신발 가게/휴대폰 가게/안경 가게/통/기장/굽/딱 맞다/헐렁하다/끼다/크다/작다/길다/적당하다/짧다/높다/낮다/교환/환불(구입취소)" 등이 있다.

주제로 이루어져있기 때문에 여러 활동에 의하여 거래 어휘를 접하겠지만, 대상이 초급 단계 학습자들이라는 점과 교재의 효율성 측면에서 교재 내에 어휘들을 재구성할 필요가 있다. 이 교재에서도 색깔의 명칭, 옷의 종류 등을 나타내는 구체명사들을 유사한 성질을 띠고 있는 것끼리 묶어 교재 내에서 재구성한다면 어휘 교육에 좀 더 효율적일 것이다.

2.2.3. 고려대 교재

고려대 초급 교재는 『재미있는 한국어1』과 『재미있는 한국어2』에서 '물건 사기'와 관련된 주제를 다루면서 이것과 관련된 어휘들은 본문과 함께 그 옆에 'New Vocabulary'라는 항목에 보여주고 있었다. 예를 들어 '물건 사기'라는 주제에서 가능한 상황을 본문으로 구성하면서 사용된 어휘들은 몇 개 정도만이 제시되어 있는 형태였다.

그런데 실제 연습 활동이 주어지면서는 앞서 제시된 어휘들의 구성과는 달리 슈퍼마켓 물건, 과일, 옷, 색깔, 색깔의 농도, 옷의 사이즈 등과 같은 구체적인 항목을 중심으로 이에 속하는 어휘들을 좀 더 체계적으로 나열하였다. 또한, 단원 마지막 페이지에서는 '수량 명사'를 쓰임 설명과 함께 자세히 제시하고 있었다.[9]

고려대 중급 교재 『재미있는 한국어4』에서도 초반에는 '물건 사기'

---

9) 『재미있는 한국어1』 "아저씨/주다/슈퍼마켓/물건/빵/과자/라면/계란/커피/콜라/우유/주스/물/비누/치약/칫솔/휴지/하나~열/개/한 개~열 개/명/잔/그릇/병/마리", 『재미있는 한국어2』에 "과일/배/딸기/사과/귤/수박/포도/복숭아/참외/토마토/체리/옷/바지/청바지/치마/티셔츠/블라우스/남방/조끼/양복/원피스/정장/캐주얼/색깔/흰색~검정색/진하다/밝은 색/어두운 색/색깔연하다/어둡다/밝다/사이즈/작다/넓다/헐렁하다/붙다/맞다/길이/길다/짧다/편하다/디자인/유행이다『재미있는 한국어4』에 "멜론/상하다/들여오다/그럴 리가 없다/완전히/미처/구입하다/환불/체형/수선하다/무늬/영수증/최신형/잡음/일쑤이다/구입처/개선되다/불량품/거부하다/멀쩡하다/싫증/유통기한/신제품/제품의 문제/상하다"등이 있다.

와 관련된 주제를 다루면서 이것과 관련된 어휘들은 본문과 함께 그 옆에 'New Vocabulary'라는 항목에 보여주고 있었다. 그 후 본격적인 연습활동이 시작되면서 '교환 불가 사유', '사동 어휘' 등과 같이 구체적인 항목을 중심으로, 이에 속하는 어휘들을 제시하고 있었다.

고려대 교재에서 어휘를 하나의 장으로 재구성해서 학습자에게 제공하고 이를 활용한 학습 활동을 마련해 줄 수 있다면 좀 더 효율적이고 연계된 어휘 교육이 될 수 있을 것이다. 이는 '물건 사기'와 관련된 거래 어휘들을 한눈에 볼 수 있고, 정해준 상황에서 이외의 상황에서도 충분히 활용할 수 있는 능력을 키울 수도 있을 것이다. 예를 들면 고려대 교재에서 '슈퍼마켓 물건', '과일', '옷, 색깔', '색깔의 농도', '옷의 사이즈' 등의 구체적인 항목에 속하는 어휘들을 군데군데 제시하고 있는 것보다는 이를 한데 모아 범주별로 나타낼 수 있다면 초급 단계 학습자들에게는 좀 더 효과적일 수 있다고 판단한다.[10]

고려대 중급 교재에서는 교환과 관련된 내용으로 교환 요청을 하는 이유와, 교환이 불가능한 사유에 대하여 어휘와 표현들이 제시되어 있었다. 이때는 교환 요청을 하는 구매자와, 교환을 해주거나 혹은 교환이 불가능하다는 사유를 말하는 판매자를 구분하여 어휘를 제시한다면 중급 학습자들이 활용하기에 좀 더 효과적일 것이다.

2.2.4. 서강대 교재

서강대 초급 교재는 『서강한국어1』과 『서강한국어2』에서 '물건 사기'와 관련된 주제를 다루기에 앞서 준비 단계에서 거래와 관련된 어휘를 미리 학습할 수 있도록 하였다. 예를 들면, 준비 단계에서 수행할 수 있는 연습 활동과 함께 어휘들이 그 아래에 몇 개 제시되어 있었다.

---

10) 물론 제시된 어휘 수가 많으면 학습자들에게 부담을 줄 수 있다. 하지만 이 연구의 취지는 다양한 어휘를 학습자들에게 제공하고, 이를 실제 상황에서 적절하게 취사선택하고 쓸 수 있도록 도움을 주는 데에 있음을 밝힌다.

그리고 해당 준비 단계 마지막 페이지에 '숫자', '음료수', '표현'이라는 구체적 항목을 정하여 이에 속하는 어휘들을 나열하였다. 이렇게 선행 어휘 학습 후 단원에서 '물건 사기' 주제와 관련된 내용을 학습하게 되는데, 『서강한국어1A』에서는 가격을 묻는 간단한 대화만을 보여주고 있다. 초급 학습자들이 학습하기에는 어휘 수가 부족하고, 어휘를 구성하고 있는 형태도 효율적이지 못한 모습을 보여주고 있다.

이와는 달리, 『서강한국어2A』에서는 '색깔', '과일 가게', '생선 가게', '야채 가게', '옷 사기', '구두 사기', '교환/환불' 등 다양한 상황과 함께 이에 속하는 어휘들을 활동 내에 제시하였다. 그리고 단원의 말미에 단어·표현에 어휘들을 나열하였다.[11]

서강대 중급 단계 교재 『서강한국어3B』와 『서강한국어4B』에서도 기관 특성에 따라 초급 단계 교재와 마찬가지로 단원의 마지막 페이지에 단어·표현에 어휘들을 나열하여 보여주고 있다.[12] 여기서 제시된 어휘는 주로 물건을 살 수 있는 장소의 명칭과 물건들의 기능, 논을 지불할 때 사용되는 어휘, 즉 '입금하다', '할부', '신용카드' 등과 같은 어휘들이며 그 외에 필요한 몇 개의 어휘들도 보여주고 있다. 중급 단

---

11) 『서강 한국어1A』에 "책상/모자/시계/볼펜/안경/공책/가위/바지/구두/컴퓨터/책/지갑/음식/레몬차/사이다/녹차/맥주/커피/콜라/오렌지주스/숫자/하나~열/영/공/일~십/백/천/만/단위/개/명/병/권", 『서강 한국어2A』에 "손님/아줌마/점원/주인/색깔/빨간색~보라색/하얀색/까만색/과일/사과/딸기/배/당근/오이/오징어/생선/가게/옷/반바지/높다/아프다/고르다/바꾸다/버리다/값/단추/며칠/세일/쓰레기/영수증/옷장/새/단추/환불/받다/영수증/필요하다/다르다/백화점/나오다/마음/가볍다/크다/작다/가볍다/무겁다/튼튼하다/약하다/편리하다" 등이 있다.

12) 『서강한국어3B』 "쇼핑/TV홈쇼핑/대형 할인 매장/벼룩시장/인터넷 쇼핑몰/전자 상가/제품/면도기/기능/교환/무이자/반품/벨트/색깔/지불/택배비/품질/구입하다/믿다/입금하다" 『서강한국어4B』에는 "장식/구두장식/추석/택배/택배비/현금/떨어지다/맡기다/수선하다/참다/단골/세탁물/입장/교환하다/깎다/보증/상태/수리문의하다/빠트리다(빠뜨리다)/점검하다/배송/색깔/소비자/쇼핑몰/인터넷쇼핑몰/신상품/이용자/제품/주문량/구입하다/반품하다/요청하다/제공하다" 등이 있다.

계 학습자들이 사용하는 교재이기 때문에 주로 어휘보다는 표현들이 집중적으로 나타나는 모습을 볼 수 있다.

서강대 교재는 고려대 교재 구성과 흡사하며 어휘들이 비교적 잘 정리되어 있었다. 하지만 좀 더 효율성을 더하기 위해 어휘를 장 형태로 종합하여 재구성하면 학습에 효과적으로 쓰일 수 있다고 본다. 즉, 어휘를 단순 나열이 아닌 입체적이면서 한눈에 파악할 수 있으며, 실제 다양한 상황에서의 활용가능성도 높일 수 있다는 점에서 효과적이라는 것이다. 예를 들면 서강대 초급 교재에서 '색깔', '과일 가게', '생선 가게', '야채 가게', '옷 사기', '구두 사기', '교환/환불' 등의 구체적인 항목에 속하는 어휘들을 별도로 제시하였는데, 이를 같은 성질을 띠는 어휘들끼리 재구성해 나타내면 초급 단계 학습자들에게는 좀 더 효과적일 수 있다.

서강대 중급 교재에서는 주로 교환 및 환불과 관련된 어휘와 표현들이 제시되어 있었는데, 이중 어휘들을 중심으로 하여 구매자와 판매자의 입장을 고려하면서 어휘를 재구성해 보여주면 중급 단계 학습자들이 활용할 때 도움이 될 것이다.

2.2.5. 서울대 교재

서울대 초급 교재인 『한국어1』과 『한국어2』의 경우 본문이 시작되면서 그 아래에 단원 주제와 관련된 어휘들이 한꺼번에 제시되어 있는 모습을 볼 수 있다. 예를 들면, 필수 어휘 몇 개만 나열되었고, 예시 혹은 연습할 때 활용할 수 있는 정도의 어휘만이 제시되어 있어 어휘 부족으로 인해 다양한 활동을 하기에는 어려움이 있는 형태를 띠고 있었다.[13]

---

13) 『한국어1』에는 "이/사과/한/개/얼마/아저씨/주다/백/원/맥주/세/병/천/그/ 저/이거/저거/두/다섯/바나나/만/콜라/가게/주스/맥주/가방/시계/가게", 『 한국어2』에는 "깎다/동대문/헌책방/나오다/정가/만/남다"

서울대 교재는 타기관의 교재와는 달리 과일, 음료, 수량 등을 나타내는 어휘가 한개 내지 두개 정도만 나타나 있어 어휘의 다양성 측면에서 상당히 부족하다. 많은 어휘의 제시는 자칫 학습자들에게 혼란을 줄 수 있는 요인이 되고 우려가 되기도 하지만, 적은 어휘의 제시는 학습자들에게 효과적인 어휘 학습이 될 수 없다. 무엇보다 초급 단계 학습자들에게 어휘의 단순 나열은 다양한 활동을 하는 데 어려움을 줄 수 있기 때문에 어휘를 종합적으로 재구성할 필요가 있다.

2.2.6. 이화여대 교재

이화여대 초급 교재인 『이화 한국어1-2』의 경우 '물건 사기'와 관련된 주제를 다루면서 이것과 관련된 어휘들은 단원 내 Part1 '준비합시다' 단계에서 주로 단위 명사와 가격을 나타내는 돈의 수량을 중심으로 보여주고 있다. 그 외에 음식, 음료, 물건 등을 나타내는 어휘는 한개 내지 두개 정도만 제시되어 있었다.[14] 이는 다양성 측면에서 부족하지만, 같은 성질을 띠는 어휘끼리 묶어두었다는 점에서는 앞서 살펴본 서울대 교재와 차이가 있었다.

이화여대 중급 교재 『이화한국어3-2』와 『이화한국어4』에서는 어휘가 초급 교재와 같은 형태로 제시되어 있었다. 그런데 학습 단계가 올라가면서 교환 및 환불과 관련된 구체적 상황에서 사용되는 어휘들이 나타난다.[15]

---

14) 『이화 한국어1-2』 "개/명/마리/병/잔/컬레/권/장/대/벌/송이/조각/얼마/사진기/냉장고/청소기/선풍기/다리미/세탁기/빵/주스/사과/라면/우산/꽃/노트북/텔레비전/우표/지우개/책/가격/백 원/천 원/만 원/십만 원/백만 원/주인/손님/아주머니/배/짜리/선물하다/목걸이/주다/과일/가게/주인/바나나/팔다/가격/세일" 등

15) 『이화 한국어3-2, 4』 "상품 교환/요청/조회/신제품/운반하다/뜯어보다/포장지/흠/반송하다/헌/해명/답변/요구사항/당부/하자/환불/실천/떼다/무상/배송/도난당하다/여행자 보험/교환/수리/배송비/입금/물건/택배기사/상담원/구매자/인사하기/반품/사유/이의/제기하다/화사하다/안내문구/규정" 등

이화여대 교재에서는 어휘의 양이 그리 많지는 않지만 대체적으로 같은 유형의 어휘들로 묶여 있다는 점에서 학습에 효과적일 수 있다는 특징이 있다. 이를 좀 더 확장하여 '단위 명사', '색깔', '돈을 세는 단위' 등의 구체적인 항목에 속하는 어휘들을 같은 성질의 어휘들끼리 모아 학습자들에게 제공하고, 이를 활용할 수 있도록 학습 활동을 마련해준다면 학습자들에게 도움이 될 것이다. 이는 앞에서 그 중요성을 강조하였듯이 '물건 사기'와 관련된 어휘들을 전체적으로 파악할 수 있고, 다양한 상황에서도 효과적으로 활용할 수 있다는 점에서 유용하다고 하겠다.

지금까지 교재 분석에서 드러난 두 가지 문제는 다음과 같다.

첫째, 초급 학습자들이 초급 단계에서 '물건 사기' 주제 단원을 접하면서 해당 어휘를 학습할 가능성이 비교적 높다는 것을 알 수 있다. 이와 함께 초급 단계에서 체계적인 어휘 학습이 이루어져야 중급 단계로까지 이어질 때, 좀 더 나은 학습 효과를 얻을 수 있을 것이라는 사실도 간과하지 말아야 하는 것이다.

둘째, '물건 사기' 주제와 관련된 단원에 제시되어 있던 거래 어휘들의 제시 형태를 비교해 볼 수 있었는데, 기관마다 제시 형태나 방법이 특색도 있고 차이도 있었다. 하지만 단순한 어휘 나열을 벗어나 초급 학습자들에게 체계적이면서도 시각적 효과를 함께 전달할 수 있는 어휘 제시가 가능하다면 좀 더 효율적으로 어휘 교육에서 활용될 수 있을 것이다.

3. '물건 사기' 관련 어휘 제시와 어휘장의 구축

이 장에서는 우선 각 기관별 한국어 교재의 '물건 사기' 관련 어휘들을 종합하여 '물건 사기' 관련 공통 어휘 목록을 제시하겠다. 종합할 어휘는 주제 단원의 비중이 가장 높은 초급 단계 교재의 어휘들이 중심이 될 것이고, 이때 어휘들은 품사별로 구분하여 나타낼 것이다.[16) 또한 각 품사에 속한 어휘들을 대상으로 코어넷의 개념 체계를 이용하여 어휘 체계를 귀납적 방식으로 제시하겠다. 이렇게 각 개념 체계의 의미 영역에 의해 구성된 어휘들은 '물건 사기' 주제와 관련하여 어휘 교육에 활용될 수 있는데, 이를 어떻게 한국어 초급 학습자들에게 활용하면 좋을지에 대해서 논의해 보겠다.

3.1. 초급 단계 '물건 사기' 관련 어휘 목록

앞서 언급하였듯이 각 기관별 한국어 교재의 '물건 사기' 관련 어휘들을 종합하여 '물건 사기' 관련 공통 어휘 목록을 제시해 보겠다. 이를 위해서 여러 초급 교재에 나타난 '물건 사기' 관련 어휘들을 모두 종합하고 이를 품사별로 구분해서 나타내면 다음의 〈표 3〉과 같다.[17)

---

16) 이는 교재에서 많이 제시하고 있는 품사가 무엇인지 확인할 수 있으며, 이 품사에 속한 '물건 사기' 관련 어휘의 영역을 구분하고 어휘장을 구축할 때의 그 기준을 좀 더 타당성 있게 하기 위함이다.
17) 어휘를 추출하여 목록화 하는 데의 기준을 품사에 둔 이유는 동일하거나 유사한 어휘 영역에 속하는 어휘들이 같은 품사에 속하는 것을 포착하였기 때문이다. 이는 어휘장을 구성할 때 좀 더 자세하게 다루고, 〈표 10〉에서 어휘 목록을 어휘장 형태로 재구성한 것을 보면 알 수 있다.

〈표 3〉 한국어 초급 단계 '물건 사기' 관련 공통 거래 어휘 목록

번호	품사	초급 단계 공통 거래 어휘	어휘 비율
1	명사	구두, 바지(청바지, 반바지), 티셔츠(반팔 티셔츠), 블라우스, 남방. 스웨터, 조끼, 치마, 원피스, 정장, 캐주얼, 운동화, 부츠, 양복, 소매, 코트, 신발(구두)/목걸이, 모자, 시계, 안경, 지갑, 배낭, 주머니, 비누, 치약, 칫솔, 휴지, 수건, 샴푸, 우산/빨간색, 주황색, 노란색, 초록색, 파란색, 남색, 보라색, 녹색, 갈색, 회색, 베이지색, 분홍색, 하늘색, 연두색, 하얀색(흰색), 검정색(까만색)/가게(신발 가게, 휴대폰 가게, 안경 가게, 옷 가게, 과일 가게, 생선 가게, 야채 가게) 백화점, 시장, 동대문, 헌책방, 슈퍼마켓, 탈의실/노트북, 컴퓨터, 전자사전, 가방, 책상, 공책, 책, 연필, 볼펜, 지우개, 가위, 우표/귤, 딸기, 바나나, 배, 복숭아, 사과, 수박, 참외, 체리, 토마토, 포도/물, 레몬차, 사이다, 녹차, 맥주, 커피, 콜라, 우유, 주스, 오렌지주스/음식, 햄버거, 라면, 자장면, 비빔밥, 빵, 계란/옷장, 청소기, 선풍기, 다리미, 세탁기, 냉장고, 텔레비전, 사진기/아저씨, 아주머니(아줌마), 주인, 점원, 손님, 고객/당근, 오이/오징어, 생선/그릇, 교환, 환불/신용카드, 영수증/정가, 가격, 값, 얼마/크기, 기장, 굽/유행	132개 (57.1%)
		* 의존명사 개, 권, 대, 마리, 명, 벌, 병, 송이, 잔, 장, 조각, 켤레, 짜리, 원, 통	15개 (6.49%)
2	형용사	크다, 작다, 무겁다, 가볍다, 두껍다, 얇다, 넓다, 좁다, 길다, 짧다, 높다, 낮다, 깨끗하다, 더럽다, 편하다, 불편하다, 답답하다, 헐렁하다, 편리하다, 튼튼하다, 싸다, 싱싱하다, 화려하다, 멋있다, 있다, 없다, 유명하다, 진하다, 밝다, 어둡다, 연하다, 어떠하다, 좋다	33개 (14.2%)
3	동사	깎다, 끼다, 고르다, 드리다, 맞다, 바꾸다, 버리다, 붙다, 사다, 선물하다, 신다, 어울리다, 입다, 적당하다, 주다, 주문하다, 찾다, 팔다, 팔리다, 찾다, 하다, 결제하다, * 되다, 하다,	24개 (11.6%)
4	수사	하나, 둘, 셋, 넷, 다섯, 여섯, 일곱, 여덟, 아홉, 열, 공, 일, 이, 삼, 사, 오, 육, 칠. 팔 구, 십, 백, 천	24개 (10.3%)
합계			231개

위 〈표 3〉과 같이 '물건 사기' 관련 어휘들을 품사별로 구분해 보면, '명사', '형용사', '동사', '수사' 등으로 분류할 수 있다. 이중 '명사'가 의존명사를 포함하여 147개로 가장 많았고, 그 뒤로 형용사가 33개, 동사가 24개, 수사가 24개 등이었다. 총 229개의 어휘들은 '명사〉형용사〉동사〉수사〉'의 순으로 분포가 되어 있어 있는 것을 볼 수 있다. 여기서 흥미로운 것은 어쩌면 당연하지만 대부분의 어휘들은 같은 품사들이 비슷한 의미 기능을 하는 영역에 속해 있다는 것이다. 물론 모두가 유사하다는 것은 아니다. 명사를 예로 보면 부분적으로 '물건', '음식' 등과 같이 영역별로 쉽게 구분할 수 있는 어휘들로 구성되어 있지만 같은 물건 혹은 음식 등이라고 할지라도 그 물건이나 음식이 구성된 재료나 특성에 따라 다른 어휘 영역에 속할 수도 있는 경우가 있다.

이는 생각을 바꿔 보면 학습자들이 다른 영역의 어휘를 같은 영역의 어휘로 볼 수 있는 가능성도 있다는 것이다. 그렇기 때문에 어휘 학습이 가장 많이 이루어지고, 무엇보다 '물건 사기' 관련 어휘를 가장 많이 접할 수 있는 초급 단계 학습자들을 위해 어휘장을 구축하고, 어휘장 내에서 어떠한 기준들에 의해서 어휘들이 구성되었는지 제시해 주면 어휘 학습에서의 분명한 개념 차이를 보여 줄 수 있어 효과적인 어휘 학습에 기여할 수 있게 된다.

3.2. 초급 단계 '물건 사기' 관련 어휘장

3.2.1. '명사'중심'물건 사기'관련 어휘장 및 분류 기준

다음의 〈표 4〉와 〈표 5〉는 이 연구에서 구축한 '명사' 중심 '물건 사기' 관련 어휘장이다. 이 어휘장은 '물건 사기' 관련 어휘들을 코어넷 개념 체계를 활용하여 의미별, 층위별로 체계화하여 나타낸 것이다.[18]

18) 본 연구에서는 각 의미 영역별 단계를 '→'로 제시하였다. 예를 들어 한 개의

명사에 속한 '물건 사기' 관련 어휘는 크게 구체 명사 안에 '물건', '주체', '장소', '추상물'에 속하였다. 이를 차례대로 제시하면 다음과 같다.

〈표 4〉 '명사' 중심 '물건 사기' 관련 어휘장 및 어휘 분류 – 구체

---

1. 구체
1) 물건→생물→식물→과일
　→ 귤, 딸기, 바나나, 배, 복숭아, 사과, 수박, 참외, 체리, 토마토, 포도
2) 물건→생물→동물→알→**계란**
3) 물건→무생물→인공물→의료→의복→
　① 상의→남방, 블라우스, 스웨터, 조끼, 티셔츠
　② 하의→바지, 반바지, 청바지, 치마
　③ 상·하의→**양복, 원피스**
　④ 의복부속품
　　신발, 모자
　　장신구→**목걸이**
4) 물건→무생물→인공물→약품→화장품→ ① 비누→**샴푸** / ② **치약**
5) 물건→무생물→인공물→식료→음식
6) 물건→무생물→인공물→식료→기호품→음료수→
　① 물 / ② 우유 / ③ 술→**맥주** / ④ 녹차, 레몬차
　⑤ 커피/주스→사이다, 콜라, 오렌지주스
7) 물건→무생물→인공물→식료→요리→
　① 밥→**비빔밥** / ② 면류→**라면, 자장면** / ③ 빵→**햄버거**
8) 물건→무생물→인공물→식료→식품→
　① 야채→**당근, 오이** / ② 어패류→**오징어, 생선**
9) 물건→무생물→인공물→도구→가재도구→가구→
　① 책상 / ② 의자 / ③ 옷장 /④ 냉난방장치→**선풍기**
　⑤ 가정 용기→**다리미**
10) 물건→무생물→인공물→도구→가재도구→문구→
　① 공책, 볼펜, 연필, 지우개 /② 출판물→**책, 우표**
11) 물건→무생물→인공물→도구→기계→전기기기→
　① 컴퓨터→**노트북, 전자사전** / ② 전력기기→**냉장고**
　③ 통신기기→**텔레비전** / ④ 응용전자기기→**세탁기**
12) 물건→무생물→인공물→도구→기계→광학기계→ ① **사진기** / ② **안경**
13) 물건→무생물→인공물→도구→표/상징물→기→**청소기**
14) 물건→무생물→인공물→도구→가재도구→
　① 식기→공기/잔/접시→**그릇** / ② 가정용구→**칫솔**

화살표는 각각의 하위 개념 내지 단계를 표시한 것이다.

③ 용기→봉투→가방, 지갑, 배낭, 주머니
15) 물건→무생물→인공물→의료→우비/침구→우비→우산
16) 물건→무생물→인공물→의료→실/옷감→옷감→수건
17) 물건→무생물→인공물→자재→종이→휴지
18) 물건→무생물→인공물→식료→건조물→가옥 → ① 가옥→선반/대/단→굽
　② 가옥(부분 장소)→방→탈의실
20) 주체→사람→인간(대인관계)→사람(판매직)→점원
21) 주체→사람→인간(대인관계)→인간(교제관계)→주객→
　① 주인 / ② 손님, 고객
21) 장소→시설→일터→상점→
　① 가게 / ② 시장→슈퍼마켓, 동대문 / ③ 백화점
　④ 음식점 / ⑤ 상점→책방→헌책방
23) 추상물→추상적 관계→형상→수량→양→단위→
　→권, 대, 마리, 벌, 병, 송이, 잔, 장, 통

　첫째, '물건'의 경우 '생물'과 '무생물'로 구분이 되는데, 이중 '생물'
은 다시 '식물'과 '동물'로 구분된다. 우선 '식물'의 '과일'에 속한 어휘
는 '귤, 딸기, 바나나, 배, 복숭아, 사과, 수박, 참외, 체리, 토마토,
포도' 등이고, '동물'의 '알'에 속한 어휘 '계란'이 있다.

　'무생물'은 '인공물'에 속한 어휘들이 있었는데, 이 안에서 다시 '의
료', '약품', '식료', '도구', '자재'로 구분이 되어 '의료 → 우비-침구
→ 우비'에 속한 어휘로 '우산'이 있고, '의료 → 실/옷감-옷감'에 속한
어휘로 '수건'이 있다. 그리고 '약품 → 화장품 → 비누'에 속한 어휘로
는 '샴푸', '치약'이 있다. '식료'는 다시 '음식'과 '기호품'으로 구분이
되는데, '식료 → 음식'에 속한 어휘들은 별도로 존재하지 않았다. 반면
'식료 → 기호품 → 음료수'에 속한 어휘들은 '물, 우유, 술 → 맥주, 녹
차, 레몬차, 커피/주스 → 사이다, 콜라, 오렌지주스'가 있다. '식료 →
요리'에 속한 어휘들은 '밥 → 비빔밥, 면류 → 라면, 자장면, 빵 → 햄
버거'가 있으며, '식료 → 식품'은 다시 '야채'와 '어패류'로 구분이 되면
서 여기에 속한 어휘는 각각 '당근, 오이', '오징어, 생선' 등이 있다.
'식료 → 건조물'은 '가옥 → 가옥 → 선반/대/단'에 속한 어휘로 '굽',

'가옥→가옥→(부분 장소)'에 속한 어휘로 '방→탈의실'이 있다.

'도구→가재도구→가구/문구/식기/가정용구/용기'로 구분이 되면서 '가구'에 속하는 어휘는 '책상, 의자, 옷장, 냉난방장치→선풍기, 가정 용기→다리미'가 있으며, '문구'에 속하는 어휘는 '공책, 볼펜, 연필, 지우개, 출판물→책, 우표'가 있다. '식기'에 속하는 어휘는 '공기/잔/접시→그릇', '가정용구→칫솔', '용기→봉투→가방, 지갑, 배낭, 주머니'에 속한 어휘가 있다.

여기서 '도구'는 '가재도구' 이외에도 '기계'와 '표/상징물'에 속한 어휘가 존재하면서 각각 '도구→기계→전기기기'에 속한 어휘로 '컴퓨터→노트북, 전자사전', '전력기기→냉장고', '통신기기→텔레비전', '응용전자기기→세탁기'가 있다. '도구→기계→광학기계'에 속한 어휘는 '사진기, 안경'이 있으며, '도구→표/상징물→기'에 속한 어휘는 '청소기'가 있다. '자재'에 속한 어휘는 '종이→휴지'에 속한 어휘가 있다.

둘째, '주체'의 경우 4단계에서 '사람(판매직)'과 '인간(교제관계)'로 구분이 되는데 여기에 속하는 어휘는 각각 '점원'과 '주객→주인', '주객→손님, 고객'이 있다.

셋째, '장소'의 경우 '시설→일터→상점'에 속한 어휘들은 '가게, 시장→슈퍼마켓, 동대문, 백화점, 음식점, 상점→책방→헌책방'이 있다.

넷째, '추상물'의 경우 '추상적 관계→형상→수량→양→단위' '권, 대, 마리, 벌, 병, 송이, 잔, 장, 통'이 존재한다.

명사에 속한 '물건 사기' 관련 어휘 중 추상에 속한 어휘는 크게 '일(추상)', '추상물', '추상적 관계'에 속한 명사 어휘가 존재한다. 이에 대하여 차례대로 제시하면 다음과 같다.

〈표 5〉 '명사' 중심 어휘장 및 어휘 분류-추상

```
2. 추상
1) 일(추상)→인간활동→정신→언동→진술→표현→
                    →호칭→아저씨, 아주머니(아줌마)

2) 일(추상)→인간활동→행위→거래→교역→교환, 환불

3) 일(추상)→자연현상→비생명현상→물상→자극→색→
   →색채→빨간색, 주황색, 노란색, 초록색, 파란색, 남색, 보라색, 녹
   색, 갈색, 회색, 베이지색, 분홍색, 하늘색, 연두색, 하얀색(흰색), 검
   정색(까만색)

4) 추상물→추상물(정신)→문서→문서류→영수증

5) 추상물→추상물(행위)→제도→경제 제도→가격/비용→가격→정가, 값

6) 추상물→추상물(행위)→습속→풍속→유행

7) 추상적 관계→수량→정도/한도→정도→얼마, 크기
```

첫째, '일(추상)'의 경우 '인간 활동'과 '자연현상'으로 구분이 되는데, 이중 '인간 활동'은 다시 '정신'과 '행위'로 구분이 된다. '인간활동'의 '정신'은 '정신 → 언동 → 진술 → 표현 → 호칭'에 속한 어휘인 '아저씨, 아주머니(아저씨)'가 있으며, '행위'는 '행위 → 거래 → 교역'에 속한 어휘인 '교환, 환불'이 있다. 한편, '자연현상'은 '비생명현상 → 물상 → 자극 → 색 → 색채'에 속한 어휘인 '빨간색, 주황색, 노란색, 초록색, 파란색, 남색, 보라색, 녹색, 갈색, 회색, 베이지색, 분홍색, 하늘색, 연두색, 하얀색(흰색), 검정색(까만색)' 등이 있다.

둘째, '추상물'의 경우 '추상물(정신)'과 '추상물(행위)'으로 구분이 되는데, 이중 '추상물(정신)'은 '추상물(정신) → 문서 → 문서류'에 속한 어휘인 '영수증'이 있다. '추상물(행위)'는 다시 '제도'와 '습속'으로 구분이 되면서 '제도 → 경제 제도 → 가격/비용 → 가격'에 속한 어휘

인 '정가, 값(가격)'이 있으며, '습속→ 풍속'에 속한 어휘인 '유행'이 있다. 셋째, '추상적 관계'의 경우 '수량→ 정도/한도→ 정도'에 속한 어휘인 '얼마, 크기'가 있다.

3.2.2. '형용사' 중심 '물건 사기' 관련 어휘장 및 분류 기준

다음의 〈표 6〉은 '형용사' 중심 '물건 사기' 관련 어휘장이다. 형용에 속한 '물건 사기' 관련 어휘는 추상에 속한 어휘만이 존재하였다. 이에 대하여 차례대로 제시하면 다음과 같다.

〈표 6〉 형용사 중심 어휘장 및 어휘 분류-추상

1. 추상
1) 추상물→추상적 관계→형상→모양→
① 큼→**크다** / ② 작음→**작다** / ③ 길쭉함→**길다** /
④ 짧음→**짧다** / ⑤ 높음→**높다** / ⑥ 낮음→**낮다** /
⑦ 두꺼움→**두껍다** / ⑧ 얇음→**얇다** / ⑨ 넓음→**넓다** /
⑩ 좁음→**좁다**
2) 추상물→추상적 관계→형상→수량→정도/한도→정도→**무겁다, 가볍다**
3) 추상물→추상적 관계→상태→양상→
① 기타양상→ ㄱ. 모습→**깨끗하다, 더럽다**
ㄴ. 다루기→**편하다, 불편하다** * **편리하다**
ㄷ. **튼튼하다**
② 상황→상태/이상→ ㄱ. 구체물→**헐렁하다** / ㄴ. 밝기→**어둡다**
③ 시비→ ㄱ. 이러함→**어떠하다** / ㄴ. 멋짐→**멋있다**
6) 추상물→추상적 관계→상태→풍/느낌/모습→
① 모습→ ㄱ. 답답함→**답답하다**
ㄴ. 산뜻함→**밝다, 싱싱하다**
ㄷ. 기타 모습→**좋다**
7) 추상물→추상적관계→존재→유무→ ① 유→**있다** / ② 무→**없다**
8) 추상물→추상적관계→존재→성질
→특징→**진하다, 연하다, 유명하다, 화려하다**
9) 추상물→추상물(행위)→제도→경제제도→가격/비용→가격→**싸다**

'형용사'에 속한 '물건 사기' 관련 어휘들은 모두 '추상물'에 속한 어휘로 그 안에서 '추상적 관계'에 속한 어휘와 '추상물(행위)'에 속한 어휘가 존재한다. 이중 '추상적 관계'에 속한 어휘는 다시 크게 '형상', '상태', '존재'에 속하는 어휘가 있다. '형상'의 경우 '모양 → 큼, 작음, 길쭉함, 높음, 낮음, 두꺼움, 얇음, 넓음, 좁음'에 속하는 어휘들로 각각 '크다, 작다, 길다, 짧다, 높다, 낮다, 두껍다, 얇다, 넓다, 좁다' 등이 있다.

'상태'의 경우에는 다시 '양상'과 '풍/느낌/모습'으로 나뉘면서 '양상 → 기타양상'에 속한 어휘는 '모습 → 깨끗하다, 더럽다', '다루기 → 편하다, 불편하다', '튼튼하다'가 있다. '양상 → 상황 → 상태/이상'에 속한 어휘는 '구체물→헐렁하다', '밝기 → 어둡다'가 있으며, '양상 → 시비'에 속한 어휘는 '이러함 → 어떠하다', '멋짐 → 멋있다'가 있다. 그리고 '풍/느낌/모습 → 모습'에 속하는 어휘는 '답답함 → 답답하다', '산뜻함 → 밝다, 싱싱하다', '기타 모습 → 좋다'기 있다.

'존재'의 경우도 다시 '유무'와 '성질'로 나뉘면서 '유무 → 유/무'에 속하는 어휘에 '있다, 없다'가 있고, '성질 → 특징'에 속하는 어휘에 '진하다, 연하다, 유명하다, 화려하다'가 있다.

추상물(행위) → 제도 → 경제제도 → 가격/비용 → 가격'에 속한 어휘에 '싸다'가 존재한다.

3.2.3. '동사' 중심 '물건 사기' 관련 어휘장 및 분류 기준

다음의 〈표 7〉은 '동사' 중심 '물건 사기' 관련 어휘장이다. 동사에 속한 '물건 사기' 관련 어휘는 구체에 속한 어휘, '일〈추상〉'과 '추상물'에 속한 어휘가 존재한다. 이중 대부분이 '일〈추상〉'에 속한 어휘로 구체적으로는 '인간활동'에 관한 것이었다. 더불어 '사실/현상'에 속한 어휘들이 존재한다. 이에 대하여 제시하면 다음과 같다.

〈표 7〉 '동사' 중심 어휘장 및 어휘 분류-구체

1. 구체

1) 일〈추상〉→인간활동→행위→거래→수수→양여 →수여→**주다, 드리다**
2) 일〈추상〉→인간활동→행위→거래→교역→교환→**바꾸다**
3) 일〈추상〉→인간활동→행위→거래→매매→
   ① 팔기→팔다, 팔리다 / ② 사기→사다
   ③ 가격인상/가격인하→가격인하→깎다
4) 일〈추상〉→인간활동→행위→거래→취득→찾기(취득)→**찾다**
5) 일〈추상〉→인간활동→행위→거래→입금/지불→지불→**결제(결제하다)**
6) 일〈추상〉→인간활동→행위→생활→옷→착용→**끼다, 신다, 입다**
7) 일〈추상〉→인간활동→행위→지배→유도－요구etc→
   요구→**주문(주문하다)**
8) 일〈추상〉→인간활동→정신→사고(정신)→식별→선택/채택→선택→
   →**고르다**
9) 일〈추상〉→사실/현상→변동→과정→이동/발착→도착(추상)→**오다**
10) 일〈추상〉→사실/현상→변동→발생/소멸→소멸→제거→**버리다**
11) 일〈추상〉→사실/현상→변동→이합→접촉/접근/충돌→접근→**붙다**
12) 추상물→추상적 관계→존재→관련→적합/부적합→
   →적합→**맞다, 어울리다, 적당(적당하다)**
       * **하다, 선물하다, 되다**

'동사'에 속한 '물건 사기' 관련 어휘들은 '일〈추상〉'에 속한 어휘를 중심으로 '추상물'에 속한 어휘가 함께 존재한다. 이중 '일〈추상〉'에 속한 어휘는 크게 '인간활동'과 '사실/현상'으로 구분된다. '인간활동'은 다시 '행위'와 '정신'으로 구분되는데, 대부분 '행위'에 관한 어휘들이 많이 존재하고 있다는 사실을 알 수 있었다.

세부적으로 '행위'는 다시 '거래', '생활', '지배'로 구분이 되면서 '거래'는 '수수 → 양여 → 수여'에 속한 어휘에 '주다, 드리다'가 있고, '교역 → 교환'에 속한 어휘로 '바꾸다'다 있다. '매매'는 다시 '팔기', '사기', '가격인상/가격인하 → 가격인하'로 구분이 되면서 여기에 속하는 어휘로 차례대로 '팔다, 팔리다', '사다', '깎다'가 있으며, '입금/지불 → 지불'에 속한 어휘는 '결제(결제하다)'가 있다.

'생활'은 '옷→ 착용'에 속한 어휘에 '끼다, 신다, 입다'가 있고, '지배'는 '유도ー요구etc → 요구'에 속한 어휘에 '주문'이 있다. 그리고 '인간활동'에서의 '정신'은 '사고(정신) → 식별→ 선택/채택→ 선택'에 속한 어휘로 '고르다'가 있다.

한편, '사실/현상'은 '변동'에 속한 어휘들이 존재하는데, '변동은 다시 '과정', '발생/소멸', '이합'으로 구분이 된다. 이중 '과정'은 '이동/발착→ 도착(추상)'에 속한 어휘에 '오다'가 있고, '소멸 → 제거'에 속한 어휘에 '버리다'가 있으며, '접촉/접근/충돌→ 접근'에 속한 어휘에 '붙다'가 있다.

'추상물'은 그 안에서 '추상적 관계→ 존재→ 관련→ 적합/부적합→ 적합'의 단계를 거쳐 이에 속한 어휘에 '맞다, 어울리다, 적당(적당하가)'이 있다.

3.2.3. '수사' 중심 '물건 사기' 관련 어휘징 및 분류 기준

다음의 〈표 8〉은 '수사' 중심 '물건 사기' 관련 어휘장이다. '수사'에 속한 '물건 사기' 관련 어휘는 '추상'에서 시작되어 '추상물'에 속한 어휘가 존재한다. 이를 제시하면 다음과 같다.

〈표 8〉 '수사' 중심 어휘장 및 어휘 분류-추상

1. 추상
1) 추상물 → 추상적 관계 → 형상 → 수량 → 수 → 　→ 하나, 둘, 셋, 넷, 다섯, 여섯, 일곱, 여덟, 아홉, 열
2) 추상물 → 언어〈추상물(정신)〉 → 언어(형식) → 기호(언어) → 문자류 → 　→ 공, 일, 이, 삼, 사, 오, 육, 칠. 팔 구, 십, 백, 천, 만

'수사'의 경우 제시된 어휘가 그리 많지는 않았지만, 물건을 셀 때 물건의 유형에 따라 수 단위와 함께 자주 사용되는 것으로 '수'와 기호

로서의 '숫자'가 제시되어 있다. 이에 따라 '추상적 관계→ 형상→ 수량
→ 수'에 속하는 어휘에 '하나, 둘, 셋, 넷, 다섯, 여섯, 일곱, 여덟, 아
홉, 열'이 있고, '언어〈추상물(정신)〉→ 언어(형식)→ 기호(언어)→ 문
자류'에 속하는 어휘에 '공, 일, 이, 삼, 사, 오, 육, 칠. 팔 구, 십,
백, 천, 만' 등이 있다.

　지금까지 '물건 사기' 관련 어휘들을 품사별로 구분하여, 각각의 어
휘들을 코어넷의 개념 체계를 기반으로 하여 다양한 의미 영역에 의해
어휘장을 구성하였다. 그리고 어휘장을 구성하는 과정에서 세워진 어
휘장 내 어휘 분류 기준에 따라 위치한 어휘들의 존재 양상을 살펴보
았다.

　이제 이를 한국어교육에 적용해보고자 한다. 특히 한국어 초급 단계
학습자들에게 어떻게 제시하여 나타낼 것인지에 초점을 맞추어 '물건
사기' 주제 단원 내에 제시할 어휘를 '명사', '형용사', '동사', '수사'로
구분하고 어휘 제시 모형을 구성해 보도록 하겠다.

3.3. 초급 단계 '물건 사기' 관련 어휘 제시 모형

3.3.1. '명사' 중심 어휘 제시 모형

　'명사' 중심 어휘 제시 모형은 총 4가지를 제시하였다.[19] 그중 처음
으로 나타낼 '명사' 중심 어휘 제시 모형은 앞서 제시한 〈표 4〉에서
나타낸 '명사' 중심 '물건 사기' 관련 어휘들의 하위 영역 중에서 '과일'
영역에 속한 것이다. 이는 '물건→ 생물→ 식물→ 과일'의 단계를 거
쳐 나타나는 어휘들을 학습자들이 체계적으로 학습하기 위해 구성한
것이다.

---

19) 여기서는 분량을 고려하여 몇 가지의 어휘 제지 모형을 나타내고자 한다.

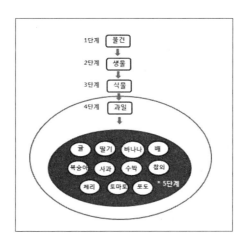

[그림 1] '식물-과일' 영역 어휘 제시 모형1[20)

위의 [그림 1]은 최종적으로 '과일' 영역에 속한 어휘들이다. 이는 명확한 의미 영여 기준에 이해 준 더 체계적으로 구성된 어휘들을 학습자들이 접하는 한국어 교재에 제시하고자 한 것이다.

'과일' 영역은 상위 영역인 '물건 → 생물 → 식물'이라는 3단계 포함된 영역으로써 이는 자칫 같은 영역으로 오해할 수 있는 '오이, 당근, 가지' 등과 같은 채소와는 구별되어야 한다.21)

앞의 2장에서도 살펴봤듯이 교재에서의 어휘 제시 양상은 교재마다 달랐으나 단원의 마지막 페이지에서 같은 영역에 속한 어휘들을 제시한 교재가 있었다. 한편, '과일' 영역에 속한 다양한 어휘들은 교재에서

---

20) '식물-과일' 영역 어휘 제시 모형에서 총 5단계로 구성되는데 여기서 학습자들에게 제시할 부분은 빨간색 선 원 안에 있는 4단계→5단계까지이다. 1단계부터 3단계까지는 '과일' 영역에 속하는 어휘들의 단계별 상위 영역이자 귀납적 체계에 의한 어휘장 형성의 근거가 되겠다. 또한, 소위 '사과'라는 개별 어휘의 의미 영역 체계라고도 표현될 수 있겠다. 이는 어휘마다 의미 영역의 단계에서 차이가 있겠으나 앞으로 제시할 모형에서 학습자들에게 적용되는 부분가 그렇지 않은 부분에 대한 이유는 동일하다.
21) 한국어 교재들의 대부분이 학습자들에게 '그림 자료'로 보여줄 수 있는 어휘들은 통합하여 한꺼번에 보여주는 경향을 띠고 있다.

의 활동을 수행할 때 필요한 어휘로 한 데 모아두지 않고 군데군데 제
시하여 나타낸 경향이 있기도 하다. [그림 1]은 이에 대한 아쉬운 점을
해결하기 위한 형태의 모형이다.[22]

둘째, '명사' 중심 '물건 사기' 관련 어휘들의 하위 영역 중 '의료'에
속한 것이다. 이는 '물건→ 무생물→ 인공물→ 의료'의 단계를 거쳐
'의복' 영역과 '부속' 영역에 속한 각각의 어휘들과 또 그 안에서 하위
영역에 속한 어휘들을 학습자들이 체계적으로 접하면서 학습할 수 있
도록 하기 위해 구성한 것이다.

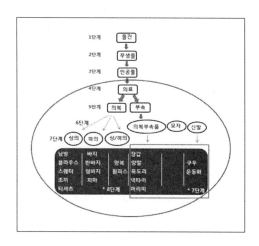

[그림 2] '의료-의복/부속' 영역 어휘 제시 모형2

위의 [그림 2]를 보면 최종적으로 '의복'과 '부속'에 속한 어휘를 보
여주는 것이다. 세부적으로는 '의복' 영역에 속하는 '상의, 하의, 상·하
의'와 '부속' 영역에 속하는 '의복 부속품', '모자', '신발' 영역에 속한
어휘를 보여주는 것이다.

_____

22) '과일' 영역의 경우 대부분 그림 자료를 통해 쉽게 제시할 수 있겠으나 본
연구의 취지는 이러한 어휘들이 한국어 교재에 제시될 때 조금이나마 체계적
기준에 의해 제시가 될 수 있도록 하는 것이므로 그림은 생략하였다.

먼저 '의복' 영역은 달리 말하면 '옷' 영역이라고 지칭할 수 있는데, '옷'이라고 할 때 흔히 모두 같은 것으로 간주한다. 물론 상위 영역에서는 하나의 영역에서 분리된 하위 영역이므로 크게는 동일한 영역에 속해있다고 볼 수 있다. 하지만 이러한 어휘들을 접하는 초급 단계 학습자들이 어휘를 학습할 때에는 동일한 영역에 속하는 어휘로부터 어휘의 학습 양을 점차적으로 늘려나가는 것이 효과적이다. 예를 들면, '옷'의 종류 중에서 '하의'에 속하는 '바지'와 '치마', 더 나아가서는 '바지'의 경우 '반바지, 청바지'가 제시됨으로써 한 번에 2개 이상의 어휘를 접할 수 있게 된다. 이는 어휘 확장 교육이 가능할 수 있다.

또한, '옷' 영역에 속한 어휘의 경우도 '과일' 영역과 마찬가지로 활동의 위치에 따라 필요한 어휘들이 제각각 제시되어 있었다. 이러한 점을 고려하여 제시한 모형이라고 할 수 있다.

셋째, '명사' 중심 '물건 사기' 관련 어휘들의 하위 영역 중 '식료'에 속한 것이다. 이는 '물건 →무생물→ 인공물→ 식료'의 단계를 거쳐 '음식' 영역과 '기호품' 영역에 속한 각각의 어휘들과 또 그 안에서 하위 영역인 '음료수' 영역에 속한 어휘들을 학습자가 체계적으로 접하면서 학습할 수 있도록 하기 위해 구성한 것이다.

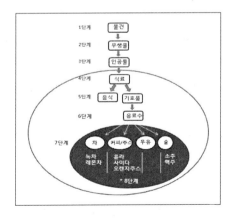

[그림 3] '식료-음료수' 영역 어휘 제시 모형3

[그림 3]은 최종적으로 '음식'과 '기호품' 영역에 속한 어휘들로 세부적으로는 '기호품' 하위인 '음료수' 영역에 속한 어휘들이다.

'음료수'는 흔히 '사람이 갈증을 해소하거나 맛을 즐길 수 있도록 만든 마실 거리'를 뜻한다. 이때 '음료수'가 '액체'로 되어 있는 식료품이라는 관점에서 음료수 영역 안에 속해 있는 '차', '커피/주스', '우유', '술' 영역은 물론 이에 속한 세부 어휘인 '녹차', '레몬차', '콜라', '사이다', '오렌지 주스', '소주', '맥주'는 하나로 통합할 수 있을 것이다. 그러나 엄밀히 말하면 '차'와 '커피/주스', '우유', '술'은 그 성분과 섭취 용도에 차이가 있다는 사실을 알 수 있어야한다. 따라서 각각의 어휘들은 이상의 [그림 3]과 같이 구분하여 제시하는 것이 좀 더 효과적일 것이다.

넷째, '명사' 중심 '물건 사기' 관련 어휘들의 하위 영역 중 '색'에 속한 것이다. 이는 '일(추상) → 자연현상→ 물상→ 자극→ 색'의 단계를 거쳐 '색채' 영역에 속한 각각의 어휘들을 학습자들이 체계적으로 접하면서 학습할 수 있도록 하기 위해 구성한 것이다.

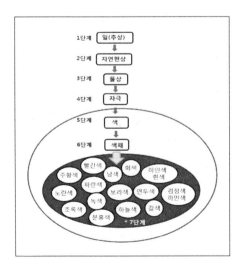

[그림 4] '색-색채' 영역 어휘 제시 모형4

[그림 4]는 최종적으로 '색' 영역에 속한 어휘들로 세부적으로는 '색채' 영역에 속하는 어휘들이다.

'색채'는 '색깔' 혹은 '빛깔'을 표현하는 어휘 영역이다. 앞서 2장에서 살핀 한국어 교재의 어휘 제시 양상에 대하여 검토한 것에 의하면 '색깔' 영역에 속한 어휘들은 대체적으로 한꺼번에 제시가 되어 있었다. 그러나 간혹 일부 색깔만을 나타낸 교재도 있어 이를 체계적으로 정리한다는 측면에서 구성한 모형이다.

이 모형의 경우 좀 더 보충해야 할 부분이 있다면 '색채' 어휘의 다양성이다. 왜냐하면 한국어 어휘의 가장 큰 특성 중 하나가 색채 어휘를 표현할 때 사람마다 혹은 주변의 빛의 양에 의해 같은 색일지라도 다르게 표현하는 경우가 있기 때문이다. 이러한 이유로 간혹 학습자들이 한국어를 모국어로 사용하는 한국 학습자들의 표현을 이해하지 못하는 경우가 있다. 예를 들어, '노란색'일 경우 '누런색', '누리끼리하다' 등과 같이 하나의 색채도 주변석 환경으로 인하여 달리 표현되고, 이를 반영하여 학습자들에게 제시한다면 더욱더 풍부한 어휘 학습이 될 것이라고 본다.

3.3.2. '형용사' 중심 어휘 제시 모형

'형용사' 중심 어휘 제시 모형은 '형상'과 '양상' 영역 2가지를 제시하였다. 그중 처음으로 나타낼 '형용사' 중심 어휘 제시 모형은 앞서 제시한 〈표 5〉에서 나타낸 '형용사' 중심 '물건 사기' 관련 어휘들의 하위 영역 중 '모양' 영역에 속한 것이다.

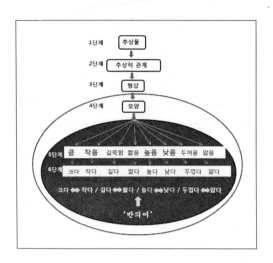

[그림 5] '형상-모양' 영역 어휘 제시 모형5

위의 [그림 5]는 최종적으로 '형상' 영역에 속한 어휘들이다. 이는 '추상물→추상적 관계→형상'의 단계를 거쳐 '모양' 한 어휘들을 학습자들이 체계적으로 접하면서 학습할 수 있도록 하기 위해 구성한 것이다.

세부적으로는 '모양', 즉 '큼', '작음', '길쭉함', '높음', '낮음;', '두꺼움', '얇음' 영역에 속하는 어휘를 보여주는 것이다. 이때 각 의미 영역명을 보면 어떠한 어휘가 속해 있을지 예측이 가능하다.

이 영역들에 속한 어휘들은 상대적인 것으로 '반의어'로 구성할 수 있는 어휘들이다. '크다-작다', '길다-짧다', '높다-낮다' 등과 같이 하나의 어휘를 있는 그대로 제시하기보다는 비교할 수 있는 어휘와 함께 제시하면 어휘의 의미적 특성을 비롯해 추상물의 모양을 표현할 때에 도움이 된다. 따라서 '5단계'에 속한 각 영역의 하위 어휘들을 '반의어' 형태로 재구성하여 추가적으로 나타냈다.

한국어 교재에서 '모양' 영역에 속하는 어휘들은 대부분 '반의어' 형태로 보여주고 있기 때문에 큰 아쉬운 점은 없었다. 하지만 이 외에 어휘들 중에서 예를 들면 '좋다-싫다', '깨끗하다-더럽다' 등과 같이 반의어 형태로 제시할 수 있는 또 다른 영역들과 함께 제시된 경우가 있었다. 같은 형용사에 속하지만 의미 영역이 다른 어휘들을 구분하기 위해서는 [그림 5]와 같은 모형이 필요하다.

둘째, '형용사' 중심 '물건 사기' 관련 어휘들의 하위 영역 중 '양상'에 속한 것이다. 이는 [그림 5]에서 나타낸 '형상'과 마찬가지로 '추상물→ 추상적 관계 → 상태 → 양상'의 단계를 거쳐 '기타 양상', '상황', '시비' 영역, 그 안에서도 '모습', '다루기', '상태/이상', '이러함', '멋짐' 영역에 속한 여러 개이지만 체계를 갖춘 어휘들을 학습자들이 접하면서 학습할 수 있도록 하기 위해 구성한 것이다.

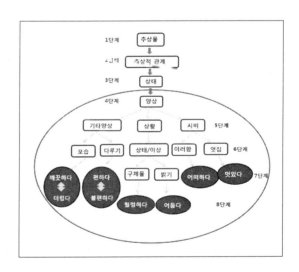

[그림 6] '양상-기타양상/상황/시비' 영역 어휘 제시 모형

위의 [그림 6]은 최종적으로 '양상' 영역에 속한 어휘들로 세부적으로는 '모습', '다루기', '상태/이상', '이러함', '멋짐' 영역에 속한 어휘

들이다.

여기서는 '모습' 영역에 속한 '깨끗하다-더럽다', '다루기' 영역에 속한 '편하다-불편하다'의 경우도 '반의어' 형태로 제시할 수 있는데, 이때에도 앞서 살핀 '형상' 영역에 속한 '반의어' 어휘들과 함께 제시되는 경향이 있다. 또한, '멋짐' 영역에 속한 '멋있다'의 경우 '예쁘다', '어울리다' 등과 같이 제시되어 있는 경우가 있다. 물론 어떤 모양과 상태 등을 표현하고자 할 때는 함께 제시되는 것이 가능하지만 어휘들의 각 의미 영역이 다르다는 측면에서는 함께 어우러질 수 없다.

그러나 이에 대한 염려는 한국어 교사들이 실제 교육 현상에서 어휘 교육을 수행할 때에 같은 의미 영역의 어휘가 아닌 관련 어휘 영역으로서 제시하고 설명한다면 효과적일 것이다.

3.3.3. '동사' 중심 어휘 제시 모형

'동사' 중심 어휘 제시 모형은 앞서 제시한 〈표 7〉에서 나타낸 '동사' 중심 '물건 사기' 관련 어휘들의 하위 영역 중 '매매' 영역에 속한 것이다. 이는 '일(추상) → 인간 활동 → 행위 → 거래'의 단계를 거쳐 '매매' 영역, 그 안에서도 '팔기', '사기', '가격인상/가격인하' 영역에 속한 체계를 갖춘 어휘들을 학습자들이 접하면서 학습할 수 있도록 하기 위해 구성한 것이다.

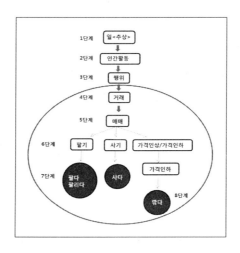

[그림 7] '거래-매매' 영역 어휘 제시 모형

[그림 7]을 보면 최종적으로 '매매' 영역에 속한 어휘를 보여주는 것이다. 세부석으로는 '팔기', '사기', '가격인상/가격인하' 영역에 속한 어휘를 보여주는 것이다.

'동사' 중심 '물건 사기' 관련 어휘들은 '행위'와 관련하여 물건을 팔고 사는 일과 관련된 상황에서 활용할 수 있는 어휘들로 구성하였다. 즉, 팔고 사는 일이 이루어질 때는 판매자와 구매자가 존재하는데, 판매자 측에서 사용되는 어휘 '팔다', '팔리다', 구매자 측에서 사용되는 '사다'와 '깎다'로 구성할 수 있다.

'동사' 중심 '물건 사기' 관련 어휘는 '매매' 이외에도 4단계 '거래' 영역을 기점으로 '수수', '교역', '취득', '입금' 영역이 더 있다. 여기서는 '매매' 영역에 속한 어휘 제시 모형만을 나타냈지만, 이를 더 확장하여 '거래' 영역에 속한 하위 영역을 모두 제시하여 학습자들에게 제시하여 준다면 좀 더 효과적일 것이다. 그러나 이때 반드시 의미 영역을 구분해야 한다는 것은 간과해서는 안 된다.

이와 관련하여 실제 교육 현장에서는 어휘 학습이 이루어질 때 의미 영역에 구분된 어휘와 함께 좀 더 나아가 행위자 역할에 의해 사용 어휘가 달라지는 것도 고려하여 함께 학습한다면 학습자들에게 더 큰 도움이 될 것이다.

3.3.4. '수사' 중심 어휘 제시 모형

'수사' 중심 어휘 제시 모형은 하나인데, 여기서 나타낼 모형은 앞서 〈표 8〉의 '수사' 중심 '물건 사기' 관련 어휘들의 하위 영역 중 '수량' 영역에 속한 것이다. 이는 '추상물→추상적 관계→형상→수량'의 단계를 거쳐 '수' 영역 속한 체계를 갖춘 어휘들을 학습자들이 접하면서 학습할 수 있도록 하기 위해 구성한 것이다.

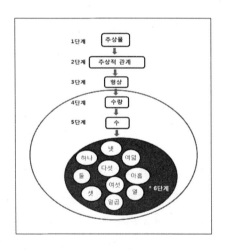

[그림 8] '수량-수' 영역 어휘 제시 모형

위의 [그림 8]을 보면 최종적으로 '수' 영역에 속한 어휘를 보여주는 것이다. '수' 영역은 '수량' 영영의 하위 영역이므로 어떤 물건을 수효와 분량을 나타내는 어휘들이다. 즉, 이는 양수사에 속한다. 예를 들어 '수' 영역에 있는 '하나, 둘, 셋, 넷, 다섯…'이 어휘는 의존명사에 속한 단위 명사 '개, 권, 마리, 명, 벌, 병…' 등과 함께 결합되어 사용할 수 있다. 그러나 이때 '수'에 속하는 어휘와 단위명사가 결합이 될 때에는 '수' 어휘가 '관형형'으로 바꿔어 '한 개, 한 권, 한 마리, 한 명…' 등으로 파생된다. 여기서는 파생 형태의 어휘를 나타내지는 않았지만 [그림 8]에서 제시한 제시 모형의 형태에서 어휘를 확장해 나갈 수 있다.

한편, 기존의 한국어 교재에서는 '양수사'에 속하는 '수' 영역의 어휘들과 기호로서의 '수', 즉 '서수사'와 함께 제시되는 경우가 많았다. 함께 제시를 하는 것이 크게 어려움을 주지는 않겠으나 의미 영역에 따라 구분하여 나타내야 할 것이다. 왜냐하면 한국어에서 '수량'을 나타내는 어휘들을 학습하는 학습자들은 간혹 '양수사'와 '서수사'를 구분하지 못하여 혼동하여 사용하기 때문이다. 이와 같은 변수를 반영하여 학습자들에게 제시한다면 명확하면서도 풍부한 '수' 영역의 어휘를 학습할 수 있을 것이다.

4. 결론

본 연구는 초급 단계 한국어 학습자들을 위한 것으로 이들이 한국어 교재에서 특정 주제와 관련된 어휘를 학습하고 활용하고자 할 때, 좀 더 체계적이고 명확한 기준에 의해 제시된 어휘들을 접하면서 효과적인 어휘 학습을 할 수 있도록 하는 데 목적을 두며 논의를 진행하였다.

지금까지의 논의를 요약하면 다음과 같다.

첫째, '물건 사기' 주제 단원은 초급 학습자들이 사용하고 있는 초급 단계 교재에 가장 많이 자리하고 있었다. 이는 관련 어휘를 비교적 많이 학습할 가능성이 높다는 것을 알 수 있었다.

둘째, 그 가능성에 비하여 실제 한국어 교재 내에서 '물건 사기'와 관련된 어휘들의 제시 양상은 구체적이거나 체계적인 기준이라고 보기에는 아쉬운 형태로 어휘들이 제시되어 있었다.

셋째, 이와 관련하여 여기서는 초급 교재에서 제시되어 있는 '물건 사기' 어휘들을 종합하여 목록화 한 뒤 이 어휘들을 다시 코어넷 개념 체계를 활용하여 의미별, 층위별로 체계화한 것에 따라 어휘장을 구축하였다. 이는 초급 단계 학습자들이 접하는 한국어 교재에 적용할 수 있도록 어휘 제시 모형으로써 나타냈다.

마지막으로 이 연구에서 제시한 '물건 사기' 주제 단원에 제시되어 있는 어휘들의 어휘장은 한국어 학습자들이 어휘를 접할 때 유사한 어휘들로 묶인 형태, 혹은 서로 다른 영역에 속한 어휘들을 하나로 묶은 형태에서 벗어나고자 한 것이다. 이는 학습자들이 어휘를 학습할 때, 명확한 기준에 의해 제시된 어휘를 접하는 것이 마땅하다고 하겠다.

한국어 교육에서의 문법적 연어 분류
– 대학 기관 한국어 교재 분석을 중심으로

1. 들어가며

한국어 교육에서 어휘의 교육과 학습은 중요한 요소 중 하나인데 교육 현장에서 다루는 어휘의 경우, 단어 단독으로 개별 의미를 갖는 것늘이 어휘 교육의 대상이 되기도 하고, 이를 확장하여 유의미한 맥락에서 둘 이상이 모여 하나의 의미를 갖는 어휘 단위인 것들도 어휘 교육의 대상이 되기도 한다.

그런데 후자와 경우 개별 어휘 의미만으로는 교수–학습하기 쉽지 않다. 그리고 접근이 용이하지 않은 소위 덩어리 표현은 둘 이상의 요소가 덩어리를 구성하는 확장 형식으로서 언어의 유창한 사용을 위해 교육의 대상이 된다.

예를 들면, '–는 바람에'와 같은 표현은 한국어 교육에서 관형형 어미 '–는'+의존명사 '바람'+조사 '–에' 등과 같이 개별 어휘 요소로 분류하여 교육하지 않는다. '–는 바람에'는 하나의 덩어리로 '뒷말의 근거나 원인'의 의미를 갖고 있는 것으로 교수–학습한다. 이렇기 때문에 어휘 교육에서 소위 덩어리 표현은 그것을 이루는 구성 요소도 중요하지만 덩어리 전체의 의미가 더 중요하다고 할 수 있다.

그런데 여기서 제기되는 문제는 이 덩어리 표현이 언어 유창성을 위해 교육되면서 이를 지칭하는 용어들 역시 개개의 문법 범주를 넘어서 포괄적으로 사용되고 있어서 용어나 그 개념이 체계적이지 않다는 것이다. 물론 교육적 측면에서 굳이 그 개념을 명확히 할 필요성이 있을지에 대한 문제도 제기될 수 있으나, 언어를 좀 더 심도 있게 교육하거나 언어를 연구하는 측면에서 보면 혼란스러운 용어들 사이에 그 개념을 명확히 하는 것은 중요한 일이라 할 수 있다.

따라서 이 글에서는 문법적 연어의 특성과 개념을 밝히고, 대학 기관의 한국어 교재에서 다루고 있는 덩어리 표현 중 문법적 연어를 추출하고 구성 요소와 의미별로 분류해서 교육 현장에서 유용하게 쓰일 수 있도록 할 것이다.[1]

2. 문법적 연어와 관련한 연구와 그 개념

2.1. 기존의 연구

한국어 교육에서는 둘 이상의 요소가 결합해서 특정한 의미를 나타내는 표현들을 '표현 문형', '문형', '문법 연어', '구문 표현', '관용 표현' 등의 용어로 정의하면서 다양하게 제시하고 있다.[2] 이는 단기간에 의사소통능력 향상을 위해서 특정한 의미를 내포하고 있는 덩어리 표

---

1) 여기에서 활용한 교재는 건국대의 『함께하는 건국 한국어 초급1-1~2-2』, 경희대의 『외국인을 위한 한국어초급1~중급2』, 고려대의 『재미있는 한국어 1~5』, 서강대의 『서강 한국어1~5』, 이화여대의 『이화 한국어1~6』 등이다. 5개 대학 기관의 교재를 선정한 이유는 5개 대학 교재가 출판 시기, 한국어 학습자의 사용이나 활용면 등을 고려한 것이다.

2) 소위 '표현 문형'과 같은 덩어리 표현 용어는 백봉자(1999)에서 '통어적 구문', 민현식(2004)에서 '표현문형', 이희자·이종희(2001)에서 '관용구', 이미혜 (2002)에서는 '덩어리 항목'이라고 지칭했다. 이 외에도 최윤곤(2005)에서 '구문표현', 장미라(2008)에서 '표현문형' 등으로 지칭하였다.

현을 이용하여 표현 교육에 활용하고 있기 때문에 쓰이는 용어라 할 수 있다.

하지만 이런 '표현 문형'으로 분류되는 것들은 둘 이상의 단위가 모여 이루어졌기 때문에 그 범주가 포괄적이다. 즉, 언어를 유창하게 쓸 수 있도록 하기 위해 자유결합, 관용표현, 문법적 연어 등 덩어리 표현을 큰 틀 안에서 '표현 문형'의 범주로 다루고 있기 때문에 개개의 개념은 명확히 구분되고 있지는 않다는 것이다.[3] 물론 언어의 유창한 사용이 최우선적인 목표인 언어 교육에서 이들을 굳이 개념별로 구분할 필요가 없을 수도 있다. 하지만 문법 범주 개념 정립이 되지 않은 상태에서의 언어 교육은 더욱 심화된 언어 교육을 어렵게 하고, 언어를 체계적으로 이해하고 쓰는 데 도움이 되지 않는다. 따라서 문법 범주의 개념 정립은 언어 교육이나 언어 연구 측면에서도 그 필요성이 있다. 이에 그간의 문법적 연어와 관련한 논의를 살펴보겠다.

우선 이희자(1994)에서 '숙어'와 '연어'에 대해 논의하면서 이중 연어를 '형태적 연어', '통사적 연어', '의미적 연어' 등으로 분류하였다. 여기서 문법적 연어와 관련된 것은 '통사적 연어'와 '형태적 언어'라 할 수 있다. 이희자(1994)에서 '통사적 연어'는 '관용적인 어절의 결합이 통사적인 요인으로 인한 것들'로 정의하고 있으며, '형태적 연어'는 '통사나 의미 현상으로서가 아니라, 고정된 어휘꼴이나 혹은 극히 제한된 활용꼴로 나타나는 어휘론적인 현상으로서 설명되는 어절들의 관계'로 정의하고 있다.

그 다음으로 김진해(2000)에서는 연어의 유형 중 형태적으로 제한된 형태가 통사적인 구나 절 범주를 이끄는 문법 표지와 결합하는 구성

---

3) 구명철(2006:119~120)에서 밝힌 바와 같이 자유결합은 임의의 두 구성요소 a와 b가 결합하면 그 결합의 결과로서 a의 의미 A와 b의 의미 B가 결합한 'A+B'라는 결과 의미를 갖는 구성이며, 관용 표현은 그 구성요소 a와 b가 결합하게 되면 a와 b의 의미는 사라지고 제3의 의미 C가 결과 의미로 나타나는 구성이다.

으로 형태·통사적 연어를 설정하고 있다. 하지만 김진해(2000)가 연어의 일반적 특성이라고 밝히고 있는 선택의 단일 방향성, 심리적 현저성, 특정 의미 관련성, 구조 변형의 의미 의존성, 경계의 모호성, 특정 언어집단 의존성 등과의 관계는 논의하지 않고 형태·통사적 연어를 형태적으로 제한된 형태가 통사적인 구나 절 범주를 이끄는 문법 표지와 결합하는 현상으로 정의하고 그 유형을 분류하였다.

임홍빈(2002)에서는 어휘적 연어와 문법적 연어의 관련성에 대해 논의하면서 문법적 연어를 문법적으로나 어휘-통사적으로 잘 설명되지 않는 불규칙적인 구성으로 정의하고 있다. 또한, 그 구성에서 어휘-통사적 특성으로 파악되지 않는 특수한 부류만을 문법적 연어에 포함시킬 것을 제안하였다.

임근석(2006)에서는 문법적 연어를 어휘요소와 문법요소 상호간의 긴밀한 통사적 결합 구성으로, 선택의 주체가 되는 어휘요소(언어핵)가 선택의 대상이 되는 문법요소(어휘변)를 선호하여 이룬 구성으로 정의하였다. 이어 문법적 연어의 범주적 위치를 살피고, 협의의 연어로 어휘적 연어와 문법적 연어를 나누어 그 특성에 대해 논의하였다.

박형진(2009)에서는 기존의 문법적 연어와 관련된 논의를 검토하여 문제점을 살피고, 문법적 연어의 정의 및 범위를 구성 요소 및 요소 간의 결합 관계의 측면, 문법 요소의 기능적 단위성의 측면, 구성요소 간의 의미적 투명성의 측면 등의 관점에서 논의하고 있다.

문법적 연어와 관련하여 그 범위를 한국어 교육의 관점에서 논의한 것을 살피면, 우선 문금현(2002)에서는 연어는 '둘 이상의 단어가 축자의미를 유지하면서 긴밀한 결합 관계를 형성하는 어군으로 출현 빈도가 높고 심리적인 현저성이 높다'고 하면서, 의미적인 결합에 의해서 공기관계가 형성된 것은 어휘적 연어이고 문법적인 결합에 의해서 공기관계가 형성된 것은 문법적 연어라 정의하고 있다. 또한, 의미의 구조, 의미의 투명성, 비유성 여부, 분석 가능성, 구성 요소의 대치, 통사적 제약 등의 기준으로 관용구절, 상용구절, 연어, 일반구절 등을 분류하고 있다. 이어 연어의 유형을 어휘적 연어와 문법적 연어로 분류하고 한국어 교재와 구어, 문어텍스트에서 고빈도 출현 양상의 연어를 추출하여 연어 목록으로 선정하고 학습 방법에 대해 논의하고 있다. 하지만 문금현(2002)에서의 논의는 어휘적 연어에 초점이 있으며, 문법적 연어는 논의되지 않고 있다.

이은경(2005)에서는 문법 요소와 어휘 요소가 제한적인 결합 관계를 보이는 구성을 '문법적 연어 구성'으로 정의하고, 한국어 학습자용 말뭉치를 바탕으로 명사를 중심어로 하는 문법적 연어 구성의 목록과 의미, 유형, 빈도 등에 대해 논의하였으며, 임근석(2008)에서는 '단위성', '문법적 기능과의 관련성', '인접성' 등의 특징을 문법적 연어의 특성으로 제시하고 조사적 연어 구성이 한국어 학습자들이 보는 사전에서 어떻게 처리되고 있는지를 논의하였는데, 실제적인 적용에 관한 논의는 이루어지기 않았다.

유해준(2010)에서는 한국어 교육용 어휘 구성의 일환으로, 연어적 구성을 중심으로 연어의 어휘적, 문법적 특징을 살피고 한국어 교육에서 혼재되어 사용되고 있는 연어 정보를 가진 어휘와 문법 항목 구분에 대한 논의를 하였다. 여기서 유해준(2010)의 논의에서 한국어 교육용 어휘와 문법 항목의 선정 기준 근거를 마련하고 한국어 학습용 연어사전 등의 정보 추출에 이용 가능한 연어에 대해 논의한 점은 의의가 있겠으나, 문법적 연어 구성은 논의에서 제외되어 있다.

이상에서 살펴본 기존 연구에서 문법적 연어의 개념을 표로 정리하면 다음과 같다.

〈표 1〉 문법적 연어에 관한 기존의 개념

	개념

이희자
(1994)
	– 통사적 연어: 관용적인 어절의 결합이 통사적인 요인으로 인한 것들
	– 형태적 연어: 통사나 의미 현상으로서가 아니라, 고정된 어휘꼴이나
	  혹은 극히 제한된 활용꼴로 나타나는 어휘론적 현상으로서 설명되
	  는 어절들의 관계

김진해 (2000)	형태적으로 제한된 형태가 통사적인 구나 절 범주를 이끄는 문법 표지 와 결합하는 현상
문금현 (2002)	문법적인 결합에 의해서 공기관계가 형성된 것
임홍빈 (2002)	문법적으로나 어휘–통사적으로 잘 설명되지 않는 불규칙적인 구성
이은경 (2005)	문법 요소와 어휘 요소가 제한적인 결합 관계를 보이는 구성
임근석 (2006/ 2008)	어휘요소와 문법요소 상호간의 긴밀한 통사적 결합 구성으로, 선택의 주체가 되는 어휘요소(언어핵)가 선택의 대상이 되는 문법요소(어휘 변)를 선호하여 이룬 구성
박형진 (2009)	어휘요소(언어핵)와 문법요소(연어변)의 긴밀한 통사적 결합으로 어 휘요소가 문법요소를 제약적으로 선택한 구성

위 〈표 1〉에 제시한 것처럼 기존 문법적 연어와 관련한 개념들에서 문법적 연어를 나타내는 특징적인 중심 의미를 추출해 보면, "고정된 어휘꼴, 제한된 형태, 통사적인 구·절을 이끄는 문법 표지와 결합하는 현상, 불규칙적 구성, 제한된 결합, 긴밀한 통사적 결합 구성, 어휘 요소가 문법 요소를 제약적으로 선택한 구성" 등이다. 물론 이러한 중심 의미들이 문법적 연어의 개념을 모두 대변한다고 할 수는 없지만 각 연구자들이 밝히고 있는 문법적 연어의 개념은 포괄적이어서 다른 문법 단위, 이를 테면 자유결합이나 관용표현 등 다른 범주들과 그 개념이 공유될 가능성이 존재한다.

예를 들면, 문법적 연어의 개념 중 '고정된 어휘꼴' 혹은 '제한된 형태'라는 관점에서 보면, 반드시 문법적 연어로만 보기에는 어려운 것들이 있다.

한국어 교재에 대표적인 덩어리 표현인 '-에 가-'의 경우 '장소로의 이동'과 관련한 고정된 어휘꼴이다. 하지만 '-에 가-'의 경우 문법적 연어로 보기는 어렵다. 다음의 예문을 보자.

예1) ㄱ. 영희는 차로 간다.
     ㄴ. 영희는 차에 간다.

예1ㄱ)의 '-로 가-'와 예1ㄴ)의 '-에 가-'는 둘 모두 '이동'과 관련한 표현 문형들로 고정된 어휘꼴이라는 공통점이 있으나 그 의미는 다르다. 예1ㄱ)의 '-로 가-'는 방향이나 수단, 경로 등과 관련한 이동의 의미이며, 예1ㄴ)의 '-에 가-'는 장소와 관련한 이동이다. 둘 모두 고정된 어휘꼴이라는 특성을 갖고는 있으나 조사 '-에'나 '-로'는 반드시 '가-'와 한정적으로 결합해야 하는 것은 이니며, 통사적으로도 동사의 어근 '가-'에 조사 '-에'나 '-로' 혹은 '-부터', '-에서' 등 다양한 유형들이 선행할 수 있기 때문에 문법적 연어라 할 수는 없다. 물론 '고정된 어휘꼴' 혹은 '제한된 구성'이 구성상의 특성을 나타내는 개념으로 쓰일 수는 있으나 이를 포함하여 문법적 연어의 특성을 기반으로 조금 더 상세하게 개념을 정리하면 문법적 연어의 범주가 더욱 명확해질 것이다.

2.2. 문법적 연어 특성과 그 개념화

문법적 연어의 개념을 좀 더 체계화하고 덩어리 표현 가운데 문법적 연어를 분류해내기 위해서 그 특성을 살펴보고 이를 기반으로 문법적 연어를 개념화하여 나타내 보겠다.4)

문법적 연어는 그 외 덩어리 표현, 즉 다른 문법 범주의 단위들과는 다른 다음의 몇 가지 특성을 갖고 있다.

첫째, 문법적 연어 구성은 '의미기능적 긴밀성'이 있다.[5] 다음의 예문을 보자.

예2) ㄱ. 실패한 사람은 모욕과 비난의 대상이 **되기(가)**(○)/**됨**(√) **일쑤**이다.

ㄴ. 그 희소성과 역사적 가치**로 인해**(○)/**에 인해**(√) 상품가치가 무척 높아진 책들이다.

예2ㄱ)에서 '-기 일쑤이-'는 '어미+명사+조사'로 구성되어 있으며, '-로 인하-'는 '조사+어근+접사'로 구성되어 있다. 이를 분석해 보면, 우선 '-기 일쑤아-'에서 '-기'는 앞선 구나 절이 명사 구실을 하도록 하는 명사형 어미인데, '흔히 또는 으레 그러는 일'의 의미를 갖고 있는 '일쑤'와 만나 '-기 일쑤'의 구성이 되어서 앞선 명사구 혹은 명사절의 사건이 '빈도가 잦거나 자주 있음'을 의미하게 된다. 그런데 '일쑤' 앞에 명사절이나 명사구가 선행하도록 하는 통사적 역할을 '-기'를 같은 명사형 어미인 '-음'으로 교체할 경우 어색한 표현이 된다. 이는 명사 '일쑤'와 '-기'가 다른 명사형 어미에 비해서 그 선택적인 측면에서 더욱 긴밀한 결합 관계를 갖고 있다는 반증이며, 이러한 긴밀한 관계를 통해서 하나의 의미기능을 담당하고 있는 것을 확인할 수 있다.

예2ㄴ)의 경우, 어근 '인-'은 앞선 명사형이 '어떤 현상이나 사물

---

4) 문법적 연어의 개념 및 특성에 대해서 최근 임근석(2005), 임근석(2006), 임근석(2009a), 여춘원(2010) 등의 논의가 있다.

5) '의미기능적 긴밀성'은 두 요소가 결합하여 하나의 의미를 이룰 때 복수의 구성 요소 가운데 특정한 것과 더 긴밀한 관계로 문법적 기능을 하는 것을 의미한다. 의미기능적 긴밀성이라는 의미에는 같은 문법 기능을 하는 여러 형태 중 특정한 형태와 더욱 긴밀한 관계를 맺는 것이기 때문에 형태 고정성의 의미도 포함된다고 할 수 있다.

등이 원인이나 이유가 되다.'라는 의미를 갖도록 하는데, 이때 앞선 명사형 뒤에는 원인이나 이유를 나타내는 조사가 결합할 수 있다. 원인이나 이유의 조사로는 여격의 '-에' 혹은 방향격의 '-로' 등이 있는데, '-에'가 쓰인 '-에 인해'보다는 '-로'가 쓰인 '-로 인해'가 의미기능을 포함하여 상대적으로 선택의 측면에서 어색하지 않고 더욱 긴밀한 결합 관계를 갖고 있는 것을 볼 수 있다.

둘째, 문법적 연어 구성은 '단위성'의 특징이 있다. 둘 이상의 요소가 결합한 문법적 연어는 각 구성 요소의 의미나 기능이 하나의 단위로 인식되어 문법적 역할을 한다. '단위성'과 관련한 특성은 임근석(2005: 289)에서도 협의의 연어 특징 중 단위성을 언급하고 있는데, 문법적 연어 구성은 연어핵과 연어변 두 가지 요소가 결합하여 하나의 의미를 갖고 문법 단위로서 역할을 하게 된다. 다음의 예문을 보자.

예3) ㄱ. 오늘은 비가 와서 나행비시민, 네일은 더**윽 것 같아요.**
　　　ㄴ. 왕해초는 자전거를 타**지 못해요.**

예3ㄱ)의 '-(으)ㄹ 것 같-'은 '어미+의존명사+용언'의 구성을 갖고 있는데, 각 개별 요소들을 살펴보면, 우선 예2ㄱ)에서 '-(으)ㄹ 것'은 확신, 결정, 결심, 추측, 주관적 소신 등을 나타내는 의미로 사용되는 '어미+의존명사' 구성이다. 여기에 형용사 '같다'가 결합하면서 '추측 혹은 불확실한 상황에 대한 단정'을 나타내는 하나의 의미 단위로 사용되면서 문장의 종결 역할까지 담당하고 있다.

예3ㄴ)의 '-지 못하-'는 '어미+용언'의 구성으로 '-지'는 그 움직이나 상태를 부정하거나 금지하려 할 때 쓰이는 연결어미이고, '못하-'는 '못'과 '하-'가 결합한 파생어로 '어떤 일을 일정한 수준에 못 미치게 하거나, 그 일을 할 능력이 없다'의 의미가 있는 동사이다. '-지'와 '못하-'는 서로 결합하여 '능력'과 관련한 의미 영역에서 '부정'의 의미로

사용되면서 역시 문장 종결의 역할까지 하고 있다.[6]

이처럼 문법적 연어는 개별 요소들의 결합에 의해 하나의 의미 단위가 되면서 문법적 역할을 담당하는 '단위성'의 성격이 있다.

셋째, 문법적 연어 구성은 '제한적 확장성'의 특징이 있다. 문법적 연어 구성은 일반적인 통사적 구성을 가지고 다양한 표현을 나타내는 문형과는 확장 가능성 측면에서 차이가 나타난다. 다음의 예문을 보자.

예4) ㄱ. 빌린 돈은 자동인출기에서 **뽑아 (사장님께) 드릴**게요.
　　　ㄱ'. 아버지의 다리를 **주물러 (*아버지께) 드릴**게요.
　　　ㄴ. 책을 **사러 (서점에) 가**요.
　　　ㄷ. 민수는 라면을 **끓일 줄(만/도/*까지/*부터…) 모른**다.
　　　ㄹ. 철수는 집에 가기 **(3일/2시간)** 전에 만났다.

위 예4ㄱ)에서 '-아/어 드리-'의 경우 비문이 되지 않지만, 예4ㄱ')에서는 '-아/어 드리-'는 '-어'와 '드리-' 사이에 다른 성분이 오면 비문이 된다. 예4ㄱ)에서처럼 일반적인 통사적 구성은 두 결합 구성 간 확장 가능성이 존재하지만, 예4ㄱ')와 같이 '존중 행위'를 의미하는 문법적 연어 구성의 경우에는 그 확장성이 제한적이라 할 수 있다. 또한 '-러 가-'가 쓰인 예4ㄴ)도 마찬가지로 '-러'와 '가-' 두 구성 요소 사이에 '서점에'라는 요소가 첨가가 되어도 어색하지 않은 표현이 된다.

그런데 예4ㄷ)과 예4ㄹ)을 보면 문법적 연어 사이에 어떤 요소가 개입되는 경우도 있다.

우선 예4ㄷ)의 '-(으)ㄹ 줄 모르-' 구성을 보면 '줄' 뒤에 '만, 도'처

---

6) '-지 못하-'는 '부정'을 나타내는 보조용언에서 많이 다루어지는 것 중 하나이다. 하지만 보조용언과는 다르게 '연결어미+보조용언'의 구성에서 연결어미 '-지'는 '못하-, 않-, 말-' 등 주로 부정을 나타내는 말을 요구하고 있으며, 반대로 '못하-, 않-, 말-' 등의 경우도 연결어미 가운데 '-지'를 특별히 요구하는 긴밀성이 보이고 있으며, 이 두 요소들은 서로 결합하여 '부정'이라는 의미 단위를 이루고 있기 때문에 문법적 연어라 할 수 있다.

럼 조사가 결합할 수 있는 경우도 있다. 하지만 이러한 조사의 결합은 몇몇 한정적인 조사로 제한적이기 때문에 그 확장 가능성은 일반적인 통사 구성보다는 상당히 제한적이라 할 수 있다.

예4ㄹ)의 경우 '-기 전에'는 시간의 의미를 갖는 문법적 연어인데, 여기서 '-기'와 '전에' 사이에 '3일'이나 '2시간'과 같이 시간을 나타내는 요소가 간혹 위치할 수 있지만 이외에의 요소에는 그 확장성이 제한된다. 이는 확장 가능성의 측면에서 극히 제한적이라는 사실을 보여주는 것이라 할 수 있다.

이처럼 일반적인 통사적 구성은 그 구성 요소 간 간극이 커서 폭넓은 확장 가능성이 존재하지만, 문법적 연어는 단위성이라는 특성이 내재해 있고 어휘 요소가 문법 요소를 선택하기 때문에 어휘적인 요소가 개입되기 쉽지 않아 그 확장 가능성이 극히 제한적인 특성을 갖고 있다.

이외에도 문법적 연어 중 의존명사가 연어핵으로 와서 의미 해석의 측면이나 확장 가능성의 측면에서 문법적 연어로서의 판단이 쉽지 않은 경우가 있다. 즉, 의존명사가 포함된 덩어리 표현의 경우 결합 환경에 따라서 다양한 의미 해석 가능성이 존재한다.

한국어 교육에서도 의존명사가 포함된 덩어리 표현의 교육이 어려운 이유 중 하나가 의존명사 자체는 어휘소적인 특성을 상실한 것들이 많아서 의미에 대해 설명하기가 쉽지 않기 때문이다. 예를 들면, 의존명사 듯, 수, 척, 김 등은 어휘 교육에서도 어휘적 의미로 접근하기에는 어려운 요소들인데, 이러한 것들이 덩어리 표현을 이루는 경우 그 상황에 따라 의미 해석을 달리 할 수 있다. 다음의 예문을 보자.

예5) ㄱ. 철수는 티켓을 파**는 데**에 간다.
　　　ㄴ. 그 차는 귀한 손님을 접대하**는 데**에 쓴다.

예5)은 'A/V-는 데'라는 형태가 쓰인 예문들이다. 예5ㄱ)에서

'A/V-는 데'는 '장소'의 의미를 나타내고 있으며, 예5ㄴ)에서 'A/V-는 데'는 '상황'의 의미를 나타내고 있다. 예5)의 경우 '관형형어미+의존명사' 구성으로 구성 성분을 살펴보면 통사적으로 긴밀성이 있는 요소이며 그 형태 또한 같다. 하지만 의존명사 '데'에 내재해 있는 의미에 따라서 사용되고 있는 의미가 다른 것으로 통사적 환경에 따라 그 의미 해석이 다양하게 나타날 수 있는데 이러한 것들은 의미 해석이 유동성이 있기는 하지만 결합 유형에 따라 유연하게 '처소', '상황' 등 단위성을 갖고 있는 의미 해석이 가능하기 때문에 문법적 연어에 포함할 수 있다.

이상 문법적 연어의 특성에 대해 살폈는데, 이를 종합해 보면 문법적 연어는 구성상으로 하나의 의미를 나타내기 위해서 두 개 이상의 요소가 의미기능적인 긴밀성을 가지고 제약적으로 결합한 형태이며, 의미적으로는 단위성을 가진 고정된 하나의 의미를 나타내는 것이다. 또한 구성요소 간 친밀도로 인하여 구성요소의 확장이 제한적이다. 이러한 특성을 기반으로 문법적 연어의 개념을 정의하면 다음과 같다.

▌문법적 연어의 개념
　　의미기능적 긴밀성으로 결합하여 확장이 제한적인 어휘꼴로, 어휘
　　요소가 문법요소를 선택한 결합 구성

이 문법적 연어의 개념은 덩어리 표현에서 문법적 연어만의 특성을 기반으로 해서 그 범주를 설정한 것이다. 이제 이 개념과 앞서 살핀 특성을 바탕으로 문법적 연어를 구성 요소와 의미별로 분류하고, 교육 현장에서 문법적 연어를 효율적으로 교육할 수 있는 방안에 대해 논의 하겠다.

3. 문법적 연어의 분류

앞서 문법적 연어의 특성으로 '의미기능적 긴밀성', '단위성', '제한적 확장성' 등을 제시하였는데, 이 특성을 기준으로 하여 5개 대학 기관 한국어 교재에서 문법적 연어를 추출해 보면 다음과 같다.

예6) -지 말-, -고 싶-, -어 드리-, -어 주-, -고 말-, -지 않-, -아/어/여 버리-, -을 향해, -어 있-, -(으)ㄴ 데에, -을 대신해, -어 두-, -어 내-, -게 되-, -(으)ㄴ가/는가 싶-, -다고 치-, -어도 되-, -다 보니, -다 보면, -에 비해, -에 관해, -(으)ㄴ/는 이상, -는 가운데, -(으)ㄴ 다음에, -기 전에, -(으)ㄹ 정도로, -로 인해, -기 일쑤이-, -(으)ㄴ 반면에, -는 바람에, -는 김에, -와/-과 함께, -(으)ㄴ/는 채로, -(으)ㄴ/는 뿐이-, -(으)ㄴ/는 셈이, -(으)ㄴ/는 편이-, -(으)ㄴ 지, -(으)ㄴ/는 척하-, -(으)ㄴ 뻔히 , -(으)ㄹ 겸-, -으(ㄹ) 수 있-, -으(ㄹ) 수 없-, -으(ㄹ) 줄 알-, -으(ㄹ) 줄 모르-, -(으)ㄴ/-(으)ㄹ/는 것 같-, -(으)ㄴ 적이 있-[7]

위 예6)과 같이 문법적 연어의 특성을 기반으로 판별한 문법적 연어는 그 구성 요소별로 분류할 수 있다. 문법적 연어를 구성 요소별로 분류하는 과정에서 다시 형태와 기능이라는 언어의 내적 요소를 기준

---

7) 문법적 연어는 5개 대학 기관의 교재 내 덩어리 표현 가운데에서 추출한 것이다. 5개 대학 기관의 교재에서 추출한 이유는 앞서 밝힌 교재 선택의 이유와 더불어 한국어 교육에서 유창성을 위해 다루어야 할 덩어리 표현들을 여러 방법과 절차를 통해 이미 대학의 교육 기관에서 사용하는 교재에 실었다는 판단에서였다. 예6)은 5개 대학 기관의 교재에 나타나 있는 모든 문형을 추출한 후에 엑셀로 정리하고, 이 연구에서 밝힌 3가지 문법적 연어의 특성을 바탕으로 각 문형에 적용이 되는지의 여부를 검토하여 적용이 되는 항목만을 추출하여 문법적 연어로 제시한 결과이다. 각 항목에서 표기가 다른 형태에 대해서는 『표준국어대사전』을 참고하여 사전에 등재된 형태를 기본으로 하였다.

으로도 분류 가능하다.

예7) ㄱ. 저는 기타를 **칠 수 있**어요.
　　　ㄴ. 공부는 못하**는 반면에** 운동은 잘해요.
　　　ㄷ. 수업에 늦어서 강의실**을 향해** 달렸어요.
　　　ㄹ. 어제 선생님**과 함께** 박물관에 다녀왔어요.

예7ㄱ)~예7ㄹ)에 쓰인 문법적 연어는 기능, 구성요소, 유형별로 분류할 수 있다.

예7ㄱ)의 '-(으)ㄹ 수 있-'은 관형형어미 '-(으)ㄹ'과 의존명사 '수', 형용사 어간 '있-' 등의 구성요소가 결합하여 서술의 기능을 하고 있으며, 예7ㄴ)의 '-는 반면에'는 관형형어미 '-는'과 명사 '반면', 조사 '-에' 등이 결합하여 접속의 기능을 하고 있다.

예7ㄷ)의 '-을 향해'는 조사 '-을'과 어근 '향', 접미사 '하-' 등의 구성요소가 결합해 방향을 나타내는 기능을 하고 있으며, 예7ㄹ)의 '-과 함께'는 조사 '-과'와 부사 '함께'가 결합하여 부사어로 기능을 하고 있다.

예7ㄱ)과 예7ㄴ)은 용언의 어간 뒤에 붙는 어미와 같은 기능을 하고 있으며, 예7ㄷ)과 예7ㄹ)은 명사의 뒤에 붙어서 조사와 같은 기능을 담당하고 있다.

앞서 예6)의 문법적 연어들은 위의 예7)에서 분석해 본 것과 같이 크게는 그 유형에 따라 어미형 연어와 조사형 연어로 분류할 수 있다.[8] 구성요소를 분석해 보면 '어미+용언 어간', '어미+조사+용언 어간', '어미+명사+(접미사)', '어미+명사+용언 어간', '어미+용언 어간+어

---

8) 조사형 연어와 어미형 연어는 임근석(2005)와 임근석(2010)에서 조사적 연어, 어미적 연어라는 용어로 제시한 바 있다. 본고에서 조사형 연어는 문법적 연어가 조사적 기능을 수행하는 것이고, 어미형 연어는 어미적 기능을 수행하는 것임을 밝힌다.

미', '어미+명사+(조사)', '조사+어근+접미사+(어미)', '조사+명사+접미사+(어미)', '조사+부사' 등으로 나눌 수 있다. 또한 그 기능에 따라 서술형, 부사형 등으로 세분화 할 수 있는데, 이는 문법적 연어가 크게 체언과 용언 부분에 쓰이면서 통사적인 부분에 기여하는 문법적 역할을 하고 있다는 것을 반증하는 것이기도 하다.[9]

다음 〈표 2〉는 기능, 구성요소, 유형 등에 따라 문법적 연어를 분류한 것이다.

---

[9] 부사형이나 서술형 등에 문법적 연어가 나타나는 것은 언어의 유창성 확보를 위한 표현 방법 중 하나라고 할 수 있다.

〈표 2〉 기능, 구성요소, 유형으로 분류한 문법적 연어

유형	구성요소	기능	문법적 연어 분류
어미형 연어	어미+용언 어간	서술형	-지 말-, -고 싶-, -어 드리-, -어 주-, -고 말-, -지 않-, -아/어/여 버리-, -어 있-, -어 두-, -어 내-, -게 되-, -(으)ㄴ가/는가 싶-, -다고 치-
	어미+조사+용언 어간		-어도 되-
	어미+명사+(접미사)		-(으)ㄴ/는 척하-, -(으)ㄹ 뻔하-, -(으)ㄹ 겸-, -(으)ㄴ 지
	어미+명사+용언 어간		-으(ㄹ) 수 있-, -으(ㄹ) 수 없-, -으(ㄹ) 줄 알-, -으(ㄹ) 줄 모르-, -(으)ㄴ/는/(으)ㄹ 것 같-, -(으)ㄴ 적이 있
	어미+용언 어간+어미		-다 보니, -다 보면, -(으)ㄴ 반면에, -(으)ㄴ 다음에
	어미+명사+(조사)	부사형	-(으)ㄴ/는 이상, -기 전에, -(으)ㄹ 정도로, -는 바람에, -는 김에, -(으)ㄴ/는 채로, -(으)ㄴ 데에
		서술형	-기 일쑤이-, -(으)ㄴ/는 뿐이-, -으(ㄴ)/-는 셈이-, -(으)ㄴ/는 편이-
조사형 연어	조사+어근+접미사+(어미)	부사형	-을 향해, -에 비해, -에 관해, -로 인해
	조사+명사+접미사+(어미)		-을 대신해
	조사+부사		-와/-과 함께

다음으로 문법적 연어를 의미별로 분류하겠다. 문법적 연어의 의미별 분류는 둘 이상의 구성 요소가 한 단위가 되면서 어떤 상황에서 쓰이는지를 명시적으로 나타낼 수 있으며, 개별 요소로 분석해서 의미를 파악하기 어려운 경우 하나의 단위로 인식하여 의미 해석을 가능하게

하기 때문에 문법적 연어의 의미별 분류도 중요한 부분이라 할 수 있다.

　의미별로 분류하는 것은 문법적 연어가 어떠한 의미 기능을 하는지를 판단해 내는 일인데, 각각의 의미와 문법적 기능들이 나타나 있는 예문을 추출해 이를 살펴보겠다.

　예7) ㄱ. 그 옷은 영희에게 어울**릴 것 같아요.**
　　　 ㄴ. 학교에 오다가 할머니의 물건을 들**어 드렸어요.**

　위 예7ㄱ)의 '-(으)ㄹ 것 같-'은 문장상에서는 생략이 되어 있는 화자가 '옷'의 착점(goal)인 '영희'에게 어울릴지에 대해 주관적으로 추측한 것을 기술한 것이며, 예7ㄴ)의 '-어 드리-'는 문장상 생략되어 있는 행동주(agent)가 대상(theme)인 '할머니의 물건'을 드는 행위를 나타내는 것으로 다른 사람을 위해 '존중'의 태도를 보이고 있는 것을 나타낸다.

　예7)에서는 문법적 연어의 문법적 기능으로 양태와 관련지을 수 있다. 장경희(1995:195~196)에서는 '양태'는 사실 자체를 표현하는 것이 아니라 사태에 대한 화자, 청자의 태도, 즉, 명제에 대한 화자, 청자의 특정한 관점에서의 태도 표현이라 하면서, 양태 표현은 누구나 동의할 수 있는 객관적인 사실을 나타내는 것이 아니고 화자의 생각을 나타내는 것으로 유표적인 표현이라고 밝히고 있다.[10] 즉, 예7)의 문법적

───────────────

10) 장경희(1985:9)에서는 양태는 사건에 대한 화자의 정신적 태도를 나타내는 것이라 밝히면서, [지각], [앎], [짐작] 등의 의미는 행위적인 태도이고 [확실성]과 [불확실성] 등의 의미는 직접적인 행위를 뜻하지 않지만 화자의 평가적 태도를 나타낸다고 하였다. 또한 장경희(1995:198)에서는 인지 양태를 인지 방법과 인지시점으로 나누고, 인지 방법에 따라 지각 양태와 사유 양태, 인지 시점에 따라 이미 앎의 양태와 처음 앎의 양태로 분류하여 제시하고 있다. 이선웅(2001:330)에서 국어 양태의 체계를 '통보양태', '인식양태', '정감양태', '의무양태' 등으로 구분하고 있으며, 박진호(2011:310~311)에서는 양태를 '절이나 문장이 나타내는 명제/사태에 대한 주관적 태도/판단을 나타내는 범주'로 정의하면서 '인식양태', '당위양태', '동적양태', '감정양태', '증거양태' 등을 들고 있다. 이처럼 양태의 하위 범주는 기준과 방식에

연어들은 모두 어떤 사실을 전달하는 것이 아닌 어떤 사건에서의 화자의 태도를 기술하는 것으로, 양태의 문법 기능으로 볼 수 있다는 것이다.

예8) ㄱ. 옷을 입**은 채로** 침대에 누었다.
　　　ㄴ. 강의실 옆에 꽃이 피**어 있**어요.

예8ㄱ)의 '-은 채로'는 옷을 입고 있는 상태 그대로는 유지하면서 침대에 눕는 행위를 '지속'하는 것을 나타내고 있으며, 예8ㄴ)의 '-어 있-'은 꽃의 봉오리가 벌어진 행위가 '완료'된 상태를 나타내고 있다.

예8)의 문법적 연어는 행위의 '지속' 혹은 '완료' 등을 나타내고 있는데, 이는 시간과 관련한 문법적 기능을 하고 있다고 하겠다.

예9) ㄱ. 영희의 실수**로 인해** 한국어 1반이 모두 혼났어요.
　　　ㄴ. 수업 시간에 떠들**지 말**아요.

예9ㄱ)의 '-로 인해'는 영희가 잘못을 범한 것이 '원인'이 되어 한국어 1반이 모두 꾸지람을 듣고 벌을 받는 결과 상황을 나타내고 있으며, 예9ㄴ)의 '-지 말-'은 수업 중에 하지 말아야 하는 행위의 금지를 나타내고 있다.

예9ㄱ)의 경우는 화자의 주관적인 심리적 태도를 나타내는 양태와는 다르게 어떤 상황을 객관적으로 전달하고 있으며, 이와 함께 '-로 인해'는 절 접속의 문법적 기능도 하고 있으며, 예9ㄴ)의 경우 바르지 않거나 옳지 않음을 나타내는 '부정'의 문법적 기능을 하고 있다.

이상 앞서 추출한 문법적 연어는 예7)~예9)와 같이 문법적 연어를 의미와 그에 해당하는 문법적 기능으로 분류할 수 있다.

우선 의미의 경우 각각의 문법적 연어가 갖고 있는 의미를 기반으로

___
따라 여러 가지로 나뉘는데, 본 논의에서는 양태의 하위 범주를 제시하는 것이 목적이 아니기 문법적 연어가 양태의 문법 범주에 포함되는지의 여부만을 검토하여 기술하겠다.

하여 개념 체계로 표상해 볼 수 있다.[11]

최상위는 '인간활동,' '사실/현상', '추상적 관계' 등으로 분류할 수 있는데, 이는 다시 '인간활동'의 하위 개념으로 '사고, 감정, 지각, 의향, 교섭, 습속', '사실/현상'의 하위 개념으로 '작용'과 '중첩' 그리고 '추상적 관계'의 하위 개념으로 '인과', '관계', '방향', '대응', '시간', '양상', '정도' 등으로 분류할 수 있다.

또한 이를 좀 더 세분하여 분류하면, '사고'는 '금지, 대비, 능력, 지각, 추측, 식별(비교)', '감정'은 '존중', '지각'은 '경험', '의향'은 '희망, 태도, 의지', '교섭'은 '허락', '습속'은 '습관', '작용'은 '완료, 지속, 변환', '중첩'은 '어우러짐', '인과'는 '결과, 원인, 계기, 조건', '관련'은 '관계', '방향'은 '향함', '대응'은 '대조', '시간'은 '순서, 기간', '양상'은 '형편·형세', '정도'는 '한도' 등으로 분류할 수 있다.

이렇게 문법적 연어를 의미를 기반으로 하여 상·하위 개념으로 분류하면 문법적 언어의 의미를 더욱 폭넓게 이해할 수 있는 단초가 될 수 있으며, 각 층위의 독립된 개념을 바탕으로 의미에 대한 접근도 좀 더 세부적이면서 효과적으로 할 수 있다.

이러한 의미 분류를 기반으로 문법적 기능과 관련지어 분류해 보면, '양태'에 해당하는 것은 '사고, 감정, 지각, 의향, 교섭, 형편·형세'이고, '시간'에 해당하는 것은 '지속, 순서, 기간', '부정'에 해당하는 것은 '금지', '객관적 상황 전달'에 해당하는 것은 '습관, 어우러짐, 결과, 원인, 계기, 조건, 관계, 향함, 대조, 한도' 등이다.

이상 의미별로 분류한 문법적 연어를 표로 나타내면 다음의 〈표 3〉과 같다.

---

11) 이 연구에서의 개념체계는 카이스트의 다국어어휘의미망인 '코어넷'의 개념 체계를 바탕으로 하였다. 각 문법적 연어가 쓰인 교재의 예문을 추출하여 그 의미를 분석하고, 도출된 의미와 가장 가까운 개념 체계를 검색을 통하여 세 개의 층위로 구분하여 의미를 도식화하였다.

〈표 3〉 의미에 따른 문법적 연어의 분류

개념 체계			문법적 연어의 종류	문법기능
인간 활동	사고	금지	-지 말-, -고 말-, -지 않-	부정
		대비	-어 두-	양태
		능력	-(으)ㄹ 수 있-, -(으)ㄹ 수 없-	
		지각	-을 줄 알-, -을 줄 모르-,	
		추측	-(으)ㄴ/는/(으)ㄹ 것 같-, -(으)ㄴ가/는가 싶-	
		식별(비교)	-에 비해	
	감정	존중	-어 드리-, -어 주-	
	지각	경험	-(으)ㄴ 적이 있-, -다 보니	
	의향	희망	-고 싶-	
		태도	-(으)ㄴ/는 척하-	
		의지	-(으)ㄴ/는 뿐이-, -(으)ㄹ 겸-	
	교섭	허락	-어도 되-	
	습속	습관	-기 일쑤이-	객관 상황전달
사실/ 현상	작용	완료	-아/어/여 버리-, -어 내-, -어 있-	시간
		지속	-는 가운데, -(으)ㄴ/는 채로	
		변환	-을 대신해	객관 상황전달
	중첩	어우러짐	-와 함께	
추상적 관계	인과	결과	-(으)ㄴ/는 셈이—	객관 상황전달
		원인	-는 바람에, -로 인해	
		계기	-는 김에	
		조건	-다 보면, -다고 치-	
	관련	관계	-에 관해	
	방향	향함	-을 향해	
	대응	대조	-(으)ㄴ 반면에	
	시간	순서	-(으)ㄴ 다음에, -기 전에	시간
		기간	-(으)ㄴ 지	
	양상	형편·형세	-(으)ㄴ/는 이상, -(으)ㄹ 뻔하-, -(으)ㄴ/는 편이-	양태
			-게 되-	시간
			-는 데에	객관 상황전달
	정도	한도	-(으)ㄹ 정도로	

위 〈표 3〉과 같이 문법적 연어는 의미와 이를 기반으로 한 문법적 기능으로 분류할 수 있다. 위 〈표 3〉과 같이 문법적 연어가 어떠한 의미를 갖고 어떤 문법 기능을 하는지를 분류해내는 것은 교사나 학습자의 교수–학습 과정에서 문법적 연어를 보다 효율적이고 체계적으로 교육하는 데 기여할 수 있기 때문에 중요한 부분이라고 할 수 있다. 또한 구성 요소별로 분석한 것을 분류하는 과정에서 어떠한 문법적 기능을 하는지, 어떠한 의미를 갖고 있는지도 명시적으로 나타낼 수 있다. 즉, 이 연구에서 논의한 문법적 연어의 분석 그리고 기능, 구성요소, 유형, 의미별 분류는 실제 한국어 교육현장과 그 외의 다양한 연구 등에 유용하게 활용될 수 있다는 데 의의가 있다.

4. 결론

이 글에서는 대학 기관 한국어 교재의 덩어리 표현 가운데 문법적 연어의 개념을 정립하고, 정립된 개념을 바탕으로 대학 기관 한국어 교재의 덩어리 표현 중 문법적 연어를 추출하여 구성 요소별, 의미별로 분류한 논의를 하였는데, 그 성과는 다음과 같다.

첫째, 한국어 교육에서 다루고 있는 소위 덩어리 표현 가운데 문법적 연어와 관련하여 그 특성을 기반으로 문법적 연어의 개념을 체계화하였다.

둘째, 한국어 교재의 덩어리 표현 가운데 문법적 연어를 추출하여 구성 요소별, 의미별로 분류해 놓은 결과물을 통해서 한국어 교육 현장에서 교사 혹은 학습자들이 문법적 연어의 구성 요소와 의미를 파악하는 데 보탬이 되고자 하였다.

연결어미 '-더니'의 특성과 기술 방안

-한국어 교재와 사전의 분석을 중심으로

1. 서론

문장을 연결해주는 연결어미는 유형론적으로 한국어가 첨가어라는 사실을 보여주는 문법 요소 중 하나이다. 연결어미는 그 의미와 기능이 다양하여 정확하게 사용하지 않으면 전달하고자 하는 내용이 어색해지기 때문에 한국어 학습자들에게 많은 어려움을 준다. 그렇기 때문에 상당히 중요한 요소로 인식되어 왔고, 최근까지도 많은 연구들이 이루어지고 있다.

연결어미에 대해서 그간의 연구들은 특정 연결어미의 오류양상, 연결어미의 형태·통사·의미특성에 대한 연구, 문법 기술 방안, 한국어 교육 현장에서의 연결어미 교수에 관한 문제점 제기 등에 대한 것들이 주를 이루었다.[1] 이는 한국어 교육이 언어 사용 현상에 초점을 두고 그간의 연구들이 진행되어 왔다는 사실을 보여주는 것이다. 물론 언어 현상에 관한 연구도 효율적인 한국어 교육에서 필요하지만, 이와 함께 한국어 학습자들이 직접적으로 접하고 있는 교재, 문법서, 사전 등에 나타나 있는 문법 항목을 효율적으로 기술하는 연구들도 많이 이루어

---

1) '-더니'와 관련한 최근의 연구는 최해주(2002), 강원경(2006), 임채훈(2008), 강승혜(2009), 박진경(2009) 등이 있다.

저야 더욱 연계성 있는 교육을 할 수 있는 기반이 된다.

이에 본 연구는 대학 기관의 한국어 교재와 한국어 사전에 제시되어 있는 문법 항목 중 연결어미 '−더니'를 대상으로 하여 기술을 분석하고 그 특성을 체계화한 후에 한국어 학습에서 좀 더 효과적으로 이용할 수 있는 '−더니'의 기술 방안에 대해 논의하고자 한다.[2]

연결어미 '−더니'의 기술 방안을 제시하기 위해서 대학 기관 한국어 교재[3]와 한국어 사전에 제시된 연결어미 '−더니'의 기술을 분석하겠다. 또한, 한국어 교재에서 제시하고 있는 용례를 바탕으로 연결어미 '−더니'의 의미 영역을 세분화하여 분류한 후, '시제', '상', '문법 제약' 등과 관련한 특성들을 살펴보겠다. 이러한 분석을 통해 기술 내용과 방법의 문제점을 찾아 한국어 학습자들이 '−더니'를 효과적으로 학습하는 데 이용할 수 있는 기술 모형을 제시하도록 하겠다.

2. 연결어미 '−더니'의 기술 분석

이 장에서는 대학기관 한국어 교재와 한국어 사전류에 나타난 연결어미 '−더니'의 기술을 분석하여 그 문제점을 살펴보겠다.

---

2) 연결어미 '−더니'는 강범모·김흥규(2009)의 『한국어사용빈도』에서 연결어미 사용 빈도가 6024 순위는 75위로 나타나고 있다. 김수정(2004)의 국어텍스트 사용빈도 조사에서도 결합형 어미 '−더니'는 '−더라도', '−던데'와 함께 상위 98.4%로 높은 빈도를 차지하고 있었다.

3) 이 연구에서 선정한 대학기관 한국어 교재는 서울대『한국어 3』, 이화여대『이화 한국어6』, 서강대『서강 한국어 5B』, 경희대『외국인을 위한 한국어 중급 2』, 고려대『재미있는 한국어 4』, 건국대『건국 한국어』 등이다. 교재의 난이도 설정은 연구를 준비하는 과정에서 '−더니'가 기술되어 있는 교재를 분석한 데에서 비롯되었다.

2.1. 한국어 교재에 기술된 연결어미 '-더니' 분석

한국어 교육 현장에서 사용하는 한국어 교재는 교육 목적이나 교육 대상 등에 따라 그 수와 종류가 다양하다. 이 가운데 서울대『한국어 3』, 이화여대『이화 한국어6』, 서강대『서강 한국어 5B』, 고려대『재미있는 한국어 4』, 건국대『건국 한국어』등 대학기관 교재에 나타난 연결어미 '-더니'의 기술 방식에 대해 살펴보고, 문제점을 밝히도록 하겠다.

첫째, 서울대 한국어 교육용 교재『한국어 3』[4]은 〈24과〉에 연결어미 '-더니'를 제시하여 설명하고 있다. 이 교재에 나타난 연결어미 '-더니'의 용례와 설명을 살펴보면 다음과 같다.

(1) 〈24과〉-더니
ㄱ. 항목 제시: A/V-더니
ㄴ. 설명: X
ㄷ. 용례 ① 어제는 정말 **덥더니** 오늘은 좀 시원해졌어요.
        ② 둘이 **싸우더니** 말도 안 해요.
        ③ 동생이 친구한테서 전화를 **받더니** 급히 나갔어요.

서울대『한국어 3』에서는 연결어미 '-더니'에 대한 설명은 없고, 그 아래에 세 개의 용례를 제시하고 있었다. 이처럼 문법항목에 대한 통사 정보와 의미 정보가 제시되어 있지 않으면 한국어 학습자들이 학습을 할 때, 교실 상황 이외에는 교재를 통해서 정확하고 심층적인 '-더니'의 내용을 파악하기 어렵고 실제적인 적용과 응용에 이르지 못할 가능

---

4) 경희대『외국인을 위한 한국어 중급2』에서는 서울대『한국어 3』과 마찬가지로 연결어미 '-더니'에 대한 설명이 제시되어 있지 않았고, 그 아래에 대화 형식의 용례 2개만을 제시하고 있다. 용례의 내용과 제시의 정도가 같아 본문에서는 생략하기로 한다.

성이 있기 때문에 통사, 의미 정보에 대한 기술이 보충되어야 할 것이다.[5]

둘째, 이화여대 한국어 교육용 교재 『이화 한국어6』은 〈1과〉에 연결어미 '-더니'를 제시하여 설명하고 있다. 이 교재에 나타난 연결어미 '-더니'의 용례와 설명을 살펴보면 다음과 같다.

(2) 〈1과〉 -더니
ㄱ. 항목 제시: A/V+더니
ㄴ. 설명: 'A/V+더니'는 전에 경험하여 알게 된 사실이나 상황과는 다른 새로운 사실이나 상황이 있음을 나타낸다. 주로 앞의 내용과 **대조**적인 사실이 뒤에 온다.
ㄷ. 용례 ① 주말에는 사람이 **많더니** 오늘은 한산하다.
　　　　② 아침에는 비가 **오더니** 지금은 눈이 온다.
※ Tip 'A/V+더니'는 전에 알게 된 사실이나 상황이 뒤 문장의 결과를 낳는 **원인**이 됨을 나타내기도 한다. (예) 동생이 점심을 많이 **먹더니** 배탈이 났다.

이화여대 『이화 한국어 6』에서는 연결어미 '-더니'에 대하여 "A/V+더니'는 전에 경험하여 알게 된 사실이나 상황과는 다른 새로운 사실이나 상황이 있음을 나타낸다. 주로 앞의 내용과 대조적인 사실이 뒤에 온다."로 기술하고 있다. 또한, 그 아래에 "'A/V+더니'는 전에

---

5) 권미미(2008)은 한국어 교육문법의 인과 관계 연결어미 '-니까'에 대해 논의하면서 한국어 교재에서 연결어미의 교육문법 기술 방안에 관한 논의의 필요성에 대해 밝히고 있다. 교육문법은 한국어 교육에 기본이 되는 내용이므로 그 내용은 형태, 의미 사용에 대한 정보를 모두 포함하고 있어야 한다고 하였다. 또한, 각 교육문법 내용이 서로 상호 보완하여 학습자가 개별적인 교육문법을 학습할 때 미리 학습한 문법내용과 연계하여 다양한 측면에서 한국어를 바라볼 수 있는 기회를 제공해야 하며, 교육문법 내용의 예문은 대화형식으로 이루어져서 학습자가 그 문법을 언제, 어떻게 사용할 수 있는지 학습해야 의사소통 능력 배양을 위한 한국어교육문법 교육이 이루어질 수 있다고 하였다.

알게 된 사실이나 상황이 뒤 문장의 결과를 낳는 원인이 됨을 나타내기
도 한다."로 Tip이 제시되어 있다.

『이화 한국어 6』에 기술된 '-더니'에 대한 의미 정보가 한국어를
학습하는 학습자들에게 도움이 될 수도 있겠으나 포괄적인 의미 설명
이기 때문에 다양한 상황에 따른 응용이 어려울 수 있다는 단점이 있
다.6)

셋째, 서강대 한국어 교육용 교재『서강 한국어 5B』는 〈7과〉에 연
결어미 '-더니'를 제시하여 설명하고 있다. 이 교재에 나타난 연결어미
'-더니'의 용례와 설명을 살펴보면 다음과 같다.

(3) 〈7과〉 -더니
ㄱ. 항목 제시: -더니
ㄴ. 설명 ① '-더니'는 과거에 어떤 행동이나 사물을 관찰한 것을 회상
　　　　　하여 말할 때 사용한다.
　　　　② '-더니' 앞과 뒤 문장의 주어는 같거나 화제가 같아야 한
　　　　　다. 사건은 시간적으로 차이를 보이는 경우가 많다.
ㄷ. 용례　아들이 열심히 **공부하더니** 좋은 대학교에 합격했어요.
　　→ 아들이 열심히 공부했어요. 그 결과 좋은 대학교에 합격했어요.

※ 'A/V+-더니'
① 그 여자 분의 안색이 갑자기 **바뀌더니** "저 결혼 안 했는데……. 그
　렇게 늙어 보여요?"라고 기분 나쁜 듯이 이야기하는 것이었다.
② 친구가 책을 **빌려가더니** 한 달이 지났는데도 안 가지고 온다.
③ 어제부터 날씨가 **흐리더니** 비가 오는구나.
④ 아까는 비가 **오더니** 지금은 눈이 오네요.
⑤ 앤디 씨가 아까 아이스크림을 너무 많이 **먹더니** 배탈이 났나 봐요.

_____

6) 한국어 교재는 교실 상황에서 교사의 입력을 통해 부족한 설명이 보충될 수
　있는데, 학습자들이 교실 밖에서도 학습 가능한 문법 항목기술은 고려해야 할
　사항이다.

⑥ 김 선생님은 한 달 동안 밤을 새워 **일하시더니** 완전히 지치신 것
같아요.

※ 1) '-더니'는 관찰한 사실을 말하는 것이므로 2·3인칭 주어와 주로
결합한다.
2) 그러나 형용사나 상태를 나타내는 동사와 결합하면 1인칭 주어
도 '-더니'와 결합할 수 있다.

서강대『서강 한국어 5B』에서는 연결어미 '-더니'에 대하여 " ①
'-더니'는 과거에 어떤 행동이나 사물을 관찰한 것을 회상하여 말할
때 사용한다. ② '-더니' 앞과 뒤 문장의 주어는 같거나 화제가 같아야
한다. 사건은 시간적으로 차이를 보이는 경우가 많다." 등으로 기술하
고 있다. 또한, 여러 문장의 용례를 통해서 "1) '-더니'는 관찰한 사실
을 말하는 것이므로 2·3인칭 주어와 주로 결합한다. 2) 그러나 형용사
나 상태를 나타내는 동사와 결합하면 1인칭 주어도 '-더니'와 결합할
수 있다."라는 문법 제약 2가지를 기술하고 있다.
『서강 한국어 5B』교재는 다른 교재에 비해 비교적 충실히 '-더니'
의 특성을 기술하고 있으나, 기술의 구성에서 효과적으로 학습할 수
있도록 세밀하게 기술되어 있지 않아 학습자들이 스스로 학습을 할 경
우 어려움이 따를 수 있다.
넷째, 고려대 한국어 교육용 고급 교재『재미있는 한국어 4』는 〈7
과〉에 연결어미 '-더니'를 제시하여 설명하고 있다. 이 교재에 나타난
연결어미 '-더니'의 기술방식과 그에 따른 용례와 설명을 살펴보면 다
음과 같다.

(4) 〈7과〉 -더니
ㄱ. 항목 제시: -더니
ㄴ. 설명 ① '-더니' is attached to a verb, an adjective and a

'noun+이다' and it indicates that what the speaker
had felt and experienced in the past now changed.
("'-더니'는 동사와 형용사 그리고 '명사+이다'와 결합한
다. 그리고 '그것'은 지금은 변한, 화자가 과거에 느끼거
나 경험했던 것을 가리킨다.)

② '-더니' cannot be used in the 1st person singular,
but its usage is acceptable if it is related.('-더니'
는 1인칭 단수에서는 사용 될 수 없으나 만약 관련이 있
다면 그 사용은 받아 들여 진다)

ㄷ. 용례 ① 어제는 눈이 펑펑 **내리더니** 오늘은 봄 날씨처럼 포근하다.
② 어제는 머리가 **아프더니** 오늘은 한결 좋아졌다.

고려대『재미있는 한국어4』에서는 연결어미 '-더니'에 대한 형태 정
보와 통사 정보와 의미 정보가 영어로 간단하게 기술되어 있다. 고려대
교재는 문법 항목에 관한 설명이 영어로 제시되어 있어서 목표어인 한
국어의 메타 언어 역할을 하기 때문에 영어권 학습자들에게 도움을 줄
수 있다. 하지만, 영어권이 아닌 학습자들에게는 별 도움이 되지 않기
때문에 한국어로 번역된 의미 정보와 함께 좀 더 상세한 기술이 있어야
할 것이다.

이외에도 건국대의『건국 한국어 초급1~중급2』교재 전 편을 살펴
보았는데, 이 교재에서는 연결어미 '-더니'의 항목이 제시되어 있지
않았다.

지금까지 한국어 교재에 나타난 연결어미 '-더니'의 기술 정보에 대
해 살펴본 결과 몇 가지의 문제점을 찾아볼 수 있었다.

첫째, 통사 정보에 관한 문제점이다. 서울대『한국어 3』, 이화여대
『한국어 6』등에서 연결어미 '-더니'의 통사 정보가 제시되어 있지 않
았다. 한편, 서강대『서강 한국어 5B』, 고려대『재미있는 한국어 4』에
서는 연결어미 '-더니'의 통사 정보가 제시되어 있었으나 한국어 학습

자들의 학습 효과를 위해 좀 더 구체적으로 보충해야 할 필요가 있다.

둘째, 의미 정보에 관한 문제점이다. 서울대『한국어 3』, 고려대『재미있는 한국어 4』등에서 연결어미 '−더니'의 의미 정보가 제시되어 있지 않았다. 한편, 이화 여대『이화 한국어 6』, 서강대『서강 한국어 5B』에서는 연결어미 '−더니'의 의미 정보가 제시되어 있었으나 학습에 도움이 될 수 있도록 좀 더 구체적으로 보충 정리를 해야 할 필요가 있다.

이상의 교재 정보를 표로 정리하면 다음과 같다.

〈표 3〉 대학기관 한국어 교육용 교재 정보

대학기관 한국어 교육용 교재	형태 정보	통사 정보	의미 정보	용례
서울대『한국어 3』	○	×	×	△
이화여대『이화 한국어 6』	○	×	△	△
서강대『서강 한국어 5B』	○	△	△	△
고려대『재미있는 한국어 4』	○	△	×	△
『건국 한국어』	연결어미 '−더니' 항목 없음.			

○: 정보 있음 △: 정보 미흡, ×: 정보 없음

한국어 교재는 교수−학습에서 매개가 되어 교사의 설명과 같은 입력 정보가 보충되어야 하지만, 학습자들이 교실 상황 밖에서도 학습할 수 있는 여건이 될 수 있는 문법 항목 기술이 교재에도 필요한 부분이라고 판단한다.

이제 교실 상황 밖에서 한국어 학습자들에게 도움을 줄 수 있는 한국어 사전의 경우 '−더니'의 기술은 어떠한지에 대해 살펴보겠다.

2.2. 한국어 사전에 기술된 '-더니' 분석

한국어 학습자들에게 교실 상황 밖에서 한국어를 배우고 익히는 데에 길잡이 역할을 하는 것으로는 한국어 사전 혹은 문법 사전 등이 있다. 한국어 학습자를 위한 사전류는 다양하지만, 이 연구에서는 국립국어원(1999)의 『표준국어대사전』, 백봉자(2009)의 『외국어로서의 한국어 문법사전』, 국립국어원(2005)의 『외국인을 위한 한국어 문법2』, 이희자·이종희(2006)의 『전문가용 어미·조사 사전』 등을 대상으로 각각의 사전에 기술된 연결어미 '-더니'의 범주 정보, 형태 정보, 통사 정보, 의미 정보를 살펴보겠다.

첫째, 국립국어원(1999)의 『표준국어대사전』에서는 '-더니1'의 범주 정보를 '어미'로 설정하였고, 그 의미를 (('이다'의 어간, 용언의 어간 또는 어미 '-으시-', '-었-', '-겠-' 뒤에 붙어)) "1. 과거의 사태나 행동에 뒤이어 일어난 상황을 이어 주는 연결 어미. 주로 앞 절의 내용이 뒤 절의 원인이 된다.", "2. 지금의 사실이 과거의 경험으로 알았던 사실과 다름을 나타내는 연결 어미", "3. 과거 어떤 사실에 대하여 그와 관련된 또 다른 사실이 있음을 뜻하는 연결 어미"라고 기술하고 있다. 이에 따른 예로는 각각 "1. 오랜만에 운동을 했더니 온몸이 쑤신다./형에게 대들더니 얻어맞고 마는구나./날씨가 무덥더니 비가 온다.", "2. 어제는 기운이 없더니 오늘은 기운이 넘치는구나./전에는 며칠 밤을 새워도 괜찮더니 요즘은 그렇지 못하다.", "3. 전에 거짓말을 하더니 이젠 도둑질까지 하는구나." 등이 제시되어 있다.

둘째, 국립국어원(2005)의 『외국인을 위한 한국어 문법2』에서는 '-더니'를 "과거에 경험한 사실에 뒤이어 어떤 사실을 말할 때 쓰는 어미"라고 대표 의미를 제시하며 범주 정보를 '어미(연결)'이라고 설정했다. 그 아래 '-더니'의 용법에 대해 "1. 전에 경험하여 알게 된 사실이나 상황과 다른 새로운 사실이나 상황이 있음을 나타낸다. 주로 앞의 내용과 대조적인 사실이 뒤에 온다.", "2. 전에 경험하여 알게 된 사실이나 상황에 바로 뒤이어 다른 사실이나 상황이 일어남을 나타낸다.", "3. 전에 경험하여 알게 된 사실이나 상황에 더하여 그와 관련된 다른 상황이나 사실까지 있음을 나타낸다.", "4. 전에 경험하여 알게 된 사실이나 상황이 뒤 문장의 결과를 낳는 원인이나 이유가 됨을 나타낸다."라고 제시하고 있다.

이에 따른 예로는 각각 "1. ① 아침에는 비가 오더니 지금은 눈이 온다. / ② 네가 예전에는 서양 음식을 좋아하더니 이제는 우리 음식을 좋아하는구나. / ③ 철수가 어제는 도서관에 가더니 오늘은 집에 있다. / ④ 아까는 비가 오겠더니 날씨만 좋다.", "2. ① 아까 딸아이가 집에 오더니 인사도 안 하고 방에 들어갔어요. / ② 어제 혜미가 요리를 시작하더니, 10분 만에 김치볶음밥을 만들어 낸다. / ③ 둘은 역 앞에서 만나더니, 재빨리 커피숍으로 들어갔다.", "3. ① 음식이 보기에 좋더니 맛도 좋다. / ② 미아가 얼굴이 예쁘더니 마음까지 곱다. / ③ 철수가 어제 지각하더니 오늘은 결석까지 한다.", "4. ① 철수가 열심히 공부하더니 이번 학기에 일등을 했다. / ② 오전에 날씨가 흐리더니 비가 오는구나. / ③ 그렇게 많이 먹더니 동생이 배탈이 났다. / ④ 밤을 새워 일했더니 피곤해요." 등을 제시하고 있다. 또한, 보충·심화로 "그 의미를 강조하기 위해 '-더니'에 조사 '마는'이 결합한 어미 '-더니마는' 또는 그 준말인 '-더니만'도 쓸 수 있다."라고 제시되어 있다.

셋째, 백봉자(2009)의 『외국어로서의 한국어 문법사전』에서는 '-더니'의 범주 정보를 '연결어미'로 설정하였고, 구조를 '회상 시상어미 -더+연결어미 -니'로 제시했으며 이에 대해 "선행절을 후행절에 종속적으로 연결한다. 화자가 과거에 어떤 사물의 동작이 진행됨을 보거나 느낀 것을 회상하여 말하는 선행절과, 현재나 과거 동작의 진행이나 완료된 상황을 말하는 후행절로 이루어진다."라고 해설하며 "1. 선행절의 주어는 주로 3인칭이다. / 2. 후행절에는 미래 시제가 올 수 없다. / 3. 주로 서술문에서 쓰이고, 청유문과 명령문에서는 안 쓰인다."
라고 통사 정보를 기술하고 있다.

또한, '-더니'의 의미에 대하여 "1. 선행절과 후행절 사실의 차이를
나타내는 경우", "2. 후행절이 선행절의 행위의 결과로서 나타나는 경
우"로 기술하며, 이에 따른 예로는 각각 "1.① 아까는 비가 오더니 지금
은 눈이 온다. / ② 할아버지께서는 정정하시더니 갑자기 돌아가셨군
요. / ③ 혜리는 전에는 날씬하더니 요즘은 살이 많이 쪘더라. / ④ 어렸
을 때는 사과가 좋더니 요새는 귤이 좋아. /⑤ 어제부터 머리가 아프더
니 오늘 아침에 일어날 수가 없어요.", "2. ① 아들이 열심히 공부하더
니 일류대학교에 합격했어요. / ② 그 사무원은 밤을 새서 일하더니 지
친 것 같다. / ③ 혜리는 아까 국수를 많이 먹더니 배탈이 났나봐요. /
④ 후배가 책을 빌려가더니 안 가져옵니다. ⑤ 아이들이 폭력 영화를
자주 보더니 성격이 거칠어지는 것 같다." 등이 기술되어 있다.

넷째, 이희자·이희종(2010)의 전문가용 『한국어 어미·조사 사전』에
서는 범주 정보를 '연결어미'로 설정했고, 그 아래에 "1. 듣거나 경험한
사실이 다른 사실의 이유(원인, 조건, 전제)가 됨을 나타낸다.", "2.
어떤 사실에 이어서 다른 사실이 일어남을 설명함을 나타낸다.", "3.
앞에서 겪었거나 있었던 사실이 어떤 사실과 대립 관계에 있음을 나타
낸다.", "4. 어떤 사실에 더하여 또 다른 사실이 있음을 나타낸다."라는
의미 정보를 제시하고 있다.

이에 따른 예로는 각각 "1. ① 온종일 날이 흐리더니 밤부터 비가
내리기 시작했다. / ② 며칠 잠을 못 잤더니 좀 피곤하네요. / ③ 어제
술을 많이 마셨더니 속이 쓰려서 아침밥을 못 먹겠어요. / ④ 오랜만에
만났더니 많이 컸구나!", "2. ① 어둠 속에서 한 여자가 나타나더니
재빠른 동작으로 어느 집으로 들어갔다. / ② 그녀가 바짝 다가서더니
귓속말로 소곤거렸다. / ③ 어제도 술 마시고 들어오더니 오늘 또 마신
거야?", "3. ① 어제는 덥더니 오늘은 시원하다. / ② 물에 빠진 놈 건져

줬더니 내 보따리 내놔라 한다. / ③ 어젠 전화 목소리가 힘이 없더니, 오늘은 꽤 기분 좋은 것 같군요.", "4. ① 약수터에도 그리 사람이 많지 않더니 오늘은 종일 산이 조용하였다. / ② 얼굴이 예쁘더니 마음까지 곱다. ③ 빛깔이 곱더니 그 맛까지 매우 좋다." 등이 기술되어 있다.

또한, 이희자·이희종(2010)에서는 연결어미 '-더니'의 형태 정보를 "받침이 있든 없든 '-더니가' 쓰인다. '-더니'는 동사, 형용사, '이다', '-았-' 뒤에 쓰인다"로 제시하고 있다. 이는 국립국어원(1999)『표준국어대사전』을 제외하고 다른 한국어 사전과는 달리 형태 정보를 제시하고 있는 점을 미루어 보아 '-더니'의 정보에 대해 비교적 구체적으로 기술이 되어 있는 사전이라고 할 수 있겠다.

지금까지 한국어 사전에 나타난 연결어미 '-더니'의 기술 정보에 대해 살펴보았다. 사전에는 문법 항목의 범주를 비롯하여 형태 정보, 통사 정보, 의미 정보, 용례, 참고 정보 등이 기술되어야 한다. 물론 각 사전의 특성으로 인하여 나양한 기술에서 그 한계는 있겠지만 앞서 살펴본 사전들의 경우 몇 가지 미흡한 부분을 찾아볼 수 있었다. 이를 정리하면 다음과 같다.

첫째, 형태 정보에 관한 문제점이다. 백봉자(2009)의 『외국어로서의 한국어 문법 사전』에서는 연결어미 '-더니'에 대한 형태 정보가 제시되어 있지 않았다. 한편, 국립국어원(1999)의 『표준국어대사전』, 국립국어원(2005)의 『외국인을 위한 한국어 문법2』, 이희자·이종희(2010)의 전문가용 『한국어 어미·조사 사전』에서는 형태 정보에 대해 제시되어 있는데, 3종의 사전에 제시된 연결어미 '-더니'에 대한 형태 정보가 통일성이 없다. 여러 사전들의 다양한 해석을 통한 정보 제공은 풍부한 자료가 될 수 있지만, 한국어를 외국어로서 접하는 학습자들에게는 일관성 있는 학습을 하는 데 방해 요소가 될 것이다.

둘째, 통사 정보에 관한 문제점이다. 국립국어원(1999)의 『표준국어대사전』과 이희자·이종희(2010)의 전문가용 『한국어 어미·조사 사전』에서는 연결어미 '-더니'에 대한 통사 정보가 제시되어 있지 않았다. 한편, 백봉자(2009)의『외국어로서의 한국어 문법 사전』에서는 연결어미 '-더니'에 대한 기술이 여타 사전에 비해 구체적으로 기술되어 있는데, 특히, '-더니'의 제약 현상에 대해서도 제시되어 있어 학습자들에게 풍부한 자료가 될 수 있겠다.

셋째, 의미 정보에 관한 문제점이다. 국립국어원(1999)의『표준국어대사전』, 국립국어원(2005)의『외국인을 위한 한국어 문법2』, 백봉자(2009)의『외국어로서의 한국어 문법 사전』, 이희자·이종희(2010)의 전문가용『한국어 어미·조사 사전』총 4종의 사전에 제시된 연결어미 '-더니'의 의미 정보와 그에 따른 다양한 용례는 풍부하게 기술되어 있다. 그러나 사전에 기술된 '-더니'의 의미 해석이 유사하여 의미만 봐서는 '-더니'의 쓰임을 판단하기 어렵다.

따라서 의미 해석과 의미 개념을 제시하여 의미 개념별로 용례를 정리한다면 학습자들에게 좀 더 학습하기 쉬운 기술 구성이 될 것이다.

이제, 앞서 제시한 문제점을 개선하기 위해 3장에서는 '-더니'의 의미 특성과 문법 특성에 대해 구체적으로 살펴보고, 이를 체계적으로 정리하여 한국어 학습에 효율적으로 사용할 수 있는 연결어미 '-더니'의 기술 모형을 제시하겠다.

3. 연결어미 '-더니'의 특성 및 그 기술 방안

이 장에서는 한국어 교재와 한국어 사전에 제시된 '-더니'의 용례들을 분석하여 연결어미 '-더니'의 특성에 대해 논의할 것이다.[7] 이에

---

7) 일반적으로 문법 항목의 특성을 논의할 때, 언어 형성 단계에 따라 문법 특성을 우선적으로 논의하는데, 이 연구는 한국어 교재와 한국어 사전에 제시된 용례들에서 쓰인 연결어미 '-더니'의 의미 개념을 살펴보고, 이를 개념별로

앞서, '-더니'의 의미 영역을 살피고 이를 명사형으로 개념화하겠다. 의미 영역의 세분화를 통해서 '-더니'의 의미를 명사형으로 개념화하면 한국어 학습자들에게 '-더니'의 의미적 특성을 좀 더 간결하게 전달할 수 있는 기반이 되기 때문이다. 이를 바탕으로 각각의 의미 영역에 속하는 연결어미 '-더니'의 문법 특성, 즉 '시제, 상, 문법 제약(주어 일치 관계, 문장 유형)'에 대해 기술하겠다.

3.1. 연결어미 '-더니'의 의미 개념 설정

연결어미 '-더니'의 의미 영역을 세분화하고 이를 명사형으로 개념화하기 위해서 한국어 교재에 있는 용례와 한국어 사전류의 기술을 바탕으로 '-더니'의 의미를 종합해 보겠다. 다음의 예를 보자.

(5) 서울대 『한국어 3』의 용례
ㄱ. 어제는 정말 **덥더니** 오늘은 좀 시원해졌어요.
ㄴ. 둘이 **싸우더니** 말도 안 해요.
ㄷ. 동생이 친구한테서 전화를 **받더니** 급히 나갔어요.

(5ㄱ~ㄷ)은 서울대 『한국어 3』에 제시된 용례이다. 먼저 (5ㄱ)에서의 '-더니'는 어제는 더운 상태 오늘은 시원한 상태로 둘 이상의 대상, 즉 날씨의 변화에 따라 2가지 상황을 대비되게 나타내주는 '대조'의 개념으로 쓰이고 있다.

이 용례의 의미 기술은 국립국어원(1999)의 『표준국어대사전』에 제시된 '2. 지금의 사실이 과거의 경험으로 알았던 사실과 다름을 나타내는 연결어미', 국립국어원(2005)의 『외국인을 위한 한국어 문법2』에 제시된 '2. 전에 경험하여 알게 된 사실이나 상황과 다른 새로운 사실

유형화 한 후, 문법 특성을 살펴볼 것이다. 이는 의미 개념 유형별로 용례들에서 나타나는 문법 특성을 살펴보기 위해서이다.

이나 상황이 있음을 나타낸다. 주로 앞의 내용과 대조적인 사실이 뒤에 온다.', 백봉자(2009)의 『외국어로서의 한국어 문법 사전』에 제시된 '1. 선행절과 후행절의 사실의 차이를 나타내는 경우, 이희자·이종희(2010)의 전문가용『한국어 어미·조사 사전』에 제시된 '3. 앞에서 겪었거나 있었던 사실이 어떤 사실과 대조 관계에 있음을 나타낸다.' 등이다.

(5ㄴ~ㄷ)에서의 연결어미 '-더니'는 'A'라는 사건에 의해 'B'와 같은 상황이 일어나거나 또는 다른 상황으로 변화하는 것을 나타내는 '계기(繼起)'의 개념으로 쓰이고 있다. (5ㄴ)에서 싸움으로 인하여 말을 안 하게 된 현상이 일어난 것, (5ㄷ)은 전화를 받고 나서 동생이 급히 나가게 것으로 설명할 수 있는데, 이는 어떤 일이나 현상이 잇따라 일어난 것을 의미한다고 볼 수 있다.

이 용례의 의미 기술은 국립국어원(1999)의 『표준국어대사전』에 제시된 '1. 과거의 사태나 행동에 뒤이어 일어난 상황을 이어 주는 연결어미.', 국립국어원(2005)의 『외국인을 위한 한국어 문법2』에 제시된 '2. 전에 경험하여 알게 된 사실이나 상황에 바로 뒤이어 다른 사실이나 상황이 일어남을 나타낸다.', 이희자·이종희(2010)의 전문가용『한국어 어미·조사 사전』에 제시된 '2. 어떤 사실에 이어서 다른 사실이 일어남을 설명함을 나타낸다.' 등이다.

(6) 이화여대 『이화 한국어 6』의 용례
   ㄱ. 주말에는 사람이 **많더니** 오늘은 한산하다.
   ㄴ. 아침에는 비가 **오더니** 지금은 눈이 온다.

(6ㄱ~ㄴ)은『이화 한국어 6』에 제시된 용례이다. (6ㄱ)에서 쓰인 '-더니'는 사람이 많은 상태에서 사람이 많지 않은 한산한 상태로 변함, 또는 선행절과 후행절의 상황이 대비되는 것을 나타내주는 '대조'의 개념으로 쓰이고 있다. (6 ㄴ)에 쓰인 연결어미 '-더니'도 (6ㄱ)과

마찬가지로 비가 오다가 눈이 오는 상태로 변함, 또는 선행절과 후행절의 상황이 대비되는 것을 나타내주는 '대조'의 개념으로 쓰이고 있다.

이 용례의 의미 기술은 국립국어원(1999)의 『표준국어대사전』에 제시된 '2. 지금의 사실이 과거의 경험으로 알았던 사실과 다름을 나타내는 연결어미', 국립국어원(2005)의 『외국인을 위한 한국어 문법2』에 제시된 '2. 전에 경험하여 알게 된 사실이나 상황과 다른 새로운 사실이나 상황이 있음을 나타낸다. 주로 앞의 내용과 대조적인 사실이 뒤에 온다.', 백봉자(2009)의 『외국어로서의 한국어 문법 사전』에 제시된 '1. 선행절과 후행절의 사실의 차이를 나타내는 경우, 이희자·이종희(2010)의 전문가용 『한국어 어미·조사 사전』에 제시된 '3. 앞에서 겪었거나 있었던 사실이 어떤 사실과 대조 관계에 있음을 나타낸다.' 등이다.

(7) 서강대 『서강 한국어 5B』의 용례
　ㄱ. 이들이 열심히 **공부하더니** 좋은 대학교에 합격했어요.
　ㄱ'. 아들이 열심히 공부했어요. 그 결과 좋은 대학교에 합격했어요.

(7ㄱ~ㄱ')은 서강대 『서강 한국어 5B』에 제시된 용례이다. (7ㄱ)에서 쓰인 연결어미 '-더니'는 과거 'A'의 행동, 즉 아들이 열심히 공부를 한 것이 좋은 대학교에 합격했다는 현재의 결과에 영향을 준 것으로 이때의 '-더니'는 '원인' 내지 '이유'의 개념으로 쓰인 것이라고 할 수 있다. 한편, (7ㄱ')은 '아들'이 열심히 공부를 한 행동이 현재 좋은 대학교에 가게 된 결과에 다다른 것을 두 문장으로 표현한 것으로 (7ㄱ)과는 같은 의미의 문장이며, (7ㄱ)은 종속적으로 연결된 문장이라는 것을 알 수 있다.

이 용례의 의미 기술은 국립국어원(2005)의 『외국인을 위한 한국어 문법2』에 제시된 '4. 전에 경험하여 알게 된 사실이나 상황이 뒤 문장의 결과를 낳는 원인이나 이유가 됨을 나타낸다.', 백봉자(2009)의 『외국어로서의 한국어 문법 사전』에 제시된 '2. 후행절이 선행절의 행위의 결과로서 나타나는 경우' 등이다.

   (8) 고려대『재미있는 한국어 4』의 용례
     ㄱ. 어제는 눈이 펑펑 **내리더니** 오늘은 봄 날씨처럼 포근하다.
     ㄴ. 어제는 머리가 **아프더니** 오늘은 한결 좋아졌다.

   (8ㄱ~ㄴ)은 고려대『재미있는 한국어 4』에 제시된 용례이다. 먼저 (8ㄱ)에서 쓰인 '-더니'는 '눈이 내린 상황'에서 '포근한 상태'로 날씨가 변화한 것, 선행절과 후행절이 대비되는 상황 또는 상태를 나타내주는 '대조'의 개념으로 쓰이고 있다. 이때의 '눈이 내린 상황'은 겨울의 특성이고, '포근한 상태'는 봄의 특성으로써 서로 대비되는 현상이라고 할 수 있다.

   (8ㄴ)에서 쓰인 '-더니'도 (8ㄱ)과 마찬가지로 몸의 상태가 '머리가 아픔'이라는 것에서 '한결 좋아짐'으로 변화한 것, 즉, 몸의 전후 상태가 대비되는 것을 나타내주는 '대조'의 개념으로 쓰이고 있다.

   이 용례의 의미 기술은 국립국어원(1999)의『표준국어대사전』에 제시된 '2. 지금의 사실이 과거의 경험으로 알았던 사실과 다름을 나타내는 연결어미', 국립국어원(2005)의『외국인을 위한 한국어 문법2』에 제시된 '2. 전에 경험하여 알게 된 사실이나 상황과 다른 새로운 사실이나 상황이 있음을 나타낸다. 주로 앞의 내용과 대조적인 사실이 뒤에 온다.', 백봉자(2009)의『외국어로서의 한국어 문법 사전』에 제시된 '1. 선행절과 후행절의 사실의 차이를 나타내는 경우, 이희자·이종희(2010)의 전문가용『한국어 어미·조사 사전』에 제시된 '3. 앞에서 겪었거나 있었던 사실이 어떤 사실과 대조 관계에 있음을 나타낸다.'로 설정할 수 있다.

   대학기관 한국어 교재 용례를 살펴본 결과, 각 용례에 쓰인 '-더니'의 의미 개념은 '대조', '계기(繼起)', '원인/이유' 등으로 나뉘고, 여기에 속하는 용례의 수는 총 10개로 '대조'의 개념이 쓰인 용례가 6개,

계기(繼起)의 개념으로 쓰인 용례가 3개, '원인/이유'의 개념으로 쓰인 1개로 한국어 교재에서의 연결어미 '–더니'는 '대조'의 개념이 가장 많이 쓰이고 있다는 사실을 알 수 있다.

이상을 종합하여 표로 나타내면 다음과 같다.

〈표 4〉 한국어 교재 용례에 나타난 '-더니'의 의미 개념

	'-더니'의 의미	용례	개념
『표준국어대사전』, 국립국어원 (1999)	1. 과거의 사태나 행동에 뒤이어 일어난 상황을 이어 주는 연결 어미.	서울(6ㄴ), 서울(6ㄷ)	계기 (繼起)
	2. 지금의 사실이 과거의 경험으로 알았던 사실과 다름을 나타내는 연결 어미.	서울(6ㄱ), 이화(7ㄱ, ㄴ), 고려(10ㄱ, ㄴ)	대조
	3. 과거 어떤 사실에 대하여 그와 관련된 또 다른 사실이 있음을 뜻하는 연결 어미.	×	부가 (附加)
『외국인을 위한 한국어 문법2』, 국립국어원 (2005)	1. 전에 경험하여 알게 된 사실이나 상황과 다른 새로운 사실이나 상황이 있음을 나타낸다. 주로 앞의 내용과 대조적인 사실이 뒤에 온다.	서울(6ㄱ), 이화(7ㄱ, ㄴ), 고려(10ㄱ, ㄴ)	대조
	2. 전에 경험하여 알게 된 사실이나 상황에 바로 뒤이어 다른 사실이나 상황이 일어남을 나타낸다.	서울(6ㄴ), 서울(6ㄷ)	계기 (繼起)
	3. 전에 경험하여 알게 된 사실, 상황에 더하여 그와 관련된 다른 상황이나 사실까지 있음을 나타낸다.	×	부가 (附加)
	4. 전에 경험하여 알게 된 사실이나 상황이 뒤 문장의 결과를 낳는 원인이나 이유가 됨을 나타낸다.	서강(8ㄱ)	원인/ 이유
『외국어로서의 한국어 문법 사전』, 백봉자(2009)	1. 선행절과 후행절 사실의 차이를 나타내는 경우	서울(6ㄱ), 이화(7ㄱ, ㄴ), 고려(10ㄱ, ㄴ)	대조
	2. 후행절이 선행절의 행위의 결과로서 나타나는 경우	서강(8ㄱ)	원인/ 이유
『한국어 어미·조사 사전』, 이희자·이종희 (2010)	1. 듣거나 경험한 사실이 다른 사실의 이유(원인, 조건, 전제)가 됨을 나타낸다.	서강(8ㄱ)	원인/ 이유
	2. 어떤 사실에 이어서 다른 사실이 일어남을 설명함을 나타낸다.	서울(6ㄴ), 서울(6ㄷ)	계기 (繼起)
	3. 앞에서 겪었거나 있었던 사실이 어떤 사실과 대립 관계에 있음을 나타낸다.	서울(6ㄱ), 이화(7ㄱ, ㄴ), 고려(10ㄱ, ㄴ)	대조
	4. 어떤 사실에 더하여 또 다른 사실이 있음을 나타낸다.	×	부가 (附加)

3.2. '시제', '상'과 관련된 특성

다음은 한국어 교재와 한국어 사전에 제시된 용례들을 의미 개념별로 분류한 것이다. 앞서 살핀 것처럼 한국어 교재에 나타난 연결어미 '-더니'의 의미 개념은 [대조], [계기(繼起)], [원인/이유]로 분류되는데, 한국어 사전에 제시된 용례 중에는 [부가]의 개념에 속한 예들이 더 있었다.[8]

(9) [대조]
  ㄱ. 어제는 정말 **덥더니** 오늘은 좀 시원해졌어요.
  ㄱ'. 어제는 정말 **덥더니** 오늘은 좀 {**시원하다.**/***시원할 것 같아요**}.
  ㄴ. 주말에는 사람이 **많더니** 오늘은 한산하다.
  ㄴ'. 주말에는 사람이 **많더니** 오늘은 *{**한산할 것이다.**}
  ㄷ. 어제는 머리가 **아프더니** 오늘은 한결 좋아졌다.
  ㄷ'. 어제는 머리가 **아프더니** 오늘은 한결{**좋다.**/**좋아질 것이다.**}

일반적으로 문장에서 나타나는 상황 또는 행위는 시간의 흐름에 따라 변화하고, 변화한 상황 또는 행위를 나타낸다. 위의 (9)는 의미 개념 '대조'에 속하는 용례들인데, 대부분 선행절에는 과거 상황이 나타나 있다. '대조'의 의미 자체가 서로 달라 대비되는 것을 말하는데, 연결어미 '-더니'는 대비의 기준이 '추상적인 다름'이 아니라 '시간의 흐름에 따른 확실한 다름'에 있다. 시간의 흐름이라는 것은 현재의 상황이 오기 이전에 이보다 앞선 상황이라는 과거의 상황이 있을 것이고, 현재의 상황 다음에는 미래의 상황이 따르기 마련이다. 이처럼 연결어미는 상황과 상황을 연결해주는 역할을 하는 것이며, 선행절과 후행절

---

8) 의미 영역에 따라 분류된 용례는 앞의 〈표 4〉에 제시되어 있는 것과 같이 한국어 교재 용례에 나타난 '-더니'의 의미 영역을 토대로 사전에 기술된 용례도 함께 발췌한 것이다.

에는 각각의 상황이 위치하고 있다.

위의 예문의 경우에도 선행절과 후행절에는 시간의 흐름에 따른 상황이 존재할 것이다. 그런데 이때 연결어미 '-더니'가 '대조'의 의미 영역에 속했다는 것은 서로 대비되는 상황 즉, 앞선 상황에서 이후의 상황으로 변화한 상황이 뚜렷하다는 것을 말하고, 선행절의 상황은 이미 종결이 되고, 후행절의 상황이 현재 진행이 되고 있다는 것을 말한다. 다시 말해, '대조'의 의미인 '-더니'로 연결된 복문에서 선행절과 후행절의 시제는 '과거-현재'가 가능하지만, '과거-미래'의 상황은 불가능 하다는 것이다. 미래의 상황은 예측 가능하지만 다르다는 것을 정확히 판단할 수 없는 추측에 불과하기 때문이다.

따라서 '대조'의 개념으로 쓰이는 연결어미 '-더니'는 후행절에는 미래의 시제가 올 수 없는 제약을 갖고 있으며, 상적 특성은 선행절의 시간이 과거로 '완결', 후행절의 시간은 현재로 '과정'이라는 것을 알 수 있다.

(10) [계기(繼起)]
   ㄱ. 둘이 **싸우더니** 말도 안 해요.
   ㄱ'. 둘이 **싸우더니** 말도 *{**안 했어요.** /**안 할 것이다.**}
   ㄴ. 동생이 친구한테서 전화를 **받더니** 급히 나갔어요.
   ㄴ'. 동생이 친구한테서 전화를 **받더니** 급히 {**나간다.** *나갈 것이다.}
   ㄷ. 둘은 역 앞에서 **만나더니**, 재빨리 커피숍으로 들어갔다.
   ㄷ'. 둘은 역 앞에서 **만나더니**{**만났더니**}, 재빨리 커피숍으로 {**들어 간다.** /* **들어갈 것이다.**}

위의 (10)은 의미 개념 '계기(繼起)'에 속하는 용례들이다. 이 경우, 대부분 어떤 사태에 따른 상황이 곧바로 발생한 것으로 이루어졌다. '말을 안 함', '급히 나감', '재빨리 커피숍으로 들어감' 등의 상황은 어떠한 계기, 즉 이미 발생한 어떤 상황으로 인해 취하게 된 행동으로써 현재보다 앞선 상황이라고 할 수 있다. 즉, 현재의 결과에 이르게 된 상황이 발생하기 이전에, 계기가 되어주는 상황이 발생해야 한다. 그렇기 때문에 선행절에는 현재나 미래의 시제가 올 수 없는 것은 당연한 사실이며, 후행절에서도 계기가 되어 어떤 일이 발생했기 때문에 결과로써 나타나는 상황이 나타난다. 따라서 후행절에서는 미래의 시제가 올 수 없다. 즉, 선행절과 후행절의 시제는 '과거-현재'가 가능하지만, '과거-미래'의 상황은 불가능하다는 것이다.

따라서 '계기(繼起)'의 개념으로 쓰이는 연결어미 '-더니'는 후행절에는 미래의 시제가 올 수 없는 제약을 갖고 있으며, 상적 특성은 선행절의 시간이 과거로 '완결', 후행절의 시간은 현재로 '과정' 내지 '결과'라는 것을 알 수 있다.

(11) [원인/이유]
   ㄱ. 아들이 열심히 **공부하더니** 좋은 대학교에 합격했어요.
   ㄱ'. 아들이 열심히 **공부하더니** 좋은 대학교에 {**합격하다.**/*할 것
      이다.}
   ㄴ. 그렇게 많이 **먹더니** 동생이 배탈이 났다.
   ㄴ'. 그렇게 많이 **먹더니** 동생이 {**배탈이 나다.**/*배탈이 날 것이다.}
   ㄷ. "밤을 새워 일을 **했더니** 피곤해요."
   ㄷ'. "밤을 새워 일을 **했더니** *{**피곤할 것이다**}."

위의 (11)은 의미 개념 '원인/이유'에 속하는 용례들이다. 이 경우, 대부분 어떠한 사실, 즉 '열심히 공부를 한 아들', '많이 먹음', '밤을 새움', 에 의해 '좋은 대학교에 합격', '배탈이 남', '피곤함'이라는 결과에 이른 것이다. 이는 현재의 결과에 이르게 된 상황이 발생하기 이전에, 화자가 취한 행동으로 인해 선행절의 사건이 발생된 것이기 때문에 선행절에는 과거의 상황이 올 수 있다. 또한, 후행절에는 현재 결과가 나타난 상황으로 볼 수 있기 때문에 미래의 시제가 올 수 없다.

다시 말해, 선행절과 후행절의 시제는 '과거-현재'가 가능하지만, '과거-미래'의 상황은 불가능 하다는 것이다. 따라서 '원인/이유'의 개념으로 쓰이는 연결어미 '-더니'는 후행절에는 미래의 시제가 올 수 없는 제약을 갖고 있으며, 상적 특성은 선행절의 시간이 과거로 '완결', 후행절의 시간은 현재로 '과정' 또는 결과'라는 것을 알 수 있다.

(12) [부가]
ㄱ. 전에 거짓말을 **하더니** 이젠 도둑질까지 하는구나.(***할 것이구나.**)
ㄴ. 음식이 보기에 **좋더니** 맛도 좋다.(***좋을 것이다.**)
ㄷ. 빛깔이 **곱더니** 그 맛까지 매우 좋다.(***좋을 것이다.**)

위 (12)는 의미 개념 [부가]에 속하는 용례들이다. 이 경우, 주된 사실, 즉 '거짓말을 함', '보기 좋음', '빛깔이 고움' 이라는 사실에 '도둑질까지 함', '맛도 좋음', '맛까지 좋음'이라는 또 다른 사실을 덧붙여 나타낸 것이다. 이는 전에 알게 된 사실이니 상황에 더하여 그와 관련된 다른 상황이나 사실까지 있음을 나타내는 것이다. 따라서 선행절에는 전에 알게 된 과거의 상황이 오며 후행절에는 전에 알게 된 상황과 관련된 다른 상황이나 사실이 현재에 나타난 것이기 때문에 미래의 시제가 올 수 없다. 다시 말해, 선행절과 후행절의 시제는 '과거-현재'로 가능하지만, '과거-미래'의 상황은 불가능 하다는 것이다.

따라서 '부가'의 개념으로 쓰이는 연결어미 '-더니'는 후행절에는 미래의 시제가 올 수 없는 제약을 갖고 있으며, 상적 특성은 선행절의 시간이 과거로 '결과', 후행절의 시간은 현재로 '과정'이라는 것을 알 수 있다.

이상을 표로 나타내면 다음과 같다.

<표 5> '-더니'의 시제, 상적 특성과 관련된 특성

'-더니'의 개념	상적 특성		시제		시제 제약
	선행절	후행절	선행절	후행절	
대조	[완결]	[과정]	과거	현재	O
계기(繼起)	[완결]	[과정]/[결과]	과거	현재	O
원인/이유	[완결]	[과정]/[결과]	과거	현재	O
부가	[결과]	[과정]	과거	현재	O

3.3. '문법 제약'과 관련된 특성

3.3.1. 문장 유형 제약

일반적으로 어느 문장이든 말하는 사람의 요구에 따라 문장의 유형은 달라진다. 문장의 종류에는 '서술문(평서문), 의문문, 명령문, 청유문, 감탄문'이 있는데, 연결어미 '-더니'가 쓰인 문장은 대부분 서술문(평서문)으로 이루어져 있다. 정희정(1996:46)에서는 '-더니'로 연결된 후행문은 서술문과 의문문만이 올 수 있고, 명령문이나 청유문은 올 수 없다고 밝히기도 했는데, 다음의 (13)는 '대조', (14)는 '계기', (15)는 '원인/이유', (16)은 '부가'의 개념에 속한 용례들을 통해 문장 유형에 관한 제약이 있는지에 대한 의문점을 살펴보겠다.

(13) [대조]
　　ㄱ. 어제는 정말 **덥더니** 오늘은 좀 시원해졌어요.
　　ㄱ'. 어제는 정말 **덥더니** 오늘은 좀 *{시원해라./시원하자.}
　　ㄴ. 주말에는 사람이 **많더니** 오늘은 한산하다.
　　ㄴ'. 주말에는 사람이 **많더니** 오늘은 *{한산해라./한산하자}
　　ㄷ. 어제는 머리가 **아프더니** 오늘은 한결 좋아졌다.
　　ㄷ'. 어제는 머리가 **아프더니** 오늘은 한결 *{좋아라.}

(14) [계기(繼起)]

   ㄱ. 둘이 **싸우더니** 말도 안 해요.

   ㄱ´. 둘이 **싸우더니** 말도 *{안 해라./안 하자.}

   ㄴ. 동생이 친구한테서 전화를 **받더니** 급히 나갔어요.

   ㄴ´. 동생이 친구한테서 전화를 **받더니** 급히 *{나가라./나가자.}

   ㄷ. 둘은 역 앞에서 **만나더니**, 재빨리 커피숍으로 들어갔다.

   ㄷ´. 둘은 역 앞에서 **만나더니**, 재빨리 커피숍으로 *{들어가라/*들어가자.}

(15) [원인/이유]

   ㄱ. 아들이 열심히 **공부하더니** 좋은 대학교에 합격했어요.

   ㄱ´. 아들이 열심히 **공부하더니** 좋은 대학교에 *{합격해라./하자}

   ㄴ. 그렇게 많이 **먹더니** 동생이 배탈이 났다.

   ㄴ´. 그렇게 많이 **먹더니** 동생이 *{배탈 나라./배탈 나자.}

   ㄷ. "밤은 새워 일을 **했더니** 피곤해요."

   ㄷ´. "밤을 새워 일을 **했더니** *{피곤해라./피곤하자.}"

(16) [부가]

   ㄱ. 전에 거짓말을 **하더니** 이젠 도둑질까지 하는구나.

   ㄱ´. 전에 거짓말을 **하더니** 이젠 도둑질까지 {하니?/*해라./하자.}

   ㄴ. 음식이 보기에 **좋더니** 맛도 좋다.

   ㄴ´. 음식이 보기에 **좋더니** 맛도 {좋니?/*좋아라!}

   ㄷ. 빛깔이 곱더니 그 맛까지 매우 좋다.

   ㄷ´. 빛깔이 곱더니 그 맛까지 매우 {좋니?/*좋아라!}

이상의 용례는 전부 서술문으로 이루어져 있다.9) 서술문의 동사와

---

9) 변영종(1985:25)에서는 이를 공식화 하여 다음과 같이 나타내고 있다.
   동사어미→ {Dec.} / {-더니}_#
          {Ques.} // Qeus. (Question: 질문, 의문)
   정희정(1996:46)에서도 '더니'로 연결된 후행문은 서술문과 의문문만이 올

형용사에 의문형 종결어미, 명령형 종결어미, 청유형 종결어미를 결합하여 좀 더 구체적으로 살펴보면 다음과 같다.

먼저, '대조'의 의미 개념과 관련된 용례 (13ㄱ'~ㄷ')은 (13ㄱ~ㄷ)의 '시원하다', '한산하다', '좋다'에 의문형 종결어미, 명령형 종결어미, 청유형 종결어미를 결합하여 나타낸 것이다. 여기에서 '-더니'가 선행절의 어떤 상태나 상황이 시간의 흐름에 따라 변화하여 후행절에서 보이는 달라진 상황을 서술한 것으로 의문문, 명령문, 청유문으로 나타낼 경우, 위에서 제시한 것처럼 비문이 되기 때문에 연결어미 '-더니'가 쓰인 문장은 의문문, 명령문, 청유문이 될 수 없다.

둘째, '계기'의 의미 개념과 관련된 용례 (14ㄱ'~ㄷ')은 (14ㄱ~ㄷ)의 '하다', '나가다', '들어가다'에 의문형 종결어미, 명령형 종결어미, 청유형 종결어미를 결합하여 나타낸 것이다. 여기에서 '-더니'가 선행절의 어떤 계기로 인해 후행절에서 보이는 이미 지어진 결과와 결론을 서술한 것으로 의문문, 명령문, 청유문으로 나타낼 경우 위에서 제시한 것처럼 비문이 되기 때문에 연결어미 '-더니'가 쓰인 문장은 의문문, 명령문, 청유문이 될 수 없다.

셋째, '원인/이유'의 의미 개념과 관련된 용례 (15ㄱ'~ㄷ')은 (15ㄱ~ㄷ)의 '합격하다', '배탈이 나다', '피곤하다'에 의문형 종결어미, 명령형 종결어미, 청유형 종결어미를 결합하여 나타낸 것이다. 여기에서 '-더니'가 선행절의 어떤 원인이나 이유로 인해 후행절에서 보이는 이미 지어진 결과와 결론을 서술한 것으로 의문문, 명령문, 청유문으로 나타낼 경우 위에서 제시한 것처럼 비문이 되기 때문에 연결어미 '-더니'가 쓰인 문장은 의문문, 명령문, 청유문이 될 수 없다.

넷째, '부가'의 개념과 관련된 용례 (16ㄱ'~ㄷ')은 (16ㄱ~ㄷ)의 '하

수 있고, 명령문이나 청유문은 올 수 없다고 밝혔다. 즉, 변영종(1985:25), 정희정(1996:46)의 연구는 연결어미 '-더니'는 서술문과 의문문의 유형만 나타난다는 사실을 뒷받침해 준다.

다', '좋다'에 의문형 종결어미, 명령형 종결어미, 청유형 종결어미를 결합하여 나타낸 것이다. 이중 (16ㄱ~ㄴ)에서는 선행절의 어떤 대상의 상태와 행동에 또 다른 상태와 행동이 보이고 있음을 나타내는 것을 표현한 것으로 명령문, 청유문이 될 수 없다.

한편, (16ㄷ)에서는 서술어에 의문형 종결어미의 결합이 가능하다. 이와 같은 경우일 때는 화자가 기존에 느끼고 확인했던 것 외에 또 다른 대상이 느끼고 확인한 것을 확인하여 물어볼 때이다.

지금까지 후행절의 서술어에 의문형 종결어미, 명령문 종결어미, 청유형 종결어미를 결합하여 '-더니'가 쓰인 문장의 의문문, 명령문, 청유문 가능성 유무에 대해 살펴봤다. 그 결과, '대조', '계기', '원인/결과'의 의미 개념과 관련된 용례에서 '-더니'로 연결된 후행절의 서술어에는 의문형 종결어미, 명령형 종결어미, 청유형 종결어미가 결합할 수 없었다. 그러나 '부가'의 개념과 관련된 용례에서는 후행절의 서술어에 의문형 종결어미의 실입이 기능했는데, 이는 곧, '-더니'가 쓰인 문장의 유형으로 서술문뿐만 아니라 의문문도 가능하다는 것을 말해 준다.

3.3.2. 주어 일치 제약

주어 일치 제약은 크게 두 가지 문제로 분석할 수 있다. 첫째, 선행절과 후행절의 주어가 일치 하는가, 둘째, 각각 주어의 인칭이 어떻게 되는가 하는 문제로 나누어진다. 먼저, 주어와 관련하여 선행절과 후행절의 주어가 일치되어야 하는지에 대한 의문점을 연결어미 '-더니'를 의미 개념에 따라 분류한 다음의 용례를 통해 살펴보겠다.

(17) [대조]
　　ㄱ. 어제는 정말 **덥더니** 오늘은 좀 시원해졌어요.
　　ㄴ. 주말에는 사람이 **많더니** 오늘은 한산하다.

ㄷ. {난} 어제(는) 머리가 **아프더니** 오늘은 한결 좋아졌다.

(18) [계기(繼起)]

ㄱ. 둘이{*내가} **싸우더니** 말도 안 해요.

ㄴ. 동생이{*내가} 친구한테서 전화를 **받더니** 급히 나갔어요.

ㄷ. 둘은 역 앞에서{*우리가} **만나더니**, 재빨리 커피숍으로 들어
갔다.

(19) [원인/이유]

ㄱ. 아들이{*내가} 열심히 **공부하더니** {아들이} 좋은 대학교에 합격
했어요.

ㄴ. {*내가/동생이} 그렇게 많이 **먹더니** 동생이 배탈이 났다.

ㄷ. "밤을 새워 일을 **했더니** {난} 정말 피곤해요."

(20) [부가]

ㄱ. {*내가/지호는} 전에 거짓말을 **하더니** {지호는}이젠 도둑질까
지 하는구나.

ㄴ. 음식이 보기에 **좋더니** {음식이}맛도 좋다.

ㄷ. {무엇(떡)} 빛깔이 곱더니 그 {무엇(떡)}맛까지 매우 좋다.

먼저, '대조'의 의미 개념과 관련된 용례 (17ㄱ~ㄷ)을 살펴보면, 대
체적으로 '대조'의 의미 개념에 속하는 용례는 주어의 대상이 사람이
아니라 시간부사가 주를 이루었다. 이는 시간에 따라 변화한 상황 또는
행동을 시간의 차이로 대비시켜주는 것인데, 이는 상황 또는 행동을
직접적으로 나타내주는 서술어와는 별개의 것으로 이때의 선행절과 후
행절의 주어는 일치하지 않는다.

둘째, '계기'의 의미 개념과 관련된 용례 (18ㄱ~ㄷ)을 살펴보면, 선
행절의 주어가 '둘이', '동생이', '둘은'으로 나타나 있다. 그런데, '−더
니'와 결합한 동사를 보면 '싸우다', '전화를 받다', '만나다', 즉 둘 이

상의 대상이 상호작용을 해야 행동이 이루어지는 동작 동사가 쓰였다는 점에서 후행절의 주어는 선행절에서 동작을 취한 둘 이상의 대상의 주어를 따르게 된다.

셋째, '원인/이유'의 의미 개념과 관련된 용례 (19ㄱ~ㄷ)을 살펴보면, 선행절에서 주어가 취한 행동, 즉 '공부를 열심히 함', '많이 먹음', '밤을 샘'으로 인해 어떠한 결과가 발생한 것이기 때문에, 후행절의 주어는 선행절의 주어와 일치해야 한다. 여기서 선행절의 주어와 후행절의 주어가 일치할 경우에는 선행절이나 후행절에서 생략이 되는 경우가 있다.

넷째, '부가'의 의미 개념과 관련된 용례 (20ㄱ~ㄷ)을 살펴보면, 후행적의 생략된 주어가 '도둑질까지 하다', '맛도 좋다', '맛까지 좋다'인데, 이 표현에서 '이미 어떤 것이 포함되고 그 위에 더함의 뜻을 나타내는 보조사' '-까지', '-도'가 결합된 것으로 보았을 때, 도둑질을 한 대상이 도둑질을 하기 전의 어떤 행농을 안 내싱과 일치힌디. 또한, 맛까지 좋은 음식의 대상이 이전에 음식에 관한 긍정적인 평가를 받은 대상과 일치한다. 여기에서도 선행절의 주어와 후행절의 주어가 일치할 경우에는 선행절이나 후행절에서 생략이 되는 경우가 있다.

이어서 주어와 관련하여 선행절과 후행절의 주어 인칭이 어떻게 되는지의 의문점을 살펴보겠다.

먼저, '대조'의 의미 개념과 관련된 용례 (17ㄱ~ㄷ)을 살펴보면, 앞서 살펴본 것처럼 대체적으로 '대조'의 의미 개념에 속하는 용례는 인칭 대명사가 아닌 시간부사가 주를 이루었다. 또한, 날씨의 변화나 장소의 변화를 설명할 때 쓰이기 때문에 사람을 나타내는 주어는 대부분 나타나지 않는다. 그러나 (17ㄷ)에서 보여주듯이 자기와 직접 관련된 사항을 제3자의 입장에서 보거나 생각하는 '자기 객관화'를 시켜서 말할 경우에는 1인칭 주어가 오기도 한다.[10]

둘째, '계기'의 의미 개념과 관련된 용례 (18ㄱ~ㄷ)을 살펴보면, 선행절의 주어가 '둘이', '동생이', '둘은'으로 나타나 있다. 앞서 말한 것처럼 '-더니'와 결합한 동사를 보면 '싸우다', '전화를 받다', '만나다', 즉 둘 이상의 대상이 상호작용을 해야 행동이 이루어지는 동작 동사가 쓰였다는 점에서 주어는 2인칭 내지 3인칭이 와야 한다.

셋째, '원인/이유'의 의미 개념과 관련된 용례 (19ㄱ~ㄷ)을 살펴보면, (19ㄱ~ㄴ)의 경우, '아들' 또는 '동생'이 어떠한 원인과 이유로 인해 어떠한 결과가 생긴 것을 제3가 말하는 표현이다. 이때는 주어는 3인칭이 와야 한다. 그러나 (19ㄷ)의 경우는 자기와 직접 관련된 사항을 제3자의 입장에서 보거나 생각하는 '자기 객관화'를 시켜서 말한 경우로써 1인칭 주어가 올 수 있다.

넷째, '부가'의 의미 개념과 관련된 용례 (20ㄱ~ㄷ)을 살펴보면, 내가 아닌 다른 어떤 대상의 상태와 행동에 또 다른 상태와 행동이 보이고 있음을 나타내는 표현이 대부분이다. 따라서 이 문장의 주어는 3인칭이 와야 한다.

이상을 표로 정리하여 나타내면 다음과 같다.

〈표 6〉 '-더니'의 '문법 제약'과 관련된 특성

'-더니'의 개념	문장 유형 제약	주어 일치 제약	주어 인칭 제약
대조	명령, 청유, 의문문 제약	있음	있음
계기	명령, 청유, 의문문 제약	없음	있음
원인/이유	명령, 청유, 의문문 제약	없음	있음
부가	명령, 청유문 제약	없음	있음

---

10) 백봉자(2006:212~213)에서는 '-더니'에 관해서 원칙적으로 선행절의 주어는 3인칭을 쓰는데 화자가 자기를 객관화시켜서 말하는 경우에는 1인칭도 쓴다고 밝힌 바 있다.

3.4. 연결어미 '-더니'의 기술 모형

앞서 논의한 내용을 종합하여 한국어 학습자들에게 연결어미 '-더니'를 교육할 때 좀 더 효율적으로 교수–학습하기 위해서 기반이 될 수 있는 모형을 제시하면 다음 〈표 7〉과 같다.

〈표 7〉 '-더니'의 기술 모형

표제어			'-더니'	
결합 정보			1. V/A -더니 2. '이다'의 어간, 용언의 어간 또는 어미 '-으시-', '-었-', '-겠-' 뒤에 결합	
범주 정보	개념 명		의미, 문법 기술	기타
어미 - 비종결 어미 - 연결 어미	대조		ㄱ. 의미 정보 - 선행절(과거의 경험이나 사실)과 후행절 사실(새로운 상황)의 차이를 나타낼 때 사용 ㄴ. 통사 정보 ① 시제: 선행절[과거]+-더니 후행절[현재] ② 상: 선행절[완결]+-더니 후행절[과정] ③ 문장유형: 서술문(평서문) ④ 주어: 주어 일치와 관련하여, 선행절 주어≠후행절 주어 　　　　 주어 인칭과 관련하여, 선행절(3인칭)=후행절(3인칭) 　　　　 * '자기 객관화'를 시켜서 말하는 경우 1인칭 가능 ㄷ. 용례 ① 어제는 정말 **덥더니** 오늘은 좀 시원해졌어요. ② 주말에는 사람이 많더니 오늘은 한산하다. cf. ③ 어제는 머리가 **아프더니** 오늘은 한결 좋아졌다.	연결어미 '-더니'의 통사정보 는 문법 제약을 반영하여 나타냄.
	계기		ㄱ. 의미 정보 - 선행절(과거의 사실·행동·사태)로 인해 후행절(뒤이어 일어난 사실·상황)이 일어남을 나타낼 때 사용 ㄴ. 통사 정보 ① 시제: 시제와 관련하여, 선행절[과거]+-더니 후행절[현재] ② 상: 상과 관련하여, 선행절[완결]+-지만 후행절[과정]/[결과] ③ 문장유형: 서술문(평서문) ④ 주어: 주어 일치와 관련하여, 선행절 주어＝후행절 주어 　　　　 주어 인칭과 관련하여, 선행절 주어 (2·3인칭)＝후행절 주어(2·3인칭)	

	ㄷ. 용례 ① 둘이 **싸우더니** 말도 안 해요. ② 동생이 친구한테서 전화를 **받더니** 급히 나갔어요. ③ 둘은 역 앞에서 **만나더니**, 재빨리 커피숍으로 들어갔다.
원 인/이 유	ㄱ. 의미 정보 - 후행절(행위의 결과, 다른 사실)이 선행절(경험하여 알게 된 사실이나 상황)의 결과로 나타날 때 사용 ㄴ. 통사 정보 ① 시제: 선행절[과거]+-더니 후행절[현재] ② 상: 선행절[완결]+-지만 후행절[과정]/[결과] ③ 문장유형: 서술문(평서문) ④ 주어: 주어 일치와 관련하여, 선행절 주어＝후행절 주어 　　　주어 인칭과 관련하여, 선행절 주어 (2·3인칭)＝후행절 주어(2·3인칭) 　　* '자기 객관화'를 시켜서 말하는 경우 1인칭 가능 ㄷ. 용례 ① 아들이 열심히 **공부하더니** 좋은 대학교에 합격했어요. ② 그렇게 많이 **먹더니** 동생이 배탈이 났어요. cf. ③ "밤을 새워 일을 **했더니** 정말 피곤해요."
부가	ㄱ. 의미 정보 - 선행절(과거에 경험하여 알게 된 사실이나 상황)에 더하여 후행절(그 와 관련된 또 다른 사실)이 있음을 나타낼 때 사용. ㄴ. 통사 정보 ① 시제: 선행절[과거]+-더니 후행절[현재] ② 상: 선행절[결과]+-지만 후행절[과정] ③ 문장유형: 서술문(평서문), 의문문 ④ 주어: 주어 일치와 관련하여, 선행절 주어＝후행절 주어 　　　주어 인칭과 관련하여, 선행절 주어(3인칭)＝후행절 주어(3인칭) ㄷ. 용례 ① 전에 거짓말을 **하더니** 이젠 도둑질까지 하는구나. ② 음식이 보기에 **좋더니** 맛도 좋다. ③ 빛깔이 **곱더니** 그 맛까지 매우 좋다.

4. 결론

이 연구에서는 연결어미 '-더니'를 대상으로 기존의 한국어 교재와 한국어 사전의 기술들을 정리하여 기술의 문제점과 보완해야 할 점을 밝혔다. 또한 연결어미 '-더니'를 대상으로 형태·통사·의미 특성을 살피고, 의미 개념을 설정하여 각 의미 개념별 특성에 대해 논의하고 기술 모형을 제시하였다.

지금까지 논의한 것을 정리하면 다음과 같다.

첫째, 연결어미 '-더니'는 한국어 교재에서 '대조', '계기', '원인/이유' 등의 의미 개념으로 나타나고 있으며, 이에 더해서 한국어 사전에서는 '부가'의 의미 개념으로 기술되어 선행절과 후행절의 관계를 다양하게 나타내고 있다.

둘째, '대조'의 의미 개념을 갖는 연결어미 '-더니'의 경우 그 의미를 선행절(과거의 경험이나 사실)과 후행절 사실(새로운 상황)의 차이를 나타낼 때 사용되며, 이때 선행절의 시제와 상은 서술문(평서문)에서 각각 [과거]/[완결], 후행절의 시제와 상은 각각 [현재], [과정]이 된다. 주어 일치와 관련하여 선행절과 후행절은 모두 3인칭으로 이루어지지만 그 대상은 일치하지 않는다. 단, '자기 객관화'를 시켜서 말하는 경우 1인칭이 올 수 있다는 것은 예외적이다.

셋째, '계기'의 의미 개념을 갖는 연결어미 '-더니'의 경우 그 의미가 선행절(과거의 사실·행동·사태)로 인해 후행절(뒤이어 일어난 사실·상황)이 일어남을 나타낼 때 사용된다. 이때 선행절의 시제와 상은 서술문(평서문)에서 각각 [과거]/[완결], 후행절의 시제와 상은 각각 [현재], [과정/결과]가 된다. 주어 일치와 관련하여 선행절과 후행절은 모두 2·3인칭으로 이루어지고, 그 대상도 일치한다.

넷째, '원인/이유'의 의미 개념을 갖는 연결어미 '-더니'의 경우 그 의미가 후행절(행위의 결과·다른 사실)이 선행절(경험하여 알게 된 사실이나 상황)의 결과로 나타날 때 사용된다. 이때, 선행절의 시제와 상은 서술문(평서문)에서 각각 [과거], [완결], 후행절의 시제와 상은 각각 [현재], [과정/결과]가 된다. 주어 일치와 관련하여 선행절과 후행절은 모두 2·3인칭으로 이루어지고, 그 대상도 일치한다. 단, '자기 객관화'를 시켜서 말하는 경우 1인칭이 올 수 있다는 것은 예외적이다.

다섯째 '부가'의 의미 개념을 갖는 연결어미 '-더니'의 경우 그 의미가 선행절(과거에 경험하여 알게 된 사실이나 상황)』에 더하여 후행절(그와 관련된 또 다른 사실)이 있음을 나타날 때 사용되며, 이때 선행절의 시제와 상은 서술문(평서문)에서 각각 [과거], [결과], 후행절의 시제와 상은 각각 [현재], [진행/결과]가 된다. 주어 일치와 관련하여 선행절과 후행절은 모두 3인칭으로 이루어지고, 그 대상도 일치한다. 또한, 연결어미 '-더니'가 '부가'의 의미 개념을 가질 때, 서술문뿐만 아니라 의문문에서도 쓰인다는 것을 확인할 수 있었다.

한국어 연결어미 '-(으)ㄴ/는데' 교육 방안

1. 서론

  한국어를 가르친다는 것에는 많은 어려움이 있다. 그것은 한국어의 표현이 외국어의 표현과 언제나 일대일로 대응되지 않기 때문이다. 한국어 학습자들은 우리나라의 사고방식 또는 한국어에 익숙해지기 전에는 모두 그들의 모국어로 계속 번역하려 한다.

  그러나 한국어에서는 한 가지 문법의 표현으로 다양한 의미 표현이 가능한 특징을 가지고 있다. 예를 들면 연결어미 '-(으)ㄴ/는데'는 무엇과 결합 하냐에 따라 형태가 달라지고 선행절과 후행절의 관계가 다양한 의미로 해석될 수 있기 때문에 한국어를 배우는 학습자들은 어떤 의미로 사용되는 지에 대해 어려움을 겪는다.

  이러한 어려움을 극복할 수 있는 방법은 각각의 유형에 대한 고유의 용법이라든지 특별한 뜻을 설명해 주는 일일 것이다. 그러나 모든 언어에서는 한 말이 꼭 하나의 용법으로 쓰여지기보다는 습관적으로 굳어진 용법이나, 그 주변의 뜻을 갖게 되는 예가 많다. 그렇기 때문에 한 표현에 대해 예외적인 용법까지 일일이 설명해 주거나, 사전식 나열 방법으로 뜻 풀이하는 방법으로 학습을 한다면, 한국어가 복잡하고 어렵게 느껴질 것이다.

한국어에는 많은 연결어미가 있다. 이것들은 문장과 문장을 복문으로 구성하면서 특별한 의미 관계로 이어준다. 『우리말본』에서는 연결된 두 문장이 대등한가, 종속적인가에 따라 연결어미의 용법을 분류하였다. 또한 앞 문장이 뒤 문장에 무슨 의미로 연결되느냐에 따라 각각 연결어미 의미가 분류된다. 즉, 연결어미가 고유한 의미와 용법을 가지고 두 문장의 의미 관계를 지배하는 것이 아니고 두 문장의 상호 의미 관계가 연결어미의 의미로 규정되는 것이다. 그러나 이렇게 본다면 두 문장의 상호 의미 관계가 상황에 따라 조금씩 변할 때 마다 연결어미의 의미 역시 달라지게 됨을 알 수 있다.[1]

그렇게 때문에 한국어 학습자들에게 각각의 연결어미의 의미와 용법을 정확하게 설명하는 것은 쉽지 않다.

그 중에 연결어미 '-(으)ㄴ/는데'의 용법은 한국어 학습자들에게 사용 빈도수가 높은 반면[2]에 오류도 많이 보이고 있는 실정이다. 따라서 연결어미 '-(으)ㄴ/는데'에 대한 체계적인 교육 방안이 마련될 필요가 있다.

---

[1] 연결어미 '-(으)ㄴ/는데' 역시 학자에 따라 다양한 의미로 정의되고 있다. 최현배(1937, 1986), 김승곤(1981), 허웅(1995)에서는 풀이꼴로 연구 결과를 밝히고 있다. 또한 대부분의 연구 결과에서 '-(으)ㄴ/는데'가 상황이나 배경을 설명하기 위한 형식이라고 밝히고 있다.
이기동(1980, 1993)에서는 화용론적인 기능을 밝혀 배경설정소(Introductory, Suggestive Function)고 제시하고 있고, 서정수(1973)에서는 '-(으)ㄴ/는데'를 상황접속소라고 하여 설명 상황, 대비 상황, 제시·제의 상황, 함축 상황으로 나누어 논의하고 있다. 이익섭·임홍빈(1986)에서는 상황 조건 연결어미, 정정덕(1986)에서는 어떤 일의 배경, 이주행(1989)에서는 '어떤 주체의 행위나 상태가 화자의 기대에 어긋나거나 맞섬'으로, 이영숙(1991)에서는 상황과 배경을 설명하는 것으로 보고 있다. 윤평현(1992)에서는 상황 관계 접속어미, 이창덕(1994)에서는 상황관리 접속어미로 기능과 의미를 밝히고 있다.
[2] 이효정(2001)은 학습자들의 담화에 나타난 연결어미의 사용에 대해 조사하였는데, 연결어미 '-(으)ㄴ/는데'는 '-고'에 이어 두 번째로 사용 빈도가 높았으며, 송대헌(2008)은 초급교재 학습자들의 연결어미 오류 실태에 대해 조사하였는데, 여기에서 연결어미 사용 빈도는 '-아/어서'가 가장 높았으며, '-(으)ㄴ/는데'는 '-(으)니까'에 이어 세 번째로 많이 사용하는 양상을 보였다.

2. 본론

2.1 연결어미 '-(으)ㄴ/는데'의 형태상 특징

연결어미 '-(으)ㄴ/는데'를 형태면에서 학습자들이 혼동하는 부분은 연결어미 '-(으)ㄴ/는데'에 선행하는 것이 동사인지 형용사인지 혹은 명사인지에 따라 그 형태가 달라진다는 것이다. 또한 시제 선어말어미 '-았/었-, -겠-'과도 결합할 수 있기 때문에 학습자들이 오류를 많이 일으킨다.

선행하는 환경에 따라 연결어미 '-(으)ㄴ/는데'는 다음과 같이 다양하게 변화한다.

〈'-(으)ㄴ/는데'의 형태 변화형〉

A/V/N	A-(으)ㄴ데/V-는데/N-인데
싸다 좋다	싸 + ㄴ데 → 싼데 좋 + ㄴ데 → 좋은데
먹다 가다	먹 + 는데 → 먹는데 가 + 는데 → 가는데
책 사람	책 + 인데 → 책인데 사람 + 인데 → 사람인데

한국어 학습자들은 연결어미 '-(으)ㄴ/는데'의 의미적인 면을 충분히 이해한다고 하더라도 선행 요소에 따라 적절히 변화시키지 못한다면 제대로 한국어를 구사한다고 할 수 없다. 초급 학습자들은 다양한 의미를 이해하기에 앞서 위의 형태 변화에 익숙해져야 하는 부담감을 갖는다. 따라서 다양한 변화형을 반복적으로 학습할 필요가 있다.

2.2 연결어미 '-(으)ㄴ/는데'의 의미상 특징

2.2.1 배경의 의미

보통 화자는 선행절에 후행절의 사태를 기술하기 위해서 적절한 배경을 도입한다. 보통 화자는 새롭거나 놀라운 정보를 제시하기 위해서 먼저 도입부를 마련하고 그 곳에 시간적 혹은 공간적인 배경 지식을 제시한다. 즉 화자는 후행절의 정보에 청자의 관심을 집중시키기 위해 선행절로서 관심을 유도한다고 할 수 있다.

배경의 의미로 쓰이는 연결어미에 '-(으)ㄴ/는데'에 대해 백봉자(1999)는 후행절의 사실에 대해 선행절이 배경이 되어 도입의 역할을 한다고 설명한다. 또한 서정수(1994)는 '-데'가 쓰인 선행절이 후행절에서 서술하려는 대상을 이끌어 들이는 구실을 하며, 선행절은 설명의 대상을 먼저 도입하고 그것을 후행절에서 서술하도록 한다고 보았다. 즉 화자가 새로운 정보를 알려주기 이전에 도입부를 마련하여 후행절에 기술하기 위한 기본 정보를 주는 것으로 볼 수 있다.

(1) ㄱ. 어제 영화를 <u>봤는데</u> 정말 재미있었어.
  ㄴ. 옛날에 아름다운 공주님이 살고 <u>있었는데</u> 그 공주님은 왕자
    님을 기다리고 있었대요.
  ㄷ. 집에 <u>가는데</u> 길에 교통사고가 났더라.

(1ㄱ)에서 '정말 재미있다'라는 말을 하고 싶어서 도입부에 '영화를 봤다'라는 상황의 배경을 제시하고 있다. (2ㄴ)의 경우에도 '공주님이 왕자님을 기다리고 있다.'는 내용을 전개하기 위해 '아름다운 공주님이 살고 있다.'는 도입하고 있고, (1ㄷ)도 '교통사고가 났다'라는 사건을 기술하기 위해 선행절에 집에 가고 있던 그 때라는 시간적 배경을 선행절에 도입하고 있다. (1)의 예문은 가장 중요한 정보들이 후행절에 나

타나는 것으로 볼 수 있는데 청자의 관심을 유도하기 위해 선행절에 배경을 제시하고 있으며 선행절과 후행절에 특별한 의미 관계가 성립된다기보다 효과적인 이야기 전개를 위해 선행절에 배경이 되는 것들을 덧붙인다고 할 수 있다.

2.2.2 대립[3]·대조[4]의 의미

선행절과 후행절이 서로 대등하게 연결되어 독립적인 관계를 유지하고 있는 것을 대등접속이라 한다. 연결어미 '-(으)ㄴ/는데' 역시 두 문장을 대등하게 연결시켜 주며 선행절과 후행절 사이에 의미를 부여하는 기능을 갖는다.

(2) ㄱ. 공부를 열심히 <u>했는데</u> 시험에 통과하지 못했다.
  ㄴ. 언니는 춤을 잘 <u>추는데</u> 동생은 잘 못 춘다.
  ㄷ. 겨울이 <u>왔는데</u> 날씨가 춥시 않나.

(2)에서 사용된 연결어미 '-(으)ㄴ/는데'는 선행절과 후행절이 대립·대조의 의미를 나타내며 서로 대립적으로 연결된다. (2ㄱ)에서 '공부를 열심히 했다'는 앞선 사실로 미루어 좋은 결과가 나와야 하는데도 불구하고 '시험에 통과하지 못했다'는 대립적 결과가 이어진 경우이다. (2ㄴ)는 '언니는 춤을 잘 추는 것'과 '동생은 잘 못 추는 것'이 서로 대립한다. (3ㄷ)은 '겨울이 이미 왔다'는 사실과 '날씨가 춥지 않다'는

---

3) 최재희(1992)는 절1과 절2의 명제 내용이 의미상으로 서로 대립되고 통사상으로는 대등성을 유지하는 관계를 나타낸다고 정의하며, 이희자·이종희(2001)은 뒷절과 대립되는 사실을 전제한다고 정의하고 있다.
4) 최재희(1989)는 절1과 절2의 명제 내용이 의미상으로는 대조의 속성을 갖고 통사상으로는 비대의 특성의 관계를 갖는 종속 접속이라 하며, 국립국어원(2005)는 앞선 사실에 대해 반대의 결과나 상황이 뒤에 이어지거나 대조되는 두 가지 사실을 의미한다고 한다. 또한 백봉자(1999)는 선행절과 후행절이 서로 대조적인 관계를 나타내는 경우를 의미한다.

사실을 대조하여 나타냄을 알 수 있다. 이처럼 연결어미 '-(으)ㄴ/는데'는 대립·대조의 의미 관계를 갖고 있음을 알 수 있다.

2.2.3 이유제시의 의미

연결어미 '-(으)ㄴ/는데'는 후행절에서 상대방에게 지시, 명령, 제의하기 위해 선행절에 그 근거를 마련한다.

(3) ㄱ. 영화표가 두 장 <u>있는데</u> 같이 극장에 갑시다.
　　ㄴ. 지영씨가 <u>기다리는데</u> 빨리 가라.
　　ㄷ. <u>늦었는데</u> 빨리 하세요.

(3)의 문장은 연결어미 '-(으)ㄴ/는데'가 두 문장을 이유의 의미로 연결하며, 선행절이 후행절에서 이루어지는 지시, 명령, 제의의 근거를 마련한다. (3ㄱ)은 '영화표가 두 장 있다'는 사실로 '같이 극장에 가자'고 제의한다. 또한 (3ㄴ)은 '지영씨가 기다린다'는 선행절의 근거로 후행절에서 '빨리 가라'고 명령하고 있으며, (3ㄷ)에서는 '늦었다'라는 근거로 '빨리 하세요'라고 지시하고 있다.

이와 같이 연결어미 '-(으)ㄴ/는데'는 대체로 세 가지의 의미 기능을 갖는다. 첫 번째는 후행절의 사태를 기술하기 위해서 적절한 상황이나 배경을 제시하는 의미로 쓰이며, 두 번째는 두 문장을 대등하게 연결시켜 주며 선행절과 후행절 사이에 대립·대조의 관계의 의미를 나타낼 때 쓰인다. 세 번째는 후행절에서 상대방에게 지시, 명령, 제의하기 위해 선행절에 그 근거를 마련하는 이유제시의 의미로 쓰임을 알 수 있다.

2.3. 연결어미 '-(으)ㄴ/는데'의 통사적 특징

2.3.1 배경의 의미

배경의 의미를 나타내는 연결어미 '-(으)ㄴ/는데'의 첫번째 통사적 특성으로는 선행절의 서술어로 동사, 형용사, '-이다' 등과 모두 결합할 수 있다.

(4) ㄱ. 도서관에서 <u>공부하는데</u> 친구들이 찾아왔다.
ㄴ. 날씨가 <u>추운데</u> 젊은 여자들이 짧은 치마를 입고 다닌다.
ㄷ. 나는 <u>대학원생인데</u>, 중국에서 왔다.

(4ㄱ)은 배경의 의미를 나타내는 연결어미 '-(으)ㄴ/는데'가 동사와 결합하는 문장이며, (4ㄴ)은 형용사와, (4ㄷ)은 '-이다'와 결합하는 문장이다. 여기에서 알 수 있듯이 배경의 의미도 사용되는 연결어미 '-(으)ㄴ/는데'는 선행절이 형용사, 동사, '-이다'와 모두 결합할 수 있음을 알 수 있다.

두 번째 특징으로는 주어에 대하여 특별한 제약이 없다.

(5) ㄱ. 우리 학교는 우암산에 <u>있는데</u> 아주 아름답다.
ㄴ. 지영이가 도서관에서 공부를 <u>하는데</u> 친구들이 찾아왔다.

(5ㄱ)은 앞뒤 절의 주어가 같은 경우이고, (5ㄴ)은 앞뒤 절의 주어가 다른 경우이다. 즉, (5ㄱ)의 경우에는 선행절 주어와 후행절의 주어가 동일한 '우암산'이며 (5ㄴ)은 선행절의 주어는 '지영'이고 후행절의 주어는 '친구들'이다. 이와 같이 배경의 의미를 나타내는 연결어미 '-(으)ㄴ/는데'는 주어가 동일 주어이든 비동일 주어이든 특별한 제약이

없다는 것을 알 수 있다.

세 번째 특징은 과거를 나타내는 선어말어미 '-았/었-'과 직접 결합이 가능하지만, 미래를 나타내는 선어말어미 '-겠-'과는 결합할 수 없다는 것이다.

(6) ㄱ. 그 영화는 지난주에 <u>개봉했는데</u> 인기가 별로 없었다.
    ㄴ. *그 영화는 지난주에 <u>개봉하는데</u> 인기가 별로 없었다.
    ㄷ. *그 영화는 다음 주에 <u>개봉하겠는데</u> 인기가 많을 것 같다.
    ㄹ. 그 영화는 다음 주에 <u>개봉하는데</u> 인기가 많을 것 같다.

(6ㄱ)은 배경의 의미를 나타내는 연결어미 '-(으)ㄴ/는데'가 과거시제 선어말어미 '-았/었-'과 직접 결합한 형태이다. 이때 직접 결합이 가능하지만 (6ㄴ)처럼 선행절에 과거를 나타내는 '-았/었-'을 사용하지 않으면 어색한 문장이 된다. 또한 연결어미 '-(으)ㄴ/는데'가 (6ㄷ)에서처럼 미래시제 선어말 어미 '-겠'을 사용한 표현보다, (6ㄹ)에서처럼 미래시제 선어말어미 '-겠-'을 사용하지 않은 표현이 더 자연스러운 것을 알 수 있다.

네 번째 특징은 배경의 의미로 사용하는 연결어미 '-(으)ㄴ/는데'는 특정 문장 종류의 제약을 받지 않고 모든 문장 종류와 잘 어울려 쓰인다.

(7) ㄱ. 우리 학교 옆에 우암산이 <u>있는데</u> 아름답다.
    ㄴ. 우리 학교 옆에 우암산이 <u>있는데</u> 가봤냐?
    ㄷ. 우리 학교 옆에 우암산이 <u>있는데</u> 같이 가보자.
    ㄹ. 우리 학교 옆에 우암산이 <u>있는데</u> 한번 가봐라.

(7)의 문장은 모두 배경의 의미로 사용된 연결어미 '-(으)ㄴ/는데'가 결합한 문장들이다. 각각 평서문, 의문문, 청유문, 명령문으로 완성된 문장으로 이를 통해 연결어미 '-(으)ㄴ/는데'는 모든 문장 종류와 잘 어울려 쓰이는 것을 알 수 있다.

2.3.2 대립·대조의 의미

대립·대조의 의미의 연결어미 '-(으)ㄴ/는데'의 통사적 특징으로는 첫 번째로 배경의 의미로 쓰일 때와 같이, 선행절의 서술어로 동사, 형용사, '-이다' 등과 모두 결합 할 수 있다.

(8) ㄱ. 열심히 <u>공부했는데</u> 시험에 떨어졌다.
    ㄴ. 그는 <u>착한데</u> 고집이 세다.
    ㄷ. 미국 <u>사람인데</u> 영어를 잘 못 한다.

(8ㄱ)은 대립·대조관계를 나타내는 연결어미 '-(으)ㄴ/는데'가 동사 서술어와 결합하는 예문이다. (8ㄴ)은 형용사 서술어와의 결합이며, (8ㄷ)은 '-이다'와 결합하는 문장이다. (8)의 문장들에서 알 수 있듯이 대립·대조의 의미를 갖는 연결어미 '-(으)ㄴ/는데'는 서술어의 성질에 대한 제약이 없다는 것을 알 수 있다. 즉, 동사, 형용사, '-이다' 모두와 어울려 쓰일 수 있다.

두 번째 특징은 주어에 대하여 특별한 제약이 없다.

(9) ㄱ. 언니는 노래는 <u>잘하는데</u> 춤을 못 춘다.
    ㄴ. 언니는 노래를 <u>잘하는데</u> 동생은 춤을 잘 춘다.

(9ㄱ)은 선행절과 후행절의 주어가 같은 문장이고 (9ㄴ)은 선행절과

후행절의 주어가 다른 경우이다. 즉, (9ㄱ)은 선행절과 후행절 모두 '언니'가 주어이며, (9ㄴ)의 선행절은 '언니', 후행절은 '동생'이 주어이다. 이를 통해 대립·대조관계를 나타내는 연결어미 '-(으)ㄴ/는데'를 이용한 접속문에 동일 주어와 비동일 주어에 대한 제약이 없다는 것을 알 수 있다.

  세 번째 특징으로는 배경의 의미와 달리 과거를 나타내는 선어말어미 '-았/었-'과 미래를 나타내는 선어말어미 '-겠-'과 모두 결합이 가능하다.

  (10) ㄱ. 중국에는 큰 눈이 왔는데 한국에는 비가 왔다.
      ㄴ. *중국에는 큰 눈이 오는데 한국에는 비가 왔다.
      ㄷ. 내년에는 결혼을 해야 하겠는데 마땅한 신랑감이 없다.
      ㄹ. 내년에는 결혼을 해야 하는데 마땅한 신랑감이 없다.

  (10ㄱ)은 대립·대조의 연결어미 '-(으)ㄴ/는데'가 과거시제 선어말어미 '-았/었-'과 직접 결합한 형태이다. 이때 직접 결합이 가능하지만 (10ㄴ)처럼 선행절에 과거를 나타내는 '-았/었-'을 사용하지 않으면 어색한 문장이 된다. 또한 (10ㄷ)과 같이 선행절에 미래 시제 선어말어미 '-겠-'과 결합해도 되고, (10ㄹ)처럼 미래시제 선어말어미 '-겠-'을 사용하지 않아도 된다. 이를 통해 대립·대조의 의미를 나타내는 연결어미 '-(으)ㄴ/는데'는 과거시제 선어말어미와 미래시제 선어말어미가 직접 결합할 수 있음을 알 수 있다.

  네 번째 특징은 대립·대조관계를 나타내는 연결어미 '-(으)ㄴ/는데'는 문장 종류의 제약을 받는 특징이 있다.

(11) ㄱ. 오빠는 <u>가는데</u> 언니는 안 간다.

ㄴ. 오빠는 <u>가는데</u> 언니는 안 가니?

ㄷ. *오빠는 <u>가는데</u> 언니는 안 가자.

ㄹ. *오빠는 <u>가는데</u> 언니는 안 가라.

(11)의 문장은 각각 선행절과 후행절이 대등하게 연결된 문장으로 대립·대조관계의 연결어미 '-(으)ㄴ/는데'가 사용되어 문장을 연결해 주는 문장이다. 또한 각각 평서문, 의문문, 청유문, 명령문이다. 이를 통해 배경의 의미로 사용된 연결어미 '-(으)ㄴ/는데'가 문장 종류의 제약을 받지 않았던 것과는 달리 대립·대조의 의미로 쓰인 연결어미 '-(으)ㄴ/는데'는 평서문과 의문문과는 어울릴 수 있지만, 청유문, 명령문과는 어울려 쓰일 수 없다는 사실을 알 수 있다.

2.3.3 이유제시의 의미

이유제시의 의미를 나타내는 연결어미 '-(으)ㄴ/는데'의 통사적 특징은 앞에서 살펴본 배경의 의미를 나타낼 때와, 대립·대조의 의미를 나타낼 때와 유사한 점이 많다. 그 중 첫 번째는 선행절의 서술어로 동사, 형용사, '-이다' 등과 모두 결합 할 수 있는 것이고, 두 번째는 주어에 대하여 특별한 제약이 없다는 것이다. 그리고 세 번째는 시제 선어말 어미와의 결합도 자유롭다.

(12) ㄱ. 다들 <u>떠나는데</u> 우리도 갑시다.

ㄴ. 철수씨 <u>늦었는데</u> 빨리 하세요.

ㄷ. 왕준씨가 <u>기다리겠는데</u> 철수씨 빨리 가세요.

(12ㄱ, ㄴ)은 이유제시의 의미를 나타내는 연결어미 '-(으)ㄴ/는데'가 각각 동사, 형용사 서술어와 결합하는 문장이다. 이를 통해 이유제

시의 의미를 갖는 연결어미 '-(으)ㄴ/는데' 역시 서술의 성질에 대한 제약이 없다는 것을 알 수 있다. 즉, 동사, 형용사, '-이다' 모두와 어울려 쓰일 수 있다. 또한 (12ㄴ)은 선행절, 후행절 모두 '철수씨'가 주어의 역할을 하며, (12ㄷ)의 선행절은 '왕준씨', 후행절은 '철수씨'가 주어의 역할을 한다. 이를 통해 이유제시의 의미를 나타내는 연결어미 '-(으)ㄴ/는데'의 접속문에는 동일 주어와 비동일 주어에 대한 제약이 없다는 것 또한 알 수 있다.

그리고 (12ㄱ, ㄴ, ㄷ)은 각각 현재, 과거, 미래 시제와 결합하였다. 이를 통해서도 이유 제시의 의미를 나타내는 연결어미 '-(으)ㄴ/는데'는 어떤 시제와도 직접 결합이 가능함을 알 수 있다.

그러나 앞에서 살펴본 배경을 의미로 쓰일 때와 대립·대조관계의 의미로 쓰일 때의 차이점은 문장 종류의 제약을 받는 것이다.

이유제시의 의미로 쓰인 연결어미 '-(으)ㄴ/는데'는 후행절에서 상대방에게 지시, 명령, 제시 혹은 제의하기 위해 선행절에 그 근거를 마련한다. 즉, 후행절의 명제가 지시, 명령, 제시라는 특성을 갖다보니 종결어미 사용에도 자연스럽게 제약이 따르게 되는 것이다.

(13) ㄱ. 비가 <u>오는데</u> 우산 하나 삽시다.
　　ㄴ. 이 집이 싸게 <u>파는데</u> 여기서 사라.
　　ㄷ. 눈도 많이 <u>왔는데</u> 전철 타고 가지.

(13)은 이유제시의 의미인 연결어미 '-(으)ㄴ/는데'가 청유형과 명령형 종결어미로 이루어진 문장이다. 위에서 제시한 연결어미 '-(으)ㄴ/는데'는 이유제시의 의미로 쓰인 연결어미 '-(으)니까'와 쓰임이 비슷함 할 수 있다.[5] 그렇게 때문에 '-(으)니까'를 학습한 학습자들은

---

5) '-(으)ㄴ/는데'와 '-(으)니까'의 차이에 대해 서정수(1994)는 '-(으)ㄴ/는데'는 암시의 의미가 강하여 '-(으)니까'보다 간접적으로 화자의 의미를 전달하

큰 어려움 없이 이유제시의 의미로 쓰인 연결어미 '-(으)ㄴ/는데'를 쉽게 학습할 수 있다. 실제 한국어 교육기관에서는 연결어미 '-(으)ㄴ/는데'보다 '-(으)니까'가 선행 학습된다. 그렇기 때문에 '-(으)니까'를 도입으로 사용하는 것도 교수의 한 방법이라고 할 수 있다. '-(으)ㄴ/는데'와 '-(으)니까'가 동일한 의미의 연결어미라 할 수 없지만 초급단계에서는 그 의미 차이를 구분하지 않고 설명하는 것이 바람직하다고 할 수 있다.

연결어미 '-(으)ㄴ/는데'의 의미기능과 통사적 특성을 표로 정리하면 다음과 같다.

〈연결어미 '-(으)ㄴ/는데'의 의미기능과 통사적 특성〉

의미기능	통사적 특성
배경	• 선행절이 서술어로 형용사, 동사, '이다' 등과 모두 결합할 수 있다. • 동일 주어 혹은 비동일 수어에 대하여 세악이 없다. • 과거시제 선어말어미 '-았/었-'과 직접 결합이 가능하지만 '-겠-'과 결합할 수 없다. • 모든 문장의 종류와 잘 어울려 쓰인다.
대조대립	• 선행절이 서술어로 형용사, 동사, '이다' 등과 모두 결합할 수 있다. • 동일 주어 혹은 비동일 주어에 대하여 제약이 없다. • 과거시제 선어말어미 '-았/었-', 미래시제 선어말어미'-겠-'과 결합이 가능하다. • 평서문, 의문문과 어울려 쓰이고, 청유문, 명령문과 어울려 쓰이 않는다.
이유	• 선행절이 서술어로 형용사, 동사, '이다' 등과 모두 결합할 수 있다. • 동일 주어 혹은 비동일 주어에 대하여 제약이 없다. • 과거시제 선어말어미 '-았/었-', 미래시제 선어말어미'-겠-'과 결합이 가능하다. • 평서문, 의문문과 어울려 쓰이지 않고 청유문, 명령문과 어울려 쓰인다.

는 특성이 있다고 보았으며, 백봉자(1999)는 '-(으)ㄴ/는데'가 이유를 나타내는 '-(으)니까'와 같은 뜻으로 쓰이고 있는 것처럼 보이지만 단지 청자가 후행절이 정보를 쉽게 받아들이도록 하기 위한 설정일 뿐, 이유는 아니라고 하였다.

2.4. 연결어미 '-(으)ㄴ/는데'의 교육 방안

지금까지 연결어미 '-(으)ㄴ/는데'의 형태·의미·통사적 특징을 나누어 살펴보았다. 이를 토대로 연결어미 '-(으)ㄴ/는데'의 구체적 교육 방안을 제시하고자 한다. 교육 방안은 연결어미 '-(으)ㄴ/는데'의 문법적인 기능을 정확히 익히고, 유창한 의사소통 능력을 기를 수 있도록 하기 위하여 다양한 상황과 예문을 단계별로 가르치는데 중점을 둔다.

문법 교육에 관한 교육 모형은 다양하게 제시하고 있다. 그 중 민현식(2003)은 국어 문법 교육과 한국어 문법 교육에서 선별적으로 활용할 수 있는 문법 교육 모형으로 Thornbury

(2000)[6]와 Penny Ur(1996)의 교육 모형을 제시하였다. 그 중 본고에서는 의사소통 능력의 정확성과 유창성을 동시에 습득하도록 지도할 수 있는 Penny Ur(1996)의 수업 모형으로 효과적인 교육 방안을 제시하고자 한다.

Penny Ur(1996)는 정확성과 유창성을 모두 만족시킬 수 있는 문법 교육 방법을 7단계로 제시하고 있다.

(14) ㄱ. 인지 단계(awareness step)
ㄴ. 조건제시 연습(controlled drills)

---

6) Thornbury(2000)의 문법 교수법 모형은 '제시(Presentation)→연습(Practice)→생산(Production)'의 제시(PPP) 모형과 '과제 1(task 1)→교수활동(teach)→과제 2(task 2)'의 TTT 훈련 모형의 두 가지이다.

PPP모형은 문법 사용의 정확성(Presentation → Practice)을 통한 언어 사용의 유창성(Production)을 강조한 것으로 언어가 이러한 점진적인 단계를 거칠 때 가장 잘 학습되며 각 단계에 어떤 문법 항목들이 선택되는지에 따라서 영향을 미칠 수 있다고 가정한다.

TTT모형은 과제(Task)를 기반으로 하는 것으로, 학습자들은 의사소통 과제를 수행하면서 유창성을 익힌 후 다시 이와 유사한 다른 과제를 수행하기 전에 각 문법 항목의 특징을 정확하게 배우는 과정을 거친다.

ㄷ. 유의미한 문장 만들기 연습(meaningful drills)
ㄹ. 조건에 따른 유의미한 문장 만들기 연습(guided meaningful practice)
ㅁ. 자유 작문(free sentence-composition)
ㅂ. 담화작문(discourse composition)
ㅅ. 자유 담화(free discourse)

이러한 방법을 바탕으로 연결어미 '-(으)ㄴ/는데'를 어떻게 지도할 것인지 살펴보면 다음과 같다.

우선, 학습자들에게 연결어미 '-(으)ㄴ/는데'에 대한 문법 제시 단계가 필요하다. 문법 제시는 5분 이상 길게 하면 안 된다. 짧은 시간 동안 연결어미 '-(으)ㄴ/는데'의 제약을 제시하고 의미 기능을 설명한다.

(판서 내용)
Avst + -는데
Dvst + -(으)ㄴ데: 현재(시제)
이다 + -ㄴ데: 현재(시제)

학습자에게 판서를 통해 결합에 따른 제약을 제시한다. 그리고 '-는데'와 결합하는 동사와 '-(으)ㄴ데'와 결합하는 형용사를 몇 가지 제시하면서 설명한다. 또한 '-이다'의 경우에는 '-ㄴ데'와 결합하고, 형용사나 '-이다'가 시제 선어말어미'-았-, -겠-' 등과 결합할 때는 '-는데'와 결합하므로 시제에 따라서 결합 형식이 다름을 실제 동사를 제시하면서 설명한다.

그 다음 Penny Ur(1996)가 제시한 순서에 맞추어 진행한다.

2.4.1 인지 단계

학습자들이 연결어미 '-(으)ㄴ/는데'를 인지하고 있는지 간단한 글을 통해 살펴본다. 곧, 하나의 텍스트 안에서 연결어미 '-(으)ㄴ/는데'의 쓰임을 제시하면 연결어미 '-(으)ㄴ/는데'가 쓰인 기능과 의미를 문맥을 통해 더 정확하게 인지할 수 있다.

> 오늘은 아침에 일찍 <u>일어나서</u> 기분이 좋았습니다. 세수를 하고 아침을 먹었습니다. 지하철을 <u>탔는데</u> 우리반 친구를 만났습니다. 그 친구는 미국 <u>사람인데</u> 한국음식을 아주 좋아합니다. 우리는 함께 교실에 왔습니다. 다른 친구들이 먼저 와서 이야기하고 있었습니다. 9시에 선생님께서 <u>오셨는데</u> 친구 두 명이 안 왔습니다. 5분 후에 한 친구는 <u>왔는데</u> 다른 친구는 안 왔습니다. 우리는 한국말 공부를 열심히 했습니다. 한국말은 <u>재미있지만</u> 어렵습니다. [7]

교사는 위 예문과 같은 연결문이 많이 쓰인 글을 소개하면서 학습자들에게 '-(으)ㄴ/는데'와 '-고', '-아/어/여서', '-지만' 등을 사용해 연결한 문장을 표시 하도록 지도한다. 이미 배운 연결어미도 찾아보고 또 배우지 않았지만 문장을 연결하는 연결어미의 종류가 다양함을 인지하도록 한다. 또한 동시에 형식이 다른 연결어미들이 서로 다른 기능을 가지고 있음도 인지하도록 한다.

다음은 조건제시 연습 단계로 학습자들에게 동사를 제시하고 연결어미 '-(으)ㄴ/는데'를 사용해서 활용하는 연습을 한다.

2.4.2 조건제시 연습(controlled drills)

학습자들에게 동사를 제시하고 연결어미 '-(으)ㄴ/는데'를 사용해서 형태를 변형하는 연습을 지도한다. 결합하는 품사에 따라 '-는데/-

---

7) 이지영(1998) 인용.

은데/-ㄴ데'가 다르게 쓰이므로 동사와 형용사, '-이다'를 각각 제시하고 시제 선어말어미가 쓰인 문장도 함께 제시해서 연결어미 '-(으)ㄴ/는데'를 바르게 결합할 수 있도록 반복적으로 지도한다. 교사는 학습자 한 명씩 지정해서 변형하도록 하는 방법을 사용하거나, 학생들끼리 동사를 제시하고 스스로 바꾸게 하는 방법 등을 사용하거나 학습자의 흥미를 고려해서 다양한 연습 방법을 사용할 수 있다.

(15)　ㄱ. 먹다 → <u>먹는데</u>

　　　ㄴ. 보다 → <u>보는데</u>

　　　ㄷ. 예쁘다 → <u>예쁜데</u>

　　　ㄹ. 좋다 → <u>좋은데</u>

　　　ㅁ. 싫다 → <u>싫은데</u>

　　　ㅂ. 가방이다 → <u>가방인데</u>

　　　ㅅ. 비가 오겠다. → 비가 <u>오겠는데</u>

　　　ㅇ. 비가 왔다. → 비가 <u>왔는데</u>

그 다음 단계에서는 교사가 학습자에게 두 문장을 제시해주고 제시된 두 문장을 연결어미 '-(으)ㄴ/는데'를 이용해서 한 문장으로 완성하는 연습을 한다.

2.4.3 유의미한 문장 만들기 연습(meaningful drills)

이 단계에서는 연결어미 '-(으)ㄴ/는데'를 사용해서 두 문장을 한 문장으로 연결하는 연습을 하는 단계이다. 이때 교사는 학습자들이 두 문장사이의 의미관계를 인지할 수 있도록 유도한다.

(16)　ㄱ. 교실이다. 제인이 물을 마신다.

　　　ㄴ. 영화 보러 갔습니다. 친구를 만났습니다.

　　　ㄷ. 왕준씨는 학교에 갑니다. 빌리씨는 식당에 갑니다.

ㄹ. 저는 노래를 좋아합니다. 춤은 싫어합니다.

ㅁ. 비가 많이 온다. 집에 일찍 가세요.

ㅂ. 돈이 없다. 사지 맙시다.

(16ㄱ~ㄴ)은 배경의 의미로 연결될 수 있는 문장들이며, (16ㄷ~ㄹ)은 대립·대조의 의미, (16ㅁ~ㅂ)은 이유제시의 의미로 연결될 수 있는 문장들이다. 각 상황과 관련된 예문을 다양하게들이며, (1습을 시킨다. 이 세 가지 상황 문장른 예문을 동시 문이며,면 학습자가 혼동을 할 수 있갼들이며한 가지 상황을 충분히(1습한 후 문다음 상황을 이며, 는 것이 좋은 방법이다.

다음 단계는 한 문장을 제시하고 그 다음 문장을 연결어미 '-(으)ㄴ/는데'를 사용해서 연결하는 연습이다.

2.4.4 조건에 따른 유의미한 문장 만들기 연습(guided meaningful practice)

이 단계는 교사가 앞 문장을 제시하고 학습자들이 연결어미 '-(으)ㄴ/는데'와 연결될 다음 문장을 만드는 연습 단계이다. 이것을 반대로 뒤 문장을 제시하고 앞 문장을 만드는 방법으로 할 수도 있다.

(17) ㄱ. 공부를 합니다. (친구가 왔어요).

ㄴ. (영희가 편지를 쓴다.) 글씨를 잘 쓴다.

ㄷ. 저는 키가 큽니다. (동생은 키가 작습니다).

ㄹ. (친구는 치마가 짧습니다.) 저는 치마가 깁니다.

ㅁ. 눈이 옵니다. (놀러갈까요)?

ㅂ. 돈이 없습니다. (백화점에 가지 맙시다).

앞 단계에서 두 문장을 연결하면서 의미 관계에 대해 연습했기 때문에 한 문장을 제시하면 세 가지 의미 상황에 맞는 문장을 만들 수 있도록 자연스럽게 유도할 수 있다. 교사와 학습자가 서로 연습한 후에 학

생들이 서로가 자유롭게 문장을 제시하고 연결하도록 한다.[8]

다음 단계는 자유 문장 작문 단계이다. 이 단계에서는 학습자들에게 동사만 제시하고 그 동사를 이용해서 문장을 자유롭게 만들도록 하는 단계이다.

2.4.5 자유 작문(free sentence-composition)

이 단계에서는 교사는 동사만 제시하고 학습자들이 자유롭게 작문을 하도록 하는 단계이다. 이때도 동사 결합의 제약에 맞추어 동사를 다양하게 제시하여 연결어미 '-(으)ㄴ/는데'를 반복적으로 익힐 수 있도록 한다.[9]

다음 단계는 담화작문(discourse composition) 단계로 학습자들이 연결어미 '-(으)ㄴ/는데'를 사용하여 대화를 만드는 단계이다.

2.4.6 담화작문(discourse composition)

이 단계는 학습자들 스스로 간단한 대화를 만드는 연습을 하는 단계이다. 교사가 대화의 주제를 제시하면 학습자들이 연결어미 '-(으)ㄴ/는데'를 사용해서 문장을 만들어서 대화를 하도록 한다.

> (18) 정수: 안녕하세요? 왕준씨?
> 왕준: 안녕하세요? 정수씨?
> 정수: 왕준씨 내일 우리 영화 보러 갈까요?
> 왕준: 내일은 제가 약속이 있는데 일요일은 어때요?
> 정수: 그래요? 그럼 일요일 10시에 만납시다.

---

8) 이 때 교사는 학생들이 자연스럽게 문장을 만들 수 있도록 지도하며 학생들이 스스로 만든 문장에 대해서 교정해 준다.
9) 동사만 제시하는 것보다 그림이나 사진 자료로도 제시해주면 보다 흥미를 갖고 참여할 수 있다.

왕준: 네. 좋아요.

정수: 비가 올 것 같은데 우산 쓰고 나오세요.

이 단계는 (18)의 예문과 같이 교사가 제시한 주제를 갖고 간단한 대화 만들기를 연습하는 단계이다. 교사는 학습자 대표를 선정하여 시범을 보인 후 학생들 스스로 다른 학생과 일대일 연습을 하도록 유도할 수 있다. 또한 대화를 서로 만들어서 쓰기 연습을 하고 그 다음에 말하기 연습으로도 확장할 수도 있다.

마지막 단계는 자유 담화(Free discourse) 연습 단계이다.

2.4.7 자유 담화(free discourse)

이 단계는 교사가 주제를 주면 학습자들이 연결어미 '-(으)ㄴ/는데'를 이용하여 좀 더 복잡한 주제를 통한 자유 담화 만들기를 다양하게 활용할 수 있도록 한다.

이지영(1998)은 자유 담화 단계의 학습내용으로 '설명하기', '긴 대화 만들기', '이야기 만들기' 방법으로 지도 방안을 들고 있다.

'설명하기'는 학습자들을 두 명씩 짝을 지어서 설명할 단어를 결정하고 연결어미 '-(으)ㄴ/는데'를 이용해서 설명하는 내용이다.[10] 연결어미 '-(으)ㄴ/는데'의 의미 특성 중 배경의 의미 관계를 연습하기 위한 적절한 방법이다.

'긴 대화 만들기'는 긴 대화 속에서 단어만 바꾸어 다양한 연습을 하는 것이다. 각 의미기능에 따른 통사적 제약을 연습하는데 유용한 방법이라 할 수 있다.

'이야기 만들기'는 어떤 사건에 대한 설명을 이야기로 만들어 말하는

---

10) 예를들면 사전을 가리키면서 '이것은 모르는 단어를 찾아보는 것인데, 사전이라고 합니다.'라고 하거나 '이것은 사전인데, 모르는 단어를 찾아보는 것입니다.'와 같은 문장을 만들어 다른 학생들에게 설명하는 방법이다.

것이다. 가능하면 연결어미 '-(으)ㄴ/는데'를 많이 사용하면서 과거에 있었던 사건을 설명하는 방법이다. 이를 통해 연결어미 '-(으)ㄴ/는데'와 다른 연결어미도 사용할 수 있도록 하는데 유용하다. 이때의 주제는 교사가 제시할 수 도 있고 자유 주제로 이야기 할 수 있다.

지금까지 연결어미 '-(으)ㄴ/는데'를 정확하고 유창하게 사용할 수 있도록 Penny Ur(1996)의 교육 모형을 바탕으로 교육 방안을 제시하였다. 이와 같은 교육 방안은 연결어미 '-(으)ㄴ/는데'뿐만 아니라 다른 문법 항목을 연습하는데도 적용할 수 있다. 그런데 초급과정에서 지금까지 살펴본 7단계까지의 학습이 이루어 질 수는 없을 것이다. 학생들의 수준에 따라서 교사가 적절하게 조절을 해야 할 필요성이 있다. 즉, 초급에서 어느 정도[11]까지 연습 후 중급에서 초급과 연계해 마지막 단계까지 연습을 확대시키면 될 것이다.

3. 결론

지금까지 연결어미 '-(으)ㄴ/는데'가 갖는 형태·의미·통사적 특성을 살펴보고 그에 대한 구체적인 교육 방법을 살펴보았다. 연결어미 '-(으)ㄴ/는데'는 결합하는 단어가 동사인지, 형용사인지, 혹은 '-이다' 인지에 따라 그 형태를 달리하는 것을 알 수 있다. 또한 연결어미 '-(으)ㄴ/는데'의 의미상 쓰임이 다양하여 한국어 학습자는 물론 한국어를 지도하는 교사들도 연결어미 '-(으)ㄴ/는데'가 사용된 문장에서 그 개념을 정확하게 이해하고 설명하기 어려운 문법 사항이었다.

또한 기존의 한국어 교재와 한국어 사전에 나오는 여러 예문에 대한 연결어미 '-(으)ㄴ/는데'의 의미상 분류도 명확하지 않아 혼동을 초래

---

[11] 어느 정도 실시하는가는 학생의 수준과 교사의 계획에 따라 조절될 수 있는 부분이다.

하였다. 어떤 경우에서는 배경의 의미를 나타낼 때 쓰이며, 또 어떤 경우에는 대립·대조의 의미관계, 또 어떤 경우에는 이유제시의 의미로 유사한 문장에 대한 해석이 달라졌었다. 그래서 학습자의 정확한 이해를 돕고 교사의 정확한 지도를 위해 연결어미 '-(으)ㄴ/는데'의 의미 기준을 정리할 필요가 있었다. 의미 기준은 각각 배경의 의미, 대립·대조의 의미, 이유제시의 의미 관계로, 세 가지로 나누었으며 이에 따라 각각의 통사적 특성을 살펴보았다.

이렇게 살펴본 연결어미 '-(으)ㄴ/는데'의 형태·의미·통사적 특성을 실제 학습에 적용시킬 구체적 교육 방안을 마련하였다.

제시한 교육 방안은 의사소통 능력의 정확성과 유창성을 동시에 습득하도록 지도할 수 있는 Penny Ur(1996)의 7단계 수업 모형을 바탕으로 제시하였다.

학문목적 학습자들을 위한
한국어 읽기 교수요목 구성

1. 서 론

현재 한국에 있는 대학에서 학업을 수행하기 위한 목적으로 유학 또는 한국어 연수 등을 시작하는 외국인 유학생들이 해마다 꾸준한 증가를 보이고 있다. 2012년 법무부에서 조사한 외국인 유학생 제류 현황을 보면 9만여 명의 외국인 유학생들이 한국에서 유학 및 한국어 연수 등을 실시하고 있는 것으로 나타났다.[1]

이들을 대상으로 한국어를 가르치고 있는 한국어 교육기관에서는 대부분 일반 목적의 한국어 교육으로 의사소통을 목적으로 말하기, 듣기, 읽기, 쓰기의 통합 교재를 사용하여 한국어 교육을 실시하고 있다. 이러한 일반 목적의 의사소통 중심 한국어 교육 과정과 교육 내용은 대학 또는 대학원 입학을 목적으로 한국어를 공부하는 학습자들의 학습 요구 및 욕구를 연결시켜 주는 역할을 하기에 부족할 뿐 아니라 학

---

1) 외국인 유학생 체류 현황(법무부, 2012. 3. 31. 현재, 단위: 명)

연 도	2007	2008	2009	2010	2011	'11년 3월	'12년 3월
합계	56,006	71,531	80,985	87,480	88,468	90,658	90,119
유학	41,780	52,631	62,451	69,600	68,039	73,112	70,941
한국어연수	14,226	18,900	18,534	17,880	20,429	17,546	19,178

습 목적 달성에 관한 욕구를 충족시키기 어렵다는 한계가 있다. 따라서 대학 수학 목적을 가지고 한국어를 공부하는 학생들의 경우에는 일반 목적을 가진 학습자들과 달리 학문 위주의 교육에 적응할 수 있는 특정 기능 중심의 한국어 교육이 이루어져야 한다.

또한 학문을 목적으로 한국어를 배우려고 하는 학습자들의 꾸준한 증가에도 불구하고 국내 대학의 많은 외국인 유학생들이 한국의 대학 생활에 제대로 적응하지 못하고 졸업을 포기하고 있는 실정이다. 이는 외국인 유학생들이 일정한 기간에 한국어를 배운 상태로 대학에 진학 하였다 하더라도 대학 수학 능력을 수행할 정도의 이해력을 갖추지 못 했다는 것을 의미한다.

이러한 관점에서 최근 학문 목적 읽기 교육을 위한 한국어 학습자들의 이해 영역으로서의 읽기 교육에 대한 관심이 높아지고 있다.[2] 따라서 앞으로 학문을 목적으로 하는 한국어 학습자들을 대상으로 하는 한국어 읽기 교수·학습 방안 및 교수요목 개발, 읽기 전용 교재 개발 등에 관한 연구가 활발히 이루어 질 필요가 있다. 따라서 대학 입학을 목적으로 한국어를 배우는 외국인 학습자들의 경우 이해 영역으로서의 한국어 읽기 능력이 학문을 성공적으로 수행하기 위해 중요한 기능이 라는 관점에서 현재 한국어 통합 교육에서 다루고 있는 한국어 읽기 교육 내용을 살펴보고자 하였다.

이를 위해 현재 한국어 교육 기관에서 사용하고 있는 교재들 중 '읽기' 부분을 명시하여 구성하고 있는 교재들을 선정하여 부넉해 보았다. 특히 읽기 학습이 본격적으로 이루어지는 시기를 중급 이상의 학습자로 보고, 대학 기관의 한국어 교육 과정을 1급~6급으로 보았을 때 3급

---

[2] 학문 목적의 한국어 읽기 교육에 대한 연구는 전수정(2004), 유해준(2008), 김경령(2010), 박효훈(2011) 등이 있다. 또한 김영규(2011:409~410)에서는 한국어 이해 교육의 연구 경향에 있어 한국어 읽기 교육에 관한 연구가 주로 특수 목적을 지닌 한국어 학습자들을 대상으로 수행되었다는 점에서 좀 더 다 양한 계층을 아우르는 연구 주제를 다루어야 한다고 밝힌 바 있다.

부터 읽기 교수·학습에 좀 더 비중을 둘 수 있다고 판단하여 3급 교재를 중심으로 읽기 학습이 어떤 과정에 따라 구성되어 있는지 살펴보았다.[3] 이를 토대로 현재 대학에서 학업을 수행하기 위한 목적으로 다양한 한국어 교육 기관에서 공부하고 있는 잠재적 학문 목적 한국어 학습자들이 학문 수행을 원활하게 하기 위해서는 읽기 능력의 함양이 필요하다는 입장에서 다양한 활동과 읽기 전략을 활용한 교수요목을 구성해 보고 이를 읽기 교수·학습에 적용해 보고자 한다.[4]

2. 학문 목적 한국어 교육에서 읽기의 기능

한국어 교육에서 읽기와 듣기는 문자 언어로부터 얻은 정보를 인지하고 자신이 가진 정보와 배경 지식 등을 결합하여 그 의미를 이해하고 받아들이는 과정을 말한다. 따라서 대부분의 모국어 화자들은 어떤 대상을 읽고 동시에 이해하는 과정을 무리 없이 처리하지만 학문 목적의 한국어 학습자들은 다양한 전공 분야의 한국어 정보를 읽고 정확히 이해하여 그 내용을 이해하는 것에 많은 어려움을 느낀다. 이는 의사소통 능력을 중심으로 한국어를 배운 학습자들 전공에 관한 학문을 접하는 과정에서 만나는 읽기 텍스트에 대한 어휘, 문법, 배경 지식 등이 충분히 형성되지 않은 상태이기 때문이다.

---

3) 허용 외(2005:420)에서는 중급 이상의 교육 단계에서는 실용 가치에서 벗어나 교양 가치를 읽기의 내용으로 다루게 되며, 문화적인 차이 극복 등이 읽기 교육의 중요한 요소가 된다고 한 바 있다. 본고에서는 이와 같은 관점에서 읽기 교육 과정과 내용을 살펴보기 위한 교재로 중급에서 다뤄지는 한국어 3급 교재들을 선정하였다.

4) 김인규(2003:83)에서는 현재 학문을 목적으로 언어를 배우는 경우 이에 대한 용어로서 '학문적 목적의', '학문적 목적', '학문 목적을 위한', '학문을 위한', '학문 목적용' 등의 용어가 사용되고 있다고 하였다. 본고에서는 '학문 목적 한국어 교육'으로 용어를 통일하여 특수 목적 한국어의 한 분야로서 학문 목적 한국어의 언어 기능 중 읽기에 초점을 맞추어 연구를 진행하였다.

특히 읽기는 정보처리 과정의 하나로 학습자가 글의 정보를 능동적으로 수용하는 이해 과정이다. 이러한 읽기 과정에는 좁은 범위에서 글자, 단어, 구, 절 등을 거쳐 문장, 단락으로 이루어지는 텍스트를 읽은 후에 어휘 의미, 문장 의미를 포함한 전체 글의 의미를 이해하는 상향식 모형과 학습자의 사전 지식과 배경을 이용하여 구체적인 언어 정보를 이해해 가는 과정으로서 하향식 모형의 대표적인 읽기 과정이 있다. 고명균(2004:48~49)에서는 하향식 모형의 경우 읽기를 통해 결과적으로 이해되는 의미는 텍스트 속에 명시적으로 제시되어 있는 것이 아니라 독자가 읽기 과정을 통해 자신의 배경 지식에 기대어 능동적으로 구성해 내는 것이라 볼 수 있다고 하였다. 이처럼 읽기를 수행하는 데 있어 학습자가 능동적으로 참여하여 자신이 가진 배경 지식을 자유자재로 활용하는 것은 원활한 정보 처리 과정에서 중요한 역할임을 알 수 있다.

최근 외국어로서의 한국어 교육에서는 문자 언어가 중심이 되는 문법 교육도 중요하지만 이해와 표현 중심의 교육으로 점차 변화하고 있는 실정이다. 이는 언어가 가진 가장 기본적인 기능이 의사소통이기 때문에 언어 교수·학습을 통한 이해 활동을 바탕으로 다양한 언어 표현 활동이 가능하다는 점에서 매우 당연한 것이다.

특히 말하기, 듣기, 읽기, 쓰기의 4가지 언어 기능 중 읽기는 의사소통 능력 가운데 정보의 원활한 획득과 텍스트를 통한 간접적 문화의 수용이라는 측면에서 무엇보다 중요하게 다루어져야 할 기능이다. 또한 학문 목적 한국어 읽기에서는 읽기 그 자체의 학습에 초점을 두기보다는 다른 학습을 하는 데 필요한 도구로서 읽기 기능을 중심으로 말하기, 듣기, 쓰기 등의 언어 기능이 원활하게 발휘될 수 있는 기본 바탕이 되어야 한다. 이러한 읽기의 중요성에 비춘 학문 목적 한국어 교육에서 읽기의 기능을 몇 가지 설정해 보면 다음과 같다.[5]

첫째, 학문적 환경에서의 읽기는 대부분 학업과 관련하여 이루어지기 때문에 학문적 학습 상황에서의 읽기는 새로운 정보를 학습하고, 텍스트를 종합하고 비판적으로 평가하는 기술의 기초가 된다. 따라서 읽기 목적이 학문적 과제를 더 잘 수행하기 위해서이든지, 어떤 주제에 대하여 더 많은 학습을 하기 위한 것이든지, 언어 능력을 향상시키기 위한 것이든 읽기는 학문을 하는 데 독립적으로 학습을 하게 하는 중요한 수단이 된다.

학문 목적의 한국어를 학습하는 학습자들이 한국어를 배워 대학 수학 능력을 수행할 경우 다른 언어 기능에 비해 읽기 부분이 많이 필요한 언어 기능이라고 볼 수 있다. 또한 다양한 학문적 상황에서 제공되는 정보 처리 과정에서 읽기는 말하기, 듣기, 쓰기 등의 언어 기술과 통합하여 활발하게 사용되는 기능이다. 특히 다양한 텍스트 정보를 활용하여 각종 과제를 수행해 나가는 학업 과정에서 쓰기 활동과 가장 연관되어 다양한 과제의 원활한 수행이 요구된다. 그러나 실제 한국어 교육을 받은 후 대학 과정에서 이루어지는 과제를 수행할 때 많은 학생들이 과제를 포기하거나, 단순한 모방을 통한 과제 수행을 하여 결과적으로 이해 과정을 거치지 못하고 지속적인 이해 부족 현상을 낳고 있다.

둘째, 학문 목적 한국어 학습자들의 읽기는 학업 수행 과정에서 만날 수 있는 다양한 텍스트를 이해할 수 있는 배경적 지식, 어휘, 문법을 활용한 폭 넓은 이해 기능이다. 또한 의사소통을 위한 한국어 학습 과정을 거쳐 대학 수학 능력을 수행할 때 가장 기본이 되는 듣기 활동에

---

5) 이러한 면에서 천경록 외(1999:13~14)에서 밝힌 읽기의 중요성을 살펴보면 다음 몇 가지로 요약할 수 있다.
첫째, 읽기를 통해 다양한 정보(지식)를 얻을 수 있다.
둘째, 읽기를 통해 문화를 전수하고, 유지·발전시키게 된다.
셋째, 읽기는 사고력을 기르는 한 방편이다.
넷째, 읽기를 통해 정서를 함양할 수 있다.
다섯째, 읽기는 그 자체가 목적일 뿐만 아니라 다른 학습을 하는 도구가 된다.
여섯째, 읽기는 언어 발달을 가져온다.
일곱째, 읽기는 다른 사람과 의사소통을 원만히 해 준다.

서 가장 기본적인 수업듣기, 토론, 세미나 등을 하기 전에 읽기 능력이 충분히 갖춰져 있다면 수업을 이해하고 자신의 지식을 확장하는 데 많은 도움이 될 것이라 판단된다.[6] 특히 현재 외국인 유학생들의 경우 대부분 모국어 학습자들과 함께 수업에 참여하고 있기 때문에 보편적으로 모국어 화자들에 비해 이해 능력이 현저하게 부족하여 학업 수행에 대한 자신감을 잃기 쉽다. 따라서 말과 글의 구조 파악과 글의 내용 이해라는 관점에서 읽기 능력을 말하기, 쓰기 등과 연계하여 집중적으로 향상할 수 있는 언어 기술로서의 전문적인 읽기 수업이 마련되어야 한다.

전수정(2004:42~57)에서는 한국 내의 대학에 입학하여 학업 중에 있는 재외 국민을 포함한 외국인 유학생을 대상으로 학업과 읽기에 대한 만족도와 요구 분석을 실시하였다. 그 결과 약 40%의 학생들이 대학에 입학하기 전에 한국 내 대학 어학원에서 3급~4급 정도의 한국어 학습을 받고 대학에 진학하는 것으로 나타났다. 그러나 3급~4급에서 평가되는 한국어 읽기는 중급에 해당하는 경우로서 대학에서 학문을 수행할 정도의 일정 수준을 갖추지 못하고 있다는 사실을 알 수 있다. 또한 학문 목적 한국어 학습에서 많이 사용하는 언어 기능으로 '학문적 읽기 > 학문적 듣기 > 학문적 쓰기 > 학문적 말하기' 순으로 나타났다. 일반 목적 학습자들의 경우 읽기보다 듣기나 말하기를 많이 사용하는 데 비해 대학에서 학업을 수행할 경우 학문적 읽기를 가장 많이 사용하고 있는 것으로 나타난다. 이는 학문적인 읽기가 다른 모든 기능과 같이 이루어져야 하기 때문이다. 즉, 언어 기능으로서 읽기는 대학 수학

---

6) 전수정(2004:21)은 읽기가 텍스트에서 얻은 정보를 대학 생활에서 숙제나 보고서에 활용하기 때문에 쓰기 활동과 같이 이루어지며, 전공 과목에 대한 선지식을 얻기 위해 읽기를 한다고 하였다. 또한 읽기는 토론이나 세미나 등을 하기 전에 자신이 발표하고자 하는 것을 미리 학습하기 위해서도 선행되어 지는 언어 기능이라고 하며 학문을 하기 위한 학습자에게는 꼭 필요한 언어 기능임을 밝히고 있다.

능력을 수행하는데 있어 수업 듣기, 각종 과제 활동 수행 등에서 말하기, 듣기, 쓰기 등을 통한 다양한 이해를 돕기 위한 기본적인 능력이라고 할 수 있다. 따라서 학문 목적의 학습자의 경우 일반적인 의사소통보다는 학문 활동에 도움이 될 수 있는 언어 기술로서의 읽기 교육을 실시해야 한다.

셋째, 다양한 텍스트가 가진 중심 내용 파악, 내용 이해 및 확인, 특정 정보 찾기 등을 통해 이루어지는 읽기는 추론을 통한 비판적 이해 기능을 넘어선 창조의 기능이 매우 중요하다. 학문 활동을 하는데 있어 주어진 텍스트를 이해하고 연구하는 것은 가장 기본적인 활동이다. 이러한 활동이 우선될 때, 주어진 과제를 올바르게 이해하고 해결해 나갈 수 있는 것이다. 이때 텍스트의 내용에 대해 사실적으로 이해하여 받아들이는 것도 중요하지만, 이러한 사실적 이해를 바탕으로 한 추론적 이해와 비판적 이해 기능에서 읽기가 매우 중요한 역할을 한다고 볼 수 있다. 박효훈(2011:175~176)에서는 학문이라는 영역이 기존의 연구를 바탕으로 새로운 연구를 창출하는 데 최종 목적이 있다고 보면, 텍스트를 읽고 이해하는 차원을 넘어 텍스트의 내용을 적용하고 비판하는 활동 또한 필요하다고 한 바 있다. 따라서 의사소통 중심의 한국어 교육에서 중급 이상의 실력을 갖춘 학생들이 접하는 대학 전공 분야 텍스트, 각종 전문 자료, 논문, 보고서 등을 읽고 이해하기 위해서는 사실적인 접근보다는 정보를 추론해 내고 비판적으로 수용할 수 있는 능력을 길러야 할 필요가 있다.

또한 읽기에서 문자언어로부터 의미를 구성하는 전략으로서 '독해력'은 단순한 문장 단위에서 벗어나 문장 간의 논리적인 연관 관계, 의미의 흐름을 파악해야 하는 종합적이고 상위적인 개념으로 이해할 수 있다. 따라서 독해를 통해 글의 전개 방식을 이해하고 세부 사항을 파악하여 구체적인 내용을 이해하고 더 나아가 추론의 능력까지 발휘하기 위한 읽기 기술이 필요하다. 이러한 관점에서 현재 한국어 교재의 읽기 부분에서 어느 정도 다루어지고 있는 읽기 텍스트를 분석하여 구체적으로 드러나지 않은 작자의 생각에 대한 검토 및 내용, 어휘 정보에 대해 추론 능력을 발휘하고 텍스트를 다른 관점에서 비판적으로 읽어 나갈 수 있는 읽기 기능이 매우 중시된다.[7]

3. 한국어 교재 내 읽기 학습 구성 내용

최근 한국어 교재는 목표어를 교수·학습을 할 때 학생들에게 말하기, 듣기, 읽기, 쓰기로 이루어진 보편적인 한국어 지식을 제공해 주는 역할뿐 아니라 학생들 스스로 과제를 해결하고 학습할 수 있도록 하는 데 도움이 되는 방향으로 바뀌어 가고 있다.[8]

이러한 관점에서 한국어 읽기 학습에 도움이 될 수 있는 교수요목 유형을 제시하기 위해 현재 한국어 교육 기관에서 사용하고 있는 교재들 중 '읽기' 부분을 명시하여 구성하고 있는 교재들을 선정하여 단원별 구성 내용을 분석해 보았다.[9] 먼저 기본적인 교재의 정보를 제시하고 교재의 단원 구성 내용을 제시한 다음 구체적인 읽기 교수·학습 과정을 살펴본다.

---

7) 전수정(2004:42~44)에서는 독해력이 중요함에도 불구하고 이를 증진시키기 위한 다양한 독서 기술이나 전략에 대한 관심, 교수법 개발 및 교육 현장 적용 등에 대한 논의가 부족한 실정이라고 지적하기도 하였다.

8) 유해준(2008:73~76)에서 교재는 어떤 교육을 실시해 나갈지를 제시해 주는 하나의 도구이며, 교수·학습 과정의 핵심요소로 교육과정을 구체적으로 실현시키는 교육 자료라고 설명하였다. 또한 교사와 학습자의 매개자로서 수업의 촉진자 구실을 한다는 면에서 교재를 교육과정의 가시적인 자료로 볼 수 있다고 논의하였다.

9) 본고에서 읽기 학습 구성 내용을 살펴보기 위해 선정한 6개의 교재는 대학에 마련된 한국어 교육 기관에서 출판된 것을 기준으로 선정하였다. 그 이유는 현재 대학 기관의 한국어 교육 기관에서 공부하고 있는 대부분의 학생들의 한국어 교육을 수행하는 목적이 학문 목적의 한국어라고 판단할 수 있기 때문이다.

3.1. 한국어 3

『한국어 3』은 서울대학교 언어교육원에서 편찬한 한국어 교육 통합 교재로 많은 한국어 교육 기관에서 기본 교재로 활용되고 있다. 단원별로 살펴보면 '본문 → 단어 → 문법과 표현 → 연습1 → 연습2'로 이루어져 있다. 이때 '연습1'은 주로 학습된 문법이나 구문을 익히기 위한 문형 연습 중심으로 이루어져 있으며, '연습2'는 학습자가 중심이 되어 학습 내용을 활용하고 언어를 생성하며 이해할 수 있는 다양한 연습을 포함하고 있다.

읽기 수업은 주로 '연습2'에서 읽기 자료를 앞서 제시한 본문을 활용하여 본문의 내용에 대해 묻고 답하기 형식으로서 내용확인 활동 정도에 그치고 있다는 점이 아쉽다. 따라서 현재 『한국어 3』을 기본 교재로 채택하여 한국어 교육을 할 경우, 읽기와 쓰기, 말하기 등을 통합하여 교육할 때 별도의 읽기 텍스트를 자료로 하여 읽기 수업을 진행하고 있어 불편함이 따른다. 그러나 이처럼 교재 내에 읽기 텍스트가 따로 마련되어 있지 않을 경우 교사의 재량에 따라 다양한 자료를 활용하여 학습자들의 읽기 목표를 수용할 수 있는 범위 내에서 폭넓은 내용의 읽기 활동을 할 수 있게 할 수 있다는 점은 장점으로 작용될 수 있을 것이라 보인다.

3.2. 말이 트이는 한국어 3

『말이 트이는 한국어 3』은 책 서두에서 밝혔듯 듣기, 말하기, 읽기, 쓰기의 네 가지 언어 기술을 골고루 익힐 수 있도록 고안한 통합교이다. 특히 실생활에서 바로 응용할 수 있는 의사소통 능력을 키우도록 하는 데 초점을 맞추고, '읽기와 쓰기'에서 글의 이해 능력과 체계적인 글쓰기 능력을 기르기 위해 다양한 주제와 형식을 포함하고 있다는 것이 특징이다. 이러한 관점에서 타 교재와 달리 단원별로 〈언어와 사고〉를 따로 두어 언어가 가진 다양한 특성에 대한 읽기 자료를 두었다는 점이 특징이다. 그러나 실제 읽기 학습 부분이 따로 마련되어 있어 이러한 구성이 제대로 활용되기 어렵다는 부분이 아쉽다.

이 교재의 읽기 학습 구성을 살펴보면 읽기와 쓰기를 통합하여 교수·학습할 수 있도록 구성하였고, 단원 구성의 맨 마지막에 읽기 학습이 이루어 질 수 있도록 배치하였다. 읽기 학습 구성은 '읽기 본문 제시→단어와 표현→내용 이해→쓰기'로 이루어져 있다.

읽기 본문은 주로 단원의 대주제와 관련된 내용을 중심으로 제시하고 있으며, 대부분 3문단~5문단으로 구성되어 있다. 그리고 단어와 표현에서 읽기 본문에 등장하는 여러 가지 단어를 제시하여 교사의 재량에 따라 단어의 의미와 연관성 등을 학습할 수 있도록 하였다. 이때 구체적인 의미를 제시한 경우와 단어만을 제시한 경우로 나누어 볼 수 있다. 그리고 내용 이해 부분에서는 읽기 본문을 읽고 난 후 단어와 표현을 익힌 다음 내용을 이해했는지를 확인하기 위한 부분이라고 할 수 있다. 따라서 본문의 내용과 관련된 질문을 5개 정도 제시하여 학습자가 읽기 본문을 충분히 이해했는지를 확인할 수 있도록 하였다. 그리고 마지막으로 읽은 후 학습에서 쓰기를 활용하여 읽기 본문을 참조하여 다양한 유형의 짧은 글 쓰기를 유도하고 있다.

3.3. 배워요 재미있는 한국어 3

『배워요 재미있는 한국어 3』은 하루에 4시간씩 수업을 할 경우로 나누어 읽고 말하기를 문법 설명 이후에 원활하게 이루어질 수 있도록 따로 배정하였다는 점이 특징이다. 따라서 교재의 단원 구성에 따라 읽기와 말하기를 통합하여 이해 기능과 표현 기능을 중심으로 언어 기술을 향상할 수 있도록 구성한 것으로 보인다.

특히 읽고 말하기의 경우 다음과 같이 설명하고 있다.

다양한 글의 형태를 이용하여 앞의 문법을 자연스럽게 연습하도록 하는데 목적이 있습니다. 따라서 각 글들의 다음에는 내용 확인을 위한 ○, X 질문과 내용 확인 질문, 이를 활용한 활동이 순서대로 되어 있습니다.

위에서 설명한 바와 같이 읽기 학습은 '본문 제시→내용 확인→질문에 대해 답하기→빈칸 채우기→생각 말하기→쓰기 연습'으로 이루어져 있다. '활동' 부분은 대체로 '빈칸 채우기, 생각 말하기, 쓰기 연습' 등을 중심으로 구성되어 있다. 이러한 점으로 미루어 볼 때 '읽기'와 '말하기', '쓰기' 등을 통합하여 내용 이해를 통한 표현 기능은 높인 수 있도록 하고자 한 것으로 보인다. 특히 교재 구성 설명에서 밝힌 바와 같이 읽기 본문을 구성하는 데 있어 단원에서 앞서 배운 문법을 다양하게 제시하고 자연스럽게 전 시간에 배운 문법을 활용하여 읽기와 쓰기, 말하기가 이루어질 수 있도록 구성하였다고 밝히고 있다. 따라서 읽기 자료가 문법을 충분히 반영하고 있다는 점에서 학습자들이 앞서 배운 문법을 활용하여 읽기 학습을 수행할 수 있다는 장점이 있다. 또한 다양한 연습 활동을 할 수 있도록 구성하여 말하기, 쓰기 등의 활동을 동시에 유도하고 있다.

3.4. 서강 한국어 3A, 3B

『서강 한국어 3A, 3B』는 대체로 『배워요 재미있는 한국어 3』과 비슷한 유형으로 단원이 구성되어 있다. 그러나 '듣고 말하기'와 '읽고

'말하기'와 같이 두 가지 기능을 통합하여 제시하였다는 점은 동일하나 두 가지 활동의 순서가 바뀌어 있다는 점이 다른 점이다.

읽기 학습은 '읽기 전→읽기 초점→낭독하기→이야기 재구성→활용→쓰기'로 구성되어 있다. 『서강 한국어 3A, 3B』는 읽기 본문 제시 전에 '읽기 전' 단계를 두어 읽기를 준비하는 단계로서 주제에 관심을 갖고, 본문 이해에 필요한 배경 지식과 주요 어휘를 준비할 수 있도록 구성하고 있다는 점이 특징이다. 이를 통해 학습자들의 배경 지식을 이끌어 내어 읽기를 통한 학습 효과가 증대될 수 있도록 하였다. 그리고 본문을 읽기 전에 본문에서 어떤 내용을 염두에 두고 읽어야 할지에 대해 한두 가지의 간단한 질문을 제시하여 내용에 좀 더 집중할 수 있도록 하는 효과가 있으리라 판단된다.

이처럼 『서강 한국어 3A, 3B』는 '읽기 전' 활동을 교재 내에 직접적으로 반영하여 학습자들이 '읽기 전-읽기-읽은 후' 학습 과정을 통해 체계적인 읽기 학습을 할 수 있도록 유도하고 있는 것으로 파악할 수 있다. 또한 읽기 내용을 학습한 뒤, '낭독하기'라는 부분에서 몇 가지 문장을 대상으로 정확한 발음과 억양, 끊어 읽기 등을 연습할 수 있도록 하였으며, 읽기 후 활동으로 다양한 쓰기 활동을 제시하여 말하기와 쓰기를 읽기 학습과 함께 이루어질 수 있도록 하였다.

3.5. 연세 한국어 3

『연세 한국어 3』은 앞서 제시한 한국어교재들과 함께 말하기, 듣기, 읽기, 쓰기의 통합 교육을 위한 한국어 교육 교재로 다양한 한국어 교육 기관에서 사용하고 있는 대표적인 교재이다. 이 교재는 단원 구성에서 '과제1, 과제2'라는 명칭을 사용하여 문법 교수·학습을 하고 난 뒤 그에 따른 말하기 과제 및 읽기와 기타 쓰기, 말하기 등의 기능을 통합하여 과제 해결 중심으로 제시하고 있다.

읽기 수업 내용 구성을 살펴보면, '본문 제시 → 읽고 쓰기/읽고 말하기/읽고 듣기'로 구성되어 있음을 알 수 있다. 특히 『연세 한국어 3』은 각 과별로 5개의 과정으로 이루어져 있는데, 대부분 2~3개에 한정하여 읽기 관련 과제를 제시하였고, 말하기 또는 쓰기 과제만을 선택하여 제시한 것으로 나누어 놓았다. 또한 '읽기' 과정에 맞추어 제시하기 보다는 '읽고 쓰기, 읽고 말하기, 읽고 듣기' 등으로 읽기를 기본으로 하여 쓰기, 말하기, 듣기 등의 언어 기능을 통합적으로 교수·학습할 수 있도록 하였다.

또한 지문의 종류에 따라 읽기 후 활동을 다양하게 제시하고 있어 학습자들이 중급 과정에서 일상생활에 필요한 읽기 지문을 접하고, 그에 따른 말하기, 쓰기 활동을 통해 읽기 능력을 기본으로 한 추론적 이해, 내용의 확인 등을 원활하게 할 수 있도록 유도하고 있다. 그리고 다양한 텍스트를 통해 각종 문화, 경제, 사회 등에 관한 전반적인 지식을 간접적으로 경험할 수 있다는 것이 읽기 수업의 장점이라고 할 수 있는데, 교재의 구성에서 각 단원별로 한국 문화와 관련된 짧은 지문을 수록하여 읽어보고 함께 생각할 수 있는 기회를 마련하고 있다는 점은 학생들이 읽기에 흥미를 가질 수 있도록 하고, 텍스트에 접근성을 높여 읽기 수업의 다독 효과를 높일 수 있다고 보인다.

3.6. 연세 한국어 읽기 3

『연세 한국어 읽기 3』은 한국어 교육의 네 가지 언어 기능 중 '읽기' 과정에 초점을 맞추어 읽기를 위한 단일 교재로서 현재 다양한 한국어 교육 기관에서 읽기 수업 자료로 활발하게 사용되고 있는 교재이다. 이 교재는 읽기 과정에 따라 '도입 그림과 도입 질문 → 본문 → 어휘 연습 → 내용 이해 → 더 생각해 봅시다'로 구성되어 있다.

먼저 도입 그림과 도입 질문에서는 읽기 전 단계로서 읽을 내용과 관련된 그림이나 사진을 제시하여 학습자들의 배경 지식을 이끌어 내고, 이를 활용하여 글의 전체적인 흐름과 내용을 이해하는 데 도움이 될 수 있도록 하였다. 또한 도입 질문을 그림이나 사진에 관련된 질문뿐 아니라 주제와 관련된 학습자의 직접적인 경험을 묻고 답하기를 통해 학습자가 가진 배경지식을 좀 더 활발하게 활용할 수 있도록 교재에 질문을 직접 제시하고 있다.

본문에 대해 '일러두기'에서는 가능한 한 흥미롭게 구성하고자 하였으며, 수필, 설명문, 감상문, 전기문, 설화, 광고, 일기문, 편지글, 소설 등 다양한 텍스트 유형을 사용하고자 하였다고 밝히고 있다. 이는 기존의 한국어 통합 교재에 등장하는 텍스트들에 보편적으로 등장하는 수필, 설명문, 광고문, 일기문, 편지글 등과 함께 각종 감상문, 전기문, 설화, 소설 등 다양한 읽기 텍스트 자료를 난이도에 따라 구성하였다는 점에서 한국어 학습자들이 대학의 전공 과정에 입학하기 전 통합 교재에 한정된 읽기 텍스트들을 접하는 데 따른 문제점을 어느 정도 보완해 줄 수 있는 교재로 활용될 수 있으리라 생각된다.

또한 텍스트 종류에 따라 어휘 연습과 내용 이해 순으로 과제 활동을 제시하여 어휘를 추론하여 익히는 것뿐만 아니라 어휘의 구조 및 형성 등도 함께 익힐 수 있도록 하여 읽기를 통한 어휘 확장에도 도움을 주고자 하였다.[10]

내용 이해 단계는 총 3단계로 구성하여 글의 전체적인 구성이나 개요, 중심 내용을 파악하고, 본문의 내용을 확인한 후 세부적인 내용을 정확하게 이해했는지 확인하는 과제로 구성되었다. 그리고 '더 생각해 봅시다'를 두어 읽은 후 활동으로서 본문 주제와 관련된 글을 통해 심화 보충 학습을 할 수 있도록 구성하였다.

대부분의 읽기 수업에서는 읽은 후 다양한 과제 활동을 통해 읽은

---

10) 어휘는 본문에 새로 나오는 단어를 소개하고, 짧은 글일 경우 10개~긴 글일 경우 20개로 한정하여 제시하고 있다.

내용을 확인하거나 중심 내용 찾기 등을 진행한다. 그러나 읽기 수업만을 위한 교재를 활용하여 읽기 기능 중심의 수업을 따로 진행할 경우 읽은 후 단계를 좀 더 심화하여 추론, 비판 활동을 통한 자신의 생각을 글로 나타내거나 짝 활동 등을 통해 이해를 바탕으로 하는 표현 행위를 이끌어 낼 수 있을 거라 생각된다. 또한 본문 내용에 대해 사실적 이해에 따라 그대로 수용하는 것에서 벗어나 글의 내용을 비판하고 자신의 견해 말하기 등을 진행하여 학습자들이 읽기를 통해 좀 더 창의적이고 자유로운 이해 전략을 활용할 수 있도록 해야 할 필요가 있을 것으로 보인다.

지금까지 살펴본 한국어 중급 교재들의 단원별 전체 교수·학습 내용과 읽기 학습의 세부적인 구성 내용을 표로 나타내면 다음과 같다.

〈표 1〉교재별 읽기 학습 구성 내용

교재명(구성)	단원별 구성	읽기 학습 구성
한국어 3	본문 → 단어 → 문법과 표현 → 연습1 → **연습2**	본문 읽고 답하기(본문에 대한 질문 제시 후 답하기 활동)
말이트이는 한국어 3	준비 → 언어와 사고 → 과제→ 어휘확장 → **읽기와 쓰기**	본문 제시 → 단어와 표현 →내용 이해 → 쓰기 연습
배워요 재미있는 한국어3	주제도입[11] → 대화 → 활동→ 문법 → **읽고 말하기** → 듣고 말하기 →어휘 익히기	본문 제시 → 내용 확인 → 질문에 대해 답하기 → 빈칸 채우기 → 생각 말하기 → 쓰기 연습
서강한국어 3A, 3B	단원 표지 → 문법 → 대화 → 듣고 말하기 → **읽고 말하기** → 단원 정리	읽기 전 → 읽기 초점 → 낭독하기 → 이야기 재구성 → 활용 → 쓰기
연세 한국어 3	단원 표지 및 학습 목표 제시 → 어휘 → 문법 연습 → 과제1(말하기) → **과제2(읽고 쓰기)**	본문 제시 → 읽고 쓰기/읽고 말하기/읽고 듣기(내용 확인, 내용 관련 쓰기, 질문에 대해 답하기 등)
연세 한국어 읽기 3	도입 그림과 도입 질문 → 본문 → 어휘 연습 → 내용 이해 → 더 생각해 봅시다	

먼저 단원별 구성에 따라 '읽기' 또는 읽기와 기타 언어 기능의 통합 과정을 배치하는 데 있어 교재별로 다양한 구성 방법을 사용하고 있음을 알 수 있다. 특히 통합교재의 경우 읽기와 쓰기, 읽고 말하기 등으로 읽기와 다른 언어 기능을 통합하여 활동 중심의 과제 구성으로 수업을 진행할 수 있도록 구성하였으며, 읽기 수업이 배치되는 데도 약간의 차이가 있었다. 그러나 일반적으로 읽기는 문법 교육 다음에 과제 활동으로서 이루어지는 경우가 많은 것으로 파악된다.

또한 세부적인 읽기 학습 구성은 수업에 따라 진행될 수 있는 교재 구성 내용을 살펴본 것이다. 이는 전체 단원별 구성에서 읽기 수업이 이루어지고 있는 과정을 교재에 제시된 것을 토대로 정리한 것이다. 대부분 '읽기 전→읽기→읽기 후' 학습 과정으로 수업을 진행할 수 있도록 읽기 수업이 구성되어 있다는 것을 알 수 있다. 특히 교재마다 다양한 읽기 활동에서 읽기와 기타 언어 기능을 통합하여 구성하였고, 읽기 텍스트 유형에 따라 학습자들이 유의미한 활동을 할 수 있도록 과제를 제시하고 있다.

특히 『연세 한국어 읽기3』과 같은 읽기 교재와 통합 교재에 나타난 읽기 교재의 구성 내용에서 많은 차이점을 발견할 수 있다. 통합 교재 내에서는 대부분의 교수·학습에서 문법, 어휘, 말하기·듣기, 쓰기 등을 통합적으로 다루어야 하기 때문에 읽기 학습에 많은 비중을 두지 못하고 있다는 것을 알 수 있다. 이러한 이유로 읽기 수업에서 활용 가능한 전략의 원활한 사용 방법을 익히는 것도 거의 불가능한 실정이다. 그리고 읽기 수업의 기본 과정인 '읽기 전→읽기→읽기 후' 수업이 제대로 이루어질 수 없다고 판단된다. 따라서 앞으로 읽기 교수·학습이 효과적으로 이루어지도록 하기 위해서는 통합 교재를 통한 교육보

---

11) '주제 도입'은 단원 구성에서 전체적으로 과를 소개하는 제목을 제시하고 도입 질문을 두어 단원에서 배우게 될 내용에 대해 먼저 예상해 볼 수 있도록 하는 과정을 두었다는 점에서 필자가 설정한 구성 명칭이다.

다는 읽기 전문 교재가 활발하게 개발되어야 할 것이라 판단된다.

4. 한국어 읽기 전략에 따른 교수요목 구성

현재 외국어로서 한국어 교육 과정은 통합 교육을 지향하며, 교재들 또한 말하기, 듣기, 읽기, 쓰기의 네 가지 언어 기능을 통합적으로 교수·학습할 수 있도록 구성되어 있다. 한국어 이해 영역으로서의 읽기 분야를 따로 떼어 교육하는 한국어 교육 기관이 거의 없는 실정이며, 대부분의 통합 교육 과정에 있어서 표준화된 교육 과정, 교수요목 등이 마련되지 않아 많은 어려움을 겪고 있다. 따라서 본고에서는 한국어교육기관에서 사용하는 교재들 중 중급 단계에서 사용되는 교재를 선정하여, 교재 내용과 읽기 수업 구성 내용은 살펴보았다. 이를 통해 수업 과정에 따른 한국어 읽기 기능을 함양하기 위한 읽기 기능 중심의 학습에서 사용될 수 있는 교수요목을 구성해 보고자 한다.

학문 목적 한국어 교육 과정에서는 한국어로 구성된 교과목을 이해하여 원활한 학업 수행이 가능한 언어 능력의 배양이 매우 중요하다. 따라서 대학에 입학하여 전공 및 교양 과정에서 한국어를 배우기 전 단계의 한국어 교육에서도 대학에서 강의를 듣고, 자신의 의견을 발표하고, 다른 사람의 발표 내용을 이해하고, 한국어로 구성된 다양한 자료를 활용하여 보고서를 작성하는 등에 따른 언어 기술을 학습하는 것이 중요하다. 따라서 읽기 교육 중심의 교수요목은 읽기 내용에 따른 기능을 알고 그에 따른 다양한 과제를 수행하는 교수요목이 필요할 것이라 판단된다. 특히 읽기 교육에 있어 읽기 과정에 따른 전략을 적절히 사용하는 것이 중요할 것이다. 따라서 현재 한국어 읽기 교육에서 이루어지고 있는 수업 단계로서 '읽기 전→읽기→읽기 후' 과정에 따른 전략을 함께 제시하여 이해 능력을 높이고 학습자들의 이해 정도를 점검할 수 있는 교수요목으로서 실제 학업에 활용될 수 있는 언어 기술로 서의 읽기가 이루어질 수 있도록 해야 한다.

이러한 관점에서 학문 목적 한국어 학습자들의 읽기 학습에서 가장 필요한 것은 '전략으로서의 읽기'가 아닌가 생각된다. 특히 모든 언어 학습이 그러하듯 학문 목적 한국어 학습자들은 이미 특정한 언어를 사용하여 읽고 말하는 방법 등을 익힌 다음 새로운 언어(제2언어)를 배우고자 하는 입장이라는 점에 주목해야 할 것이다. 따라서 새로운 읽기 학습을 수행한다기보다는 이미 알고 있는 다양한 읽기 전략을 새로운 언어로 전이시킬 수 있는 제2언어를 활용한 읽기 기술 함양을 중심으로 다양한 활동을 전개해야 한다. 이러한 읽기 학습에는 어휘와 문자가 바탕이 되어야 하는 것은 물론이며, 읽기 활동에 있어 학문 목적을 수행하기 위해 다양한 읽기 전략을 사용할 수 있는 기능 중심의 읽기 학습이 이루어져야 한다.

읽기 전략을 중심으로 한 교수요목 제시에 앞서 '읽기 전→ 읽기→ 읽기 후 활동'에서 사용되는 읽기 전략을 요약하여 살펴보면 다음과 같다.12)

---

12) 읽기 전략은 강현화 외(2011:184~192)에서 설명한 읽기 전략의 유형을 검토하여 읽기 단계에 따른 읽기 전략을 간단히 정리해 본 것이다. 이는 현재 많은 읽기 수업 과정에서 사용되고 있는 전략이라고 판단되며, 앞으로 읽기 전략에 대해 다양한 자료를 수집·검토하여 좀 더 체계적이고 과정별 타당성이 있는 전략으로 정리해 나가야 할 것이라 판단된다.

〈표 2〉 읽기에서 적용되는 학습 단계별 읽기 전략의 예

단계	읽기 전략
읽기 전	제목 보고 내용 예측하기, 훑어 읽기, 사진이나 제목 보고 추측하여 말하기, 스키마를 통한 주제 추측하기, 주제와 관련된 질문에 답하기, 건너뛰며 읽기, 질문 만들기,
읽기	묵독, 읽기 전 단계에서의 질문에 대한 답하기, 핵심 어휘 및 핵심 내용에 표시하며 읽기, 글의 구조 파악하기, 메모하기, 문맥을 활용하여 모르는 어휘의 의미 추측하기, 텍스트의 장면을 머릿속에 그려보기13) 등
읽기 후	글의 내용 요약하기, 짝 활동/묻고 답하기 등을 통해 문제 해결하기14), 중심 내용을 이해하여 내용 요약하기, 내용에 대해 스스로 평가하기, 내용을 토대로 다양한 유형의 글쓰기, 읽기 텍스트에 드러난 어휘를 활용하여 의미망이나 의미 지도 만들기 등

이를 위해 앞서 살펴본 기존 한국어 교재들의 교재 구성에서 공통적으로 제시하고 있는 주제에 대해 기능을 중심으로 다양한 읽기 전략을 활용한 읽기 교수요목을 다음과 같이 구성해 보았다.

---

13) 강현화 외(2011:130~131)에서는 읽은 내용을 머릿속에 그려보는 활동은 읽기 활동을 하면서 자신이 얼마나 내용을 이해하고 있는지를 점검할 수 있는 보상 읽기 전략으로 설명하고 있다. 이러한 전략은 읽기를 하면서 자신이 잘 모르고 있는 내용을 이해하기 위한 과정에서 발생하는 문제 등에 대해 자기 점검을 활용하여 읽기 내용을 이해해 나가는 과정으로 볼 수 있다.

14) Anderson(1991)은 읽기의 초인지 전략으로서 '반 친구들과 협동하여 공부하기'를 제시한 바 있다. 이러한 활동을 통해 동료 학습자와 함께 읽기 기술을 익히기 위해 서로 협력하여 학습하는 전략이 필요하다고 하며 이러한 전략은 읽기 경험 자체에 대한 생각과 관련된 것으로 자신이 사용하고 있는 읽기 전략 등을 확인하며 활용할 수 있다고 하였다.

〈표 3〉 읽기 교수요목 구성 예

학습 목표			– 특정 상황에 대해 묘사하여 설명할 수 있다. – 자신이 처한 상황을 이해하고 다른 사람에게 도움을 요청할 수 있다.	
읽기 텍스트 정보15)			내용: 물건 구입 후 환불 및 교환하기, 분실한 물건 찾기 등 정보의 양: 300자~400자	
수업 과정과 읽기 전략 따른 교수요목	기능		상황 묘사하기 도움 요청하기 문제 설명하기	
	문법		–았/었으면 좋겠다 –(으)ㄹ 지도 모르다 –기 때문에	
	과제 (활동)	읽기 전	그림을 보며 자신의 경험 이야기하기	
		읽기	사전을 이용한 어휘 의미 정보 찾기	
		읽기 후	읽고 말하기	내용 확인하기, 묻고 답하기, 내용 요약하여 말하기, 자신 이 겪은 도움 요청 상황 이야 기하기
			읽고 쓰기	어휘와 문법을 활용하여 요청 하는 글쓰기, 그림을 가지고 이야기 꾸며 쓰기
			읽고 듣기 (발음 연습)	핵심 문장을 찾기 핵심 문장을 읽으며 발음 연습하기
	사용 전략	읽기 전	사진이나 제목 보고 본문 내용 추론하기 훑어 읽기, 중심 내용 추측하기	
		읽기	어휘 의미 추론하기 비슷한 표현 찾기 핵심 어휘에 표시하기	
		읽기 후	글의 내용 요약하기 중심 내용 찾아 다시 읽기 본문 내용 어휘를 활용한 의미망 만들기	

---

15) 통합 교재 내의 읽기 학습 구성 내용에서 문제 해결에 관한 주제가 내포된
지문을 살펴보았다. 일기 지문을 명시해 놓지 않은 지문을 제외하고 나머지
교재들에서는 주로 문제 상황에서 문제를 해결하는 과정을 내용으로 하고
300자~400자의 양으로 구성되어 있었다. 그 중 본고에서는 물건구입 후 환
불하기, 분실한 물건 찾기 등을 내용으로 하는 지문을 토대로 읽기 수업을

이와 같은 교수요목을 통해 학문 목적의 읽기 학습자들은 '읽기 전→ 읽기 → 읽기 후' 과정에 따라 다양한 전략을 활용하여 과제를 수행하게 된다.

　　먼저 '읽기 전' 활동을 통해 학습자가 가지고 있는 선험적 지식을 최대한 이끌어 내어 해당 주제에 대해 학습할 수 있도록 해야 한다. 특히 학문 목적 학습자들은 전공 분야를 학습할 때, 빠른 속도로 많은 양의 정보를 받아들이고 처리하고자 하는 욕구를 가지고 있을 것이라 판단된다. 따라서 '훑어 읽기, 빨리 읽기, 중심 내용 찾아 읽기' 등의 전략을 연습할 수 있도록 해야 한다. 이러한 활동은 학습자가 읽기 지문을 이해하는데 도움이 될뿐더러 일종의 추론 활동을 통해 학습자의 유추 능력을 향상시킬 수 있을 것이라 생각한다. 따라서 읽기 전 학습에서는 학생들이 스스로 정보를 추론하여 비판적으로 받아들이고 전체 정보에 대한 이해두를 높일 수 있도록 해야 한다.

　　또한 일정한 지문의 '읽기' 학습을 진행할 때는 '어휘'에 초점을 맞추어 다양한 전략을 제시해 보았다. '어휘'는 한국어 교육의 모든 과정에서 중요하게 다루어지는 내용이며, 학문 목적의 한국어 학습자들에게는 자신이 전공하고자 하는 대학 과정을 거치면서 어휘 확장과 어휘 의미망 형성 등의 활동이 꼭 필요하다. 따라서 읽기 지문을 토대로 새로 등장하는 어휘의 의미를 추론하고, 핵심 어휘를 지문에 직접 표시하여 학습자 스스로 어휘의 중요성을 판단할 수 있는 과제를 수행하도록 해야 한다. 이는 '읽기 후' 활동에서 요약과 중심 내용을 찾아 다시 읽기를 수행하며 어휘망을 형성해 보는 활동과도 연계된다. 최권진(2007:248)에서는 어휘망을 형성하도록 하여 학습자 스스로 또는 그룹, 반 전체로 나아가면서 새로운 어휘를 추가하고 의미망을 형성해 보는 활동을 통해 어휘를 배양할 수 있다고 논의한 바 있다. 그러나

　　진행하는 것으로 교수요목을 구성해 보았다.

현재 대부분의 읽기 교재에서는 '쓰기'와 '말하기'를 읽기와 접목하여 과제를 제시함으로써 학습자들이 실제적으로 과제를 수행할 수 있는 여건이 마련되어 있지 않다고 판단된다.

따라서 앞으로 학문 목적의 학습자들의 이해 중심 교수요목을 개발한다면 다양한 읽기 전략을 활동으로 제시하여 '말하기, 듣기, 읽기, 쓰기'에 국한된 학습 방식을 탈피하고 다양한 전략에 따른 읽기 기술을 익히는 것에 초점을 두어야 한다.

5. 결론

언어 학습에서 이해 영역으로서의 읽기는 말하기, 듣기, 쓰기 등의 이해 및 표현 영역의 한 부분으로서 기타 영역과 통합하여 다른 영역이 제대로 발휘될 수 있는 기본적인 토대가 될 수 있도록 앞으로 한국어 학습자들이 학문 목적 한국어를 배우는데 가장 필요한 이해 영역 중 하나라 볼 수 있다.

이러한 읽기 학습을 위해 먼저 학문 목적 한국어 교육에서 읽기 교육의 목표와 기능에 대해 정리하고, 현재 다양한 한국어 교육 기관에서 사용되고 있는 통합교재 및 읽기 교재에 제시된 전체 단원 및 읽기 교수·학습 구성 내용을 살펴보았다. 이를 토대로 학문 목적 한국어 교육을 위한 읽기 교육의 필요성을 인식하고 이해 영역으로서의 읽기 능력 향상을 위한 읽기 교육이 필요하다는 관점에서 그에 필요한 교수요목을 제시하여 읽기의 교수·학습에 활용 방법을 생각해 보았다. 이 글에서 교수요목에서는 읽기 단계에 맞춰 다양한 과제 수행이 이루어지고 그에 따른 별도의 읽기 전략이 필요하다는 것에 착안하여 과정에 따른 읽기 활동과 전략을 함께 제시하여 학습자들이 이해 과정에서 다양한 읽기 전략을 토대로 과제 활동을 할 수 있도록 하였다.

이러한 연구를 토대로 읽기 교수요목을 통한 실제 수업 방안 및 활동 등에 대한 연구가 계속 되어야 할 것이라 생각한다. 특정 교육 과정을 토대로 교수요목을 제시한다는 것에는 많은 어려움이 따르는 일이다. 그리고 학습 목표와 방향에 맞는 구체적인 교수요목을 제시하기 위해서는 먼저 교육 과정에서 대상이 되는 학습자와 교사들의 요구분석이 선행되는 것이 보편적인 방법이다. 이 글에서 정리한 학문 목적 읽기를 위한 한국어 읽기 교육의 목적과 기능에 부합하는 읽기 교수요목을 좀 더 체계화하고 한국어 교사와 학문 목적의 한국어 학습자들을 대상으로 요구조사 등을 실시하여 읽기 교수·학습에 필요한 교수요목을 개발해야 할 필요가 있다.

참 고 문 헌

강범모·김흥규(2009), 『한국어 사용빈도』, 한국문화사.

강현화 외 4명(2009), 『한국어이해교육론』, 형설출판사.

강현화(1998), "[체언+용언] 꼴의 연어 구성에 대한 연구", 『사전 편찬학 연구』 8, 연세대학교 언어정보연구원, pp. 191-224.

고명균(2004), "한국어 읽기교육에 대한 연구", 『언어와문화』 1, 한국언어문화교육학회, pp. 45-62

고영근·남기심(1993), 『표준국어문법론(개정판)』, 탑출판사.

구명철(2006), "자유결합, 연어 그리고 관용어-독일어 연어의 특성과 사전에서의 처리를 중심으로", 『독어교육』 37, 한국독어독문학교육학회, pp. 117-142.

국립국어원(1999), 『표준국어대사전』, 서울: 두산동아.

권미미(2008), "한국어 교육문법의 인과 관계 연결어미 연구-초급 교재에 나타난 '-니까'를 중심으로-", 『교육문화연구』 14-2, 인하대학교 교육연구소 pp. 147-174.

김경령(2010), "학문목적 유학생들의 독해력 지수와 읽기 전략, 동기변인들과의 상관관계 연구", 『한국어교육』 21, 국제한국어교육학회, pp. 25-50

김남길(2005), "국제한국어 교육학회 지난 20년을 회고 하면서: 국제한국어교육학회 20년사." 「한국어교육」 16(2), 국제한국어교육학회, 409-418.

김승곤(1981), "한국어 연결형 어미의 의미 분석 연구", 『한글』 제173호, 한글학회, pp. 35~64.

김은정(2010), "외국인 유학생을 위한 교양한국어 교수요목 개발 연구", 한양대학교 석사학위논문.

김은혜(2011), "의미 중심 어휘지도를 위한 고급 한국어 학습자의 단어연상 조사", 『새국어교육』, 한국국어교육학회 제88호,

pp. 135-169.

김인규(2003), "학문 목적을 위한 한국어 요구 분석 및 교수요목 개발", 『한국어교육』 14-3, 국제한국어교육학회, pp. 81~118.

김정숙(2000), "학문적 목적의 한국어 교육과정 설계를 위한 기초 연구-대학 진학생을 위한 교육과정을 중심으로", 『한국어교육』 11-2, 국제한국어교육학회, pp. 1-19.

김정숙(2003), "통합 교육을 위한 한국어 교수요목 설계 방안 연구", 『한국어교육』 14, 국제한국어교육학회, pp. 119~143.

김정숙(2004), "한국어 읽기·쓰기 교재 개발 방안 연구-교수요목의 유형과 과제를 중심으로", 『한국어교육』 15, 국제한국어교육학회, pp. 1~22

김진해(2000), "국어 연어 연구", 경희대 박사학위논문.

김한샘(2013), "한국어 숙어 항목 정보 구축을 위한 기초연구-국제표준을 기반으로-", 『한민족문화연구』 44, 한민족문화학회, pp. 45-73.

김향미(2003), "한국어 교육 읽기 자료 개발에 관한 연구 - 중급 단계를 중심으로", 경희대학교 석사학위논문.

김희숙(2001), "한국어 세계화와 영어공용화론 시장원리문제," 『한국어 의미학』 8, 323-358.

김희숙(2002), "한국어의 세계적 전파: 믿음인가? 가능성인가?" 『이중언어학』 21, 141-176.

김희숙(2008), "한글의 신 세계화: 복잡계적 사고의 필요성," 『한글새소식』 433, 19-22.

김희숙(2011), 『21세기 한국어정책과 국가경쟁력』, 소통.

남수영·채숙희(2004), "한국어 학습자의 연결어미 사용 연구", 『한국어교육』 15권, 국제한국어학회, pp. 33~50.

문금현(2010), "'인간' 어휘장의 하위 분류 기준에 대하여", 『새국어교육』(한국국어교육학회) 제85호, 403-431.

문금현(2011a), "인간어휘장을 활용한 한국어 어휘 교육", 『언어와 문화』7-2, (한국언어문화교육학회), 85-100.

문금현(2011b), "어휘장을 활용한 한국어 어휘 교육",『우리말교육현장
연구』(우리말교육현장학회) 5-2, pp. 7-47.

문금현(2012), "음식어휘장의 분류 기준을 활용한 한국어 음식 어휘 교
육",『새국어교육』(한국국어교육학회) 제91호, 41-77..

민현식(2003), "국어 문법과 한국어 문법의 상관성",『한국어교육』14
권, 국제한국어학회. 99. 107~141.

민현식(2004), "한국어 표준교육과정 기술방안,"『한국어교육』15(1),
한국어교육학회 51-92.

박영순(2005), "이중언어교육의 최근동향과 재외 동포의 한국어교육
문제,"『이중언어학』28, 이중언어학회 pp. 11-30.

박영순(2007),『다문화사회의 언어문화교육론』. 서울: 한국문화사.

박영순(편)(2002),『21세기 한국어교육학의 현황과 과제』. 서울: 한국문
화사.

박재연(2008),『한국어 양태어미 연구』, 태학사.

박진경(2008), "한국어 교육을 위한 '-더-'의 문법 기술 방안", 부산외국
어대학교 석사학위논문.

박진호(2011), "시제, 상, 태",『국어학』60, 국어학회, pp. 289-322.

박형진(2009), "'문법적 연어'에 대한 고찰",『열린정신 인문학 연구』
10-1, 원광대학교 인문학연구소, pp. 41-57.

박효훈(2011), "학문 목적 한국어 읽기 교재의 읽기 후 활동 분석 연구",
『새국어교육』88, 한국국어교육학회, pp. 171~192.

백승희(2009), "어휘장을 활용한 한국어 어휘 교육 연구: 날씨 어휘장을
중심으로", 상명대학교 대학원 박사학위논문.

변영종(1985), "'-더'에 관한 연구", 한국외대 석사학위논문.

서울대학교 한국어문학연구소(2012),『한국어 교육의 이론과 실제1,2』,
아카넷.

서정수(1973), "'-ㄴ/는데'에 관하여",『국어국문학』제61권, 국어국문
학회, pp. 96~98.

소지영(2009), "유학 준비생을 위한 한국어 이해교육 방안 연구 - 읽기를 중심으로", 한국언어문화교육학회 제11차 전국학술대회 자료, pp. 229-245.

손지영(2006), "장 이론을 활용한 외국어로서의 한국어 어휘 교육", 상명대학교 일반대학원 석사학위논문.

손호민(2002), "외국어로서의 한국어교수법의 미래", 『국제한국어교육학』 12, 국제한국어교육학회 pp. 21-36.

송대헌(2008), "한국어 초급 교재 학습자를 위한 연결어미 교육방안 연구", 청주대학교 석사학위 논문.

송이슬(2011), "한국어 읽기 수업에서의 읽기 후 활동 설계 및 제시 방안 연구", 배재대학교 석사학위논문.

송재영·한승규(2008), "연결어미 '-더니' 연구", 『국어학』 53, 국어학회, pp. 177-198

송지현(2005), "학문 목적 한국어 교육을 위한 과제 중심 요구 분석", 이화여자대학교 석사학위논문.

송향근(2005), "이중 언어 제도와 교육: 핀란드의 경우", 『2005 동경 국제학술대회 인터페이싱(interfacing) 언어를 이용한 새로운 한국어 교육방법 51 초록집』, pp. 211-216.

신현숙(2011), "의미망을 활용한 한국어 어휘 교육", 『한국어문학연구』 (한국어문학연구학회), 56, 449-479.

신효필(2004), "지식 기반으로서의 온톨로지와 시멘틱 웹", 『정보처리학회지』 (한국정보처리학회) 11-2, 64-75.

안주호(2008), "현대 국어 연결어미 {-니까}의 문법적 특성과 형성과정", 『언어과학연구』 38, 언어과학회, pp. 71-91.

여춘원(2010), 『한국어 문법 연어 연구』, 집문당.

오구시 나오키(2004), "한국, 한국인에 대한 이미지 형성과 한국어 학습", 「한국언문화학」 1(2), 151-162.

오구시 나오키(2005), "도쿄대학의 한국어교육 및 연구", 「한국어교육」 16(2), 한국어교육학회 pp. 337-349.

원진숙(1992), "의사소통 능력계발을 위한 교수요목 설계", 『교육한글』
　　　　　5, 한글학회, pp. 135~156

유영환(역)(2002), 「왜 영어가 세계어인가?」. 서울: 코기토.

유해준(2008), "학문 목적 한국어교재의 읽기 텍스트 분석", 『중앙어문』
　　　　　39, 중앙어문학회, pp .71-90.

유해준(2010), "연어적 구성을 통한 한국어 교육용 어휘 구성 방안",
　　　　　『어문론집』 43, 중앙어문학회, pp. 31-48.

윤평현(2005), 『현대국어 접속어미 연구』, 박이정.

이경화(1996), "외국어로서의 한국어 교수 - 학습방법 모색", 『교육한글』
　　　　　9, 한글학회, pp. 177~198.

이기동(1993), 『A Korean Grammar』, 한국문화사.

이덕희(2003), "요구 분석을 통한 학문 목적의 한국어 교육과정 설계
　　　　　연구", 연세대학교 석사학위논문.

이미혜(2002), "한국어 문법 교육에서 '표현항목' 설정에 대한 연구",
　　　　　『한국어 교육』 13-2, 국제한국어교육학회, pp. 207-215.

이상태(1987), "{-는지;-는데;-으니}의 의미 상관성에 관하여", 『배달말』
　　　　　12호, 배달말학회, pp. 1~15.

이선웅(2001), "국어의 양태 체계 확립을 위한 시론", 『관악어문연구』
　　　　　26, 서울대학교 국어국문학과, pp. 317-339.

이선웅(2012), 『한국어 문법론의 개념어 연구』, 월인.

이숙의(2014), "의미부류를 활용한 한국어 교육용 온톨로지 구축", 『한
　　　　　국어 의미학』(한국어의미학회) 43, 271-302.

이은경(2000), 『국어의 연결어미 연구』, 국어학회.

이은경(2005), "명사를 중심어로 하는 문법적 연어 구성", 『한국어의미
　　　　　학』 17, 한국어의미학회, pp. 177-205.

이주행(2003), 『언어와 사회』. 서울: 역락출판사.

이창덕(1994), "'-는데'의 기능과 용법", 『텍스트 언어학 2』, 박이정.

이해영(2001a), "학습자 중심 수업을 위한 교재 분석", 『한국어 교육』
　　　　　12-1, 국제한국어교육학회, 199~232.

이해영(2001b), "한국어 교재의 언어 활동 영역 분석", 『한국어 교육』 12-2, 국제한국어교육학회, 469~489.

이효상(2002), "Korean Language Education and Teaching Methodology in American Universities: Is There Marginal Way of Teach Korean?" 『국제국어교육학』 12, 국제한국어교육학회 pp. 60-75.

이희자(1994), "현대 국어 관용구의 결합 관계 고찰", 『한글 및 한국어 정보처리 학술발표 논문집』 6, 한국정보과학회, pp. 333-352.

이희자·이종희(2001), 『한국어 학습용 어미·조사 사전』, 한국문화사.

임근석(2005), "문법적 연어의 개념 정립을 위하여", 『형태론』 7-2, 형태론, pp. 277-301.

임근석(2006), "한국어 연어 연구", 서울대학교 박사학위논문.

임근석(2008), "문법적 연어와 문법화의 관계", 『국어학』 51, 국어학회, pp. 115-147.

임근석(2009a), "통계적 방법을 이용한 문법적 연어 후보 추출", 『한국어학』 45, 한국어학회, pp. 305-333.

임근석(2009b), "문법적 연어와 한국어교육-조사적 연어를 중심으로", 『한국어교육』 20-3, 국제한국어교육학회, pp. 161-184.

임근석(2010), "국어 어미적 연어의 필요성과 목록 선정에 관한 연구", 『한국언어문화』 42, 한국언어문화학회, pp. 347-370.

임홍빈(2002), "한국어 연어의 개념과 그 통사·의미적 성격", 『국어학』 39, 국어학회, pp. 279-410.

장경희(1985), "현대국어의 양태범주에 관한 연구", 서울대학교 박사학위논문.

장경희(1995), "국어의 양태 범주의 설정과 그 체계", 『언어』 120-3, 한국언어학회, pp. 191-205.

장미라(2008), "문장 구조 중심의 한국어 교육 연구", 경희대학교 박사학위논문.

장안영(2012), "한국어 어휘 교육을 위한 [사람] 어휘장 연구", 상명대학교 일반대학원 석사학위논문.

전수정(2004), "학문 목적 읽기 교육을 위한 한국어 학습자의 요구 분석 연구", 연세대학교 석사학위논문.

정정덕(1986), 「국어 접속어미의 의미 통사론적 연구」, 한양대학교대학원 박사학위논문.

정희정(1996), "연결어미 '-더니'의 의미와 통사 기능 및 제약", 한국외국어대학 교 석사학위논문.

조항록(2003), "한국어 교재 개발을 위한 기초적 논의",『한국어 교육』15-1, 국제한국어교육학회, 249~278.

천경록 외(1997),『읽기교육의 이해』, 우리교육.

최권진(2007), "한국어 읽기 교수-학습 방법의 새로운 패러다임 모색",『한국언어문화학』4, 국제한국언어문화학회, pp. 237-264.

최윤곤(2005), "외국어로서의 한국어 구문표현 연구", 동국대학교 박사학위논문.

최재희(2006),『한국어 교육 문법론』, 태학사.

최해주(2009), "한국어 교육 문법의 결합형어미 제시방식 재고: '-더-' 결합형어미를 중심으로-",『언어화 문화』5-1, 한국언어문화교육학회, 245~261.

허용 외 6명(2005),『외국어로서의 한국어교육학 개론』, 박이정.

BBC News(2001), (Mar. 23) Internet + English = Netglish.

Benson, M 외(1986), *The BBI Combinatory Dictionary of English: A Guide to Word Combinations,* John Benjamins Publishing Company.

Brown, H. D.(1987) *Principles of language learning and teaching(2nd edition),* Englewood Cliffs, N. J.: Prentice Hall.

Canale, M.& M. Swain(1980), *Theoretical Bases of Communicative Approaches to Second Language Teaching and Testing,* Applied Linguistics 1.

Edwards, J.(1994), Multilingualism, New York: New York Penguin Books.

Inoue, F.(2000), Market Value of Languages, 『Sociolinguistics』 10, 13-24

Kim, H.-S.(2001), English as an Official Language and National Competitiveness in the South Korean Society. 『Bilingual Research』 18, 115-140.

Ohmae, K.(1995), The End of the Nation State, New York: New York Free Press.

Pillipson, R.(2004), (Aug. 7) After Babel, a New Common Tongue. Economist

Power, C.(2005), (Mar. 7) Not the Queen's English. Newsweek.

Thornbury, Scott(2002), How to Teach Grammar, Harlow: Longman.

Tomlinson, B. (Ed.).(1998) *Materials development in language teaching*, Cambridge: Cambridge University Press.

Xinhua News.(2002). (Jan. 22) Englsih Language Training Profitable Industry in China

한국어 교재

건국대 언어교육원(2011), 『함께 배우는 건국 한국어1-1~1-2』, 건국대학교출판부.

경희대 한국어교육연구회(2010), 『외국인을 위한 한국어 초급1』, (주)한글파크.

경희대 한국어교육연구회(2011), 『외국인을 위한 한국어 초급2』, (주)한글파크

경희대 한국어교육연구회(2012), 『외국인을 위한 한국어 중급1~2』, (주) 한글파크.

고려대 한국어문화교육센터(2008), 『재미있는 한국어1』, (주)교보문고.

고려대 한국어문화교육센터(2009), 『재미있는 한국어2』, (주)교보문고.

고려대 한국어문화교육센터(2010), 『재미있는 한국어3~6』, (주)교보문고.

구재희·현진희 외 3명(2011), 『이화 한국어3-1~3-2』, 이화여자대학교출판부.

김현진·이인경 외 3명(2010), 『이화 한국어2-1~2-2』, 이화여자대학교
　　출판부.
서강대 한국어 교육원(2011), 『서강 한국어 4A~4B』, 서강대 국제문화
　　교육원 출판부.
서강대 한국어 교육원(2012), 『서강 한국어 1A~3B』, 서강대 국제문화
　　교육원 출판부.
서강대 한국어 교육원(2012), 『서강 한국어 5A~5B』, 서강대 국제문화
　　교육원 출판부.
서강대학교 국제문화교육원(2011), 『서강한국어』3A, 3B
서울대학교 언어교육원(2000), 『한국어1~4』, (주) 문진미디어.
윤 영·허연임 외 3명(2011), 『이화 한국어4』, 이화여자대학교 출판부.
이미혜·김현진 외 7명(2010), 『이화 한국어1-1~1-2』, 이화여자대학교
　　출판부.
이정연·이민경 외 3명(2012), 『이화 한국어5~6』, 이화여자대학교 출판부.
최정순 외(2009), 『배워요, 재미있는 한국어』3
한국어문화교육센터(2011), 『재미있는 한국어 3』, 교보문고.

〈한국어 사전류〉
국립국어원(1999), 『표준국어대사전』, 두산동아.
국립국어원(2005), 『외국인을 위한 한국어 문법2』, 커뮤니케이션북스.
백봉자(2009), 『외국어로서의 한국어 문법 사전』, 도서출판 하우.
이은경(2000), 『국어의 연결어미 연구』, 태학사.
이희자·이종희(2008), 『한국어 학습 어미·조사 사전』, 한국문화사.

〈Web Sites Cited〉
http://news.bbc.co.uk/2/hi/uk_news
http://www.ebs.co.kr
http://www.khan.co.kr
http://www.news.chosun.com/svc/news
http://www.nhk.or.jn

저자 약력

김희숙

- 충남 공주 출생
- 청주대학교 국어국문학과 교수
- 전, 문화체육관광부 국어심의회 국어순화 분과위원
- 전, 청주대학교 인문대학장
- 전, 미국 하와이대학교 동서문화센터 객원 연구원

논문		
제목	**발표 연월일**	**학술/출판/게제지명**
부사의 생산적 어형태 "-히, -없이, -같이, -스레, -로이"에 관한	1977.12.15	청파문학
한국어 부사에 관한 형태론적 연구	1978.07.25	청주대학 논문집
副詞化素 '-이/-히'에 대하여	1980.07.15	청주대학 논문집
國語 副詞의 形態攷	1980.12.15	청파문학
북한 언어정책 연구(I)	1983.12.15	인문과학논집
남북한언어학 및 언어정책에 관한 비교 연구	1984.07.15	청주대논문집
Language Policies, Linguistics and 'Chuche' Language Philosophy	1984.12.10	KOREA OBSERVER
북한 언어정책 연구(II) : 문화어	1984.12.31	어문논집
[국어문법] 對 [말의 소리]의 주시경 언어이론	1985.07.15	청주대논문집
텍스트 分析과 정보	1985.12.15	청파문학
주시경 著 [국어문법]의 理論과 텍스트	1985.12.20	국어교육
國語 텍스트의 몇 가지 意味分析	1986.02.15	어문논총
북한언어정책의 사회언어학적 연구	1986.07.10	통일논총
統御要素의 화용론적 가치	1987.12.30	인문과학논집
현대국어의 공손표현 연구	1991.02.15	
현대국어 경어법과 공손관계	1991.12.15	어문논집
Politeness in Addressee Honorific Marker -(e)yo in Korean	1992.12.15	어문논집
공손 '- (어)요'의 비공손관계 '-어'의 통시적 분석	1994.08.20	어문논집
수행머뭇소 '-요'와 대화격률	1996.11.20	인문과학논집
간접요청표지 "좀"의 재분석	1997.09.30	언어학
좀'의 화용적 기능	1997.10.15	인문과학논집
변항 '-요'의 사회언어학적 용법	1998.10.30	한국어 의미학
The variable [Power]and the ender '-yo' in Korean	1999.02.28	국제문화연구

높임'의 한 등급 '두루 높임' 해석에 대하여	2000.01.15	인문과학논집
남북한 상보대립어 구성 연구-여성어휘를 중심으로-	2000.02.28	국제문화연구
청자대우'해요체'사용과 사회적 집단과 상관성	2000.06.30	사회언어학
English as an Official Language and National Competitiveness in	2001.05.30	이중언어학
한국어 세계화와 영어공용화론 시장원리문제	2001.06.30	한국어 의미학
한국어의 세계적 전파; 믿음인가? 가능성인가?	2002.11.30	이중언어학
Which one is better stratetegy?	2003.04.30	Journal of Korean St
현대한국어 호칭어의 역설: 2차사회 내 늘어나는 친족어 사용	2003.06.30	사회언어학
Which Strategy is Preferable for the Export of Korean Culture	2004.10.30	이중언어학
경어법과 사회집단의 이해: 사피어-워프 가설의 새로운 적용	2004.12.30	언어학
"한국적"사회언어학의 모색 - 학제적 접근-	2005.02.28	인문과학논집
21세기와 한국의 사회언어학	2006.05.15	한국어학
한류 전파에 비추어 본 한국어세계화와 한자	2007.02.28	한국어와 문화
국어상담소의 전략과 실제	2007.02.28	인문과학논집
사회언어학과 과잉교정의 문제	2007.11.31	언어학 연구
Official use of English in Korean society and language contact	2008.04.30	Harvard Studies in K
인터페이싱(interfacing) 언어를 이용한 새로운 한국어 교육방법	2008.11.30	언어학 연구
Why Honorifics Matter in Explaining Social Conflicts in the Kor	2009.06.30	인문언어
21세기 한국 사회 변화와 언어정책-영어 사용 확대 반대론에 대한	2009.09.30	한글
Evolution of the Politeness Marker '-si(시)-' from the Honorifi	2010.03.25	HARVARD STUDIES IN K
성(姓)씨로 본 한국어로마자표기 반성:환원주의(reductionism)적 규	2010.10.30	이중언어학
한국어 '스토리텔링'을 위한 하나의 제언	2011.02.28	한국어와 문화
Why So Many Koreans are wrong with Their Last Names(LN's) in La	2012.02.28	HARVARD STUDIES IN K
공공영역에서의 막말레지스터: 그 불가피성과 여성/남성 양성동화	2013.05.31	아시아여성연구
Another Hypothesis on the Origin of Language	2013.08.31	인문과학논집
A Speculation on the Origin of Honorifics In Korean	2014.03.31	HARVARD STUDIES IN K
A conjecture on the origin of language, with many helps from Fr	2014.03.31	Journal of Arts & Hu
한자어 명사 '법'의 문법화 양상 연구	2014.10.31	언어학 연구
공손표지 '좀'과 [량] 이동의 상관관계 고찰	2015.02.28	인문과학논집
한국어교육에서 기능 통합 언어활동 제시의 효율성	2015.03.31	카자흐스탄 한국학
한국어교육을 위한 [R-W]모형 기능 통합 언어활동 제안	2016.02.28	한국어와 문학

저서 및 창작집

국어학연구백년사(I)(II)(III)(IV) : 심재기외 다수 편저	1992.06.10
우리말과 글	1997.01.25
성'과 언어	1998.02.25

Selected Papers from the Twelfth International Conference on Ko	2002.02.25
21세기 국어학의 현황과 과제; 한국어의 세계화 전략	2002.11.02
Explorations in Korean Language and Linguistics; The Effect of	2003.02.28
언어와 사회	2003.10.30
Inquiries into Korean Linguistics I	2004.12.31
한국 사회와 호칭어	2005.01.20
우리말글조금만알면쉽다	2006.10.11
세계화 시대에 한국어 한국인이 모른다	2009.12.31
새국어문화생활	2010.12.20
21세기 한국어정책과 국가경쟁력	2011.11.30
새국어문화생활	2012.03.23
사회언어학 사전	2012.10.27
2012 공공언어 개선을 위한 새국어문화생활	2013.03.05
2013 공공언어 개선을 위한 새국어문화생활	2014.03.14
2014 언어문화 개선을 위한 새 국어문화생활	2015.02.28
연구보고서	
2005년 국어상담소 운영 보고서	2006.01.18
2006년 국어상담소 운영 보고서	2007.01.18
2006년 도시언어경관가꾸기 보조 사업 보고서	2007.01.18
2007년 국어상담소 운영 보고서	2008.01.18
디지털진천문화대전 편찬을 위한 진천지역 기초조사 연구	2008.12.31
2008년 국어문화원 운영 보고서	2009.01.08
이주여성을 위한 한국어 교실 운영 사업	2009.01.16
찾아가는 국어문화학교 운영 사업	2010.12.31
2010년 국어문화원 운영 보고서	2011.03.15
2011년 제2회 전국 우리말 사랑왕 선발대회	2012.02.29
찾아가는 국어문화학교 운영 사업	2012.02.29
지역 언어문화 축제 개최 보고서	2012.11.27
국어문화원 한국어교실 지원 사업	2012.12.31
2012년 제3회 전국 우리말 사랑왕 선발대회	2012.12.31
2012년 국어문화원 추가 지원 사업	2012.12.31
2012년 청주대학교 국어문화원 운영 지원 사업	2012.12.31
2013년 청주대학교 국어문화원 운영 지원 사업	2013.12.31
청주 시민과 함께하는 인문학 강좌 운영	2013.12.31
국어문화원 한국어교실 지원 사업	2013.12.31

찾아가는 국어능력 인증 과정 운영 사업	2013.12.31
국어문화원 한국어교실 지원 사업	2014.12.31
청주 시민과 함께하는 인문학 강좌 운영 사업	2014.12.31
'국제문화교육특구'지정 기념 생거진천 우리말 겨루기 대회	2014.12.31
2014년 청주대학교 국어문화원 운영 사업	2014.12.31
2015년 청주대학교 국어문화원 운영 사업	2015.12.31
국어문화원 한국어교실 지원 사업	2015.12.31
2015년 충청북도 우리말 가꿈이 운영 사업	2015.12.31
청주 시민과 함께하는 인문학 강좌 운영	2015.12.31

수상

제16회 청석학술공로상	1999.06.03
교육인적자원부장관상	2002.05.15
The Marquis Who's Who 2010 공로상	2010.01.01
2010 혁신리더대상	2010.11.01
2010 대한민국 사회공헌대상	2010.12.01
The Marquis who's Who 2011 특별상	2011.01.01
2011년 한국을 이끄는 혁신리더	2011.09.01
표창장	2012.05.11
표창장	2012.05.15
뉴스메이커선정 2013한국을 이끄는 혁신리더	2013.01.02

학술회의 발표

-요'의 사회 언어학적 용법	1998.08.20	제3차 한국어 의미학
11th international Conference on Korean Linguistics : A sociolo	1998.07.07	11th International C
A study on the recent attempt to make English official in Korea	2000.07.14	The 12th Internation
청자대우 두루높임 사용과 사회적 집단과의 상관성	2000.06.24	한국사회언어학회 200
현대영어 과연 제국주의적(imperialistic)인가?	2001.06.23	200년 여름 한국언어
The Effect of Korean Honorifics on the South Korean Social Conf	2002.06.29	International Confer
경어법을 파괴하는 이기주의 사회집단;사피어-워프가설의 신해석과	2004.07.01	한국언어학회 2004년
"한국적" 사회언어학의 모색	2004.09.18	한국사회언어학회 200
Can Korean be globalized as much as Hangul, the Korean Alpabet?	2004.07.12	International Confer
세계화시대와 한국어교육의 새로운 전략	2005.07.09	일본에서의 한국어교육
21세기와 한국의 사회 언어학	2006.02.18	제 38차 한국어학회
Developing A New Strategy to Teach Foreigners Korean by Incorpo	2006.07.13	International confe
why can't we support the idea of officializing English in korea	2006.11.11	2006년도 한국사회언

Officialized English in the korean society and language contact	2007.08.03	HARVARD ISOKL-2007
Dehonorification and conflicts in the Korean society	2008.07.21	The 18th internation
A Study on the Grammaticalization of the Ungrammatical Usage of	2009.08.08	Harvard ISOKL-2009 P
Evolution of a Politeness Marker in Korean: when '-si(시)-'co-h	2010.02.20	The Ineternational C
How Would Friedrich Nietzsche Answer the Question:How Long Have	2010.06.23	SICOL-2010, ABSTRACT
On the 2000 Korean Romanization System in the respect of popula	2011.07.12	2011 한국어응용언어
Why so many Koreans are wrong in their Last Names(LN's) in Lati	2011.08.06	HARVARD ISOKL-2011
Contrastive Analysis of Responses to Compliments, Apologies and	2012.06.26	The 1st World congre
A Speculation on the Origin of Honorifics in Korean: Since When	2013.08.03	HARVARD ISOKL-2013
A speculation on the origin of honorifics system in korean: sin	2014.10.17	2 th international c
Why did it take five-hundred years for Hangeul to become a sole	2015.07.21	국제한국어응용언어학
Why did it take five-hundred years for Hangeul to become a sole	2015.07.21	국제한국어응용언어학

박종호

- 충남 대전 출생
- 중부대학교 한국어학과 교수
- 논저, 한국어 학습자의 조사 오류 연구
  동사의미망 구축을 위한 '털다'의 속성 기술에 관한 연구 등

송대헌

- 충북 청주 출생
- 청주대학교 국어문화원 책임연구원
- 논저, 한국어 명사의 문법화 양상 연구
  한국어 교육을 위한 부사격 조사 '에', '에서' 연구 등

윤정아

- 충북 충주 출생
- 청주대학교 국어문화원 선임연구원
- 논저, [N-V-기] 복합명사의 형성원리와 의미구조 연구
  신어 합성어의 구조 유형 연구 등

김보은

- 충북 청주 출생
- 광주여자대학교 교양교직과정부
- 논저, 대학생들의 언어 사용 실태와 그 원인에 따른 개선 방안 연구
  한국어 연결어미 '-더니'의 특성과 기술 방안 등

언어 21세기 한국어와 한국어교육

저 자 / 김희숙·박종호·송대헌·윤정아·김보은

인 쇄 / 2016년 12월 19일
발 행 / 2016년 12월 23일

펴낸곳 / 도서출판 청운
등 록 / 제7-849호
편 집 / 최덕임
펴낸이 / 전병욱

주 소 / 서울시 동대문구 한빛로 41-1(용두동 767-1)
전 화 / 02)928-4482
팩 스 / 02)928-4401
E-mail / chung928@hanmail.net
        chung928@naver.com

값 / 27,000원
ISBN 979-11-87869-01-6